高职高专新课程体系规划教材
计算机系列

计算机应用基础

（第5版）

顾翠芬 ◎ 主　编
周胜安　梁　武 ◎ 副主编

清华大学出版社
北京

内 容 简 介

本书参照教育部最新制定的《高职高专教育计算机公共基础课程教学基本要求》，同时依据教育部考试中心最新制定的《全国计算机等级考试大纲》，结合一线教师多年的实际教学经验编写而成，全书系统地介绍了计算机基础知识、Windows 7 操作系统、中文 Word 2010、中文 Excel 2010、中文 PowerPoint 2010、互联网基础与应用等内容。

本书的编写注重应用和实践，具有选材精练、详略得当、实用性强、体例新颖、图文并茂、通俗易懂等特点。为了更好地指导学生上机实践，每章除配有大量练习题外，还设有上机操作题。此外，为配合本课程的学习，本书还配有一套免费练习软件，读者通过这套练习软件提供的习题，可以随时检查学习效果。

本书可作为高等职业学校、普通高等院校各专业计算机公共基础课程的教材或教学辅导书，也可作为各培训班的计算机基础教材和计算机等级考试（一级）的参考书目，还可以作为广大计算机爱好者的自学用书。

本书封面贴有清华大学出版社防伪标签，无标签者不得销售。
版权所有，侵权必究。举报：010-62782989，beiqinquan@tup.tsinghua.edu.cn。

图书在版编目（CIP）数据

计算机应用基础/顾翠芬，周胜安，梁武主编. —5 版. —北京：清华大学出版社，2014（2023.9重印）
高职高专新课程体系规划教材·计算机系列
ISBN 978-7-302-38010-8

Ⅰ. ①计… Ⅱ. ①顾… ②周… ③梁… Ⅲ. ①电子计算机-高等职业教育-教材 Ⅳ. ①TP3

中国版本图书馆 CIP 数据核字（2014）第 216033 号

责任编辑：陈仕云
封面设计：刘　超
版式设计：文森时代
责任校对：王　云
责任印制：沈　露

出版发行：清华大学出版社
　　　　　网　　址：http://www.tup.com.cn，http://www.wqbook.com
　　　　　地　　址：北京清华大学学研大厦 A 座　　　邮　　编：100084
　　　　　社 总 机：010-83470000　　　　　　　　　　邮　　购：010-62786544
　　　　　投稿与读者服务：010-62776969，c-service@tup.tsinghua.edu.cn
　　　　　质量反馈：010-62772015，zhiliang@tup.tsinghua.edu.cn
印 装 者：三河市铭诚印务有限公司
经　　销：全国新华书店
开　　本：185mm×260mm　　　印　张：22.5　　　字　数：531 千字
版　　次：2014 年 10 月第 5 版　　　　　　　　　印　次：2023 年 9 月第 12 次印刷
定　　价：56.80 元

产品编号：061462-02

第 5 版前言

本书第 4 版自出版以来，因其通俗易懂、图文并茂、知识全面、实用性强、习题丰富等特点，被多所高职高专和普通高等院校采用，受到广泛好评。

本书第 5 版保持了第 4 版的特点，并在总结第 4 版使用过程中积累的经验的基础上，充分吸取了多所高校的意见和建议，同时结合当前职业教育的新理念以及教学发展的新趋势修订编写而成。

本版的特色主要体现在以下几个方面。

（1）内容更新、深度扩展

针对计算机硬件发展迅速的特点，第 1 章介绍了当前计算机硬件的最新发展趋势，其中包括智能手机与平板电脑的介绍，帮助读者了解最新的硬件设备和技术。第 2 章全面介绍了 Windows 7 操作系统，同时适当介绍其他版本的操作系统，如智能手机与平板电脑上使用的 Android 系统等。第 3、4、5 章全面介绍了 Office 2010 的应用知识。为了适应计算机网络的迅速普及和网络技术的不断推陈出新，第 6 章增加了移动 3G、4G 相关知识，以及微信与 O2O 应用等，以期使读者能掌握最新的网络知识和网络应用技术。

随着我国计算机教育水平的不断提升和社会对掌握计算机水平要求的不断提高，本书第 5 版在知识和应用的深度上做了相应的扩展，希望能进一步提高读者的计算机知识和应用水平，以适应当前社会对应用型人才的要求。

（2）案例式教学体系

本书第 5 版延续了新颖的案例式教学体系，把知识点巧妙地融入到一个个实际的案例中，帮助读者通过实际案例轻松、全面地掌握各个知识点。

（3）习题丰富、适用

根据教材内容的更新，第 5 版修订和增加了部分习题，调整和丰富了技能训练题，使练习题与教材内容和教学进度更好地配合，以帮助读者更全面地掌握所学内容。

本书共分 6 章，系统、深入地介绍了计算机基础知识、微软 Windows 7 操作系统、Office 2010 办公软件（Word 2010、Excel 2010、PowerPoint 2010）、网络基础知识和 Internet 应用技术。

第 1 章介绍计算机基础知识，主要包括现代计算机概述、计算机系统的组成、PC 系列微型计算机的配置、计算机的数制及信息存储、计算机病毒与防治、智能手机与平板电脑等内容。

第 2 章主要介绍中文 Windows 7 操作系统的应用，主要包括操作系统概述、文件管理、应用程序及管理、计算机管理、附件、汉字输入方法以及其他操作系统简介等内容。

第 3 章全面介绍中文 Word 2010 的应用，主要包括文档编辑的基本操作，如文档的新建与保存、文档内容的输入、字符和段落格式的编排、图文混排、页面设置及打印输出等，另外还介绍了表格处理、邮件合并、文档编排的综合技术等内容。

第 4 章介绍中文 Excel 2010 电子表格的应用，包括工作表的编辑与管理、公式与函数、图表与打印、数据排序、筛选与汇总、数据透视表等。

第 5 章介绍中文 PowerPoint 2010 演示文稿的应用，包括演示文稿的制作、外观美化及放映等内容。

第 6 章介绍互联网基础与应用相关知识，着重介绍了 Internet 的原理、浏览器操作、文件传输操作、电子邮件操作、互联网交流常用软件操作、网上购物的相关知识、物联网原理以及云计算的应用等内容。

本书由顾翠芬任主编，周胜安、梁武任副主编，吕晓阳任主审。具体编写分工为：第 1 章由周胜安编写，第 2 章由邓立群编写，第 3 章由顾翠芬编写，第 4 章由梁武编写，第 5 章由张冬梅编写，第 6 章由吕晓阳编写。在本书的编写和出版过程中，得到了广东行政职业学院各级领导和清华大学出版社的大力支持，在此表示衷心的感谢！

为便于老师教学，我们将为选用本教材的任课老师免费提供配套电子课件。登录清华大学出版社网站 www.tup.com.cn 可免费下载，也可通过发送电子邮件（thjdservice@126.com）获取。

此外，为配合本课程的学习，本书还配有一套免费练习软件，读者可以通过这套练习软件提供的习题检查学习效果。需要该练习软件的读者可参见本书附录 D 中的操作说明。

尽管我们在第 5 版的修订过程中对教材的特色建设做了很大的努力，但限于作者水平，不足之处在所难免，衷心希望使用本教材的各教学单位和读者能够提出宝贵的改进建议和意见，以便我们在下次修订时能做得更加完善。

编　者

2014 年 7 月于广州

目 录

第1章 计算机基础知识 1
  1.1 现代计算机概述 1
    1.1.1 现代计算机的发展 1
    1.1.2 计算机的分类 4
    1.1.3 计算机的主要指标 4
    1.1.4 计算机的发展趋势 5
  1.2 计算机系统的组成 7
    1.2.1 计算机系统概述 7
    1.2.2 计算机工作原理 8
    1.2.3 计算机的硬件系统 9
    1.2.4 计算机的软件系统 10
    1.2.5 计算机程序设计语言 10
  1.3 PC 系列微型计算机的配置 11
    1.3.1 微型计算机的基本配置 11
    1.3.2 微处理器 CPU 12
    1.3.3 主板 13
    1.3.4 内存储器 14
    1.3.5 总线与接口 15
    1.3.6 外存储器 16
    1.3.7 输入设备 18
    1.3.8 输出设备 21
  1.4 计算机的数制及信息存储 22
    1.4.1 计算机中数的表示方法 22
    1.4.2 常用数制的表示方法 23
    1.4.3 常用数制的相互转换 24
    1.4.4 计算机的编码 26
  1.5 计算机病毒与防治 28
    1.5.1 计算机病毒的定义 28
    1.5.2 计算机病毒的特点 28
    1.5.3 计算机病毒的种类 29
    1.5.4 计算机病毒的防治 30
  1.6 智能手机与平板电脑 31
    1.6.1 智能手机发展与应用 31
    1.6.2 平板电脑的特点与应用趋势 .. 33
  练习题 35

第2章 中文 Windows 7 的应用 38
  2.1 操作系统概述 38
    2.1.1 操作系统的作用和功能 38
    2.1.2 Windows 操作系统概述 39
    2.1.3 Windows 7 的主要特点 39
    2.1.4 鼠标操作 40
    2.1.5 Windows 7 桌面 41
    2.1.6 窗口及操作 45
    2.1.7 菜单及其操作 48
  2.2 文件管理 51
    2.2.1 新建文件夹 51
    2.2.2 重命名文件和文件夹 54
    2.2.3 复制文件和文件夹 55
    2.2.4 移动文件和文件夹 56
    2.2.5 删除文件或文件夹 58
    2.2.6 搜索文件和文件夹 59
    2.2.7 文件和文件夹属性 60
    2.2.8 文件（夹）压缩 61
  2.3 应用程序及管理 62
    2.3.1 快捷方式 62
    2.3.2 启动与退出应用程序 63
    2.3.3 安装和删除软件程序 64
  2.4 计算机管理 66
    2.4.1 Windows 任务管理器 66
    2.4.2 磁盘管理 67
  2.5 附件 69
    2.5.1 画图 69

2.5.2　记事本 70
　　　2.5.3　计算器 71
　　　2.5.4　屏幕截图 71
　2.6　汉字输入方法 72
　　　2.6.1　汉字输入法的选择 72
　　　2.6.2　汉字输入法状态的
　　　　　　 设置 73
　　　2.6.3　字音编码输入法 74
　　　2.6.4　五笔字型输入法 75
　2.7　其他操作系统简介 83
　　　2.7.1　操作系统的种类 83
　　　2.7.2　主流操作系统简介 84
　练习题 86

第3章　中文 Word 2010 的应用 90
　3.1　Word 2010 基础操作 90
　　　案例：图文混排 90
　　　3.1.1　文档的新建与保存 91
　　　3.1.2　输入文档内容 95
　　　3.1.3　光标的移动和定位 98
　　　3.1.4　文本的选定 99
　　　3.1.5　文本的删除 100
　　　3.1.6　撤销与恢复 100
　　　3.1.7　文档的复制和移动 100
　　　3.1.8　查找和替换 102
　　　3.1.9　合并文档 104
　　　3.1.10　字符格式化 106
　　　3.1.11　段落格式化 108
　　　3.1.12　首字下沉 109
　　　3.1.13　分栏排版 111
　　　3.1.14　项目符号和编号 112
　　　3.1.15　添加图片 116
　　　3.1.16　页面设置 122
　　　3.1.17　打印文档 128
　3.2　制作表格 129
　　　案例：课程表 129
　　　3.2.1　建立表格 130
　　　3.2.2　编辑表格 132
　　　3.2.3　编排表格格式 137
　3.3　邮件合并 141
　　　案例：批量制作邀请函 141

　　　3.3.1　创建主文档 142
　　　3.3.2　建立数据源 143
　　　3.3.3　合并文档 143
　3.4　Word 高级应用 146
　　　案例：文档综合排版 146
　　　3.4.1　插入公式 147
　　　3.4.2　使用样式 149
　　　3.4.3　添加目录 152
　　　3.4.4　插入分节符 154
　　　3.4.5　添加页眉和页脚 156
　　　3.4.6　脚注和尾注 158
　　　3.4.7　修订和批注 159
　　　3.4.8　创建水印 161
　　　3.4.9　拼写和语法检查及文档
　　　　　　 字数统计 161
　练习题 163

第4章　中文 Excel 2010 的应用 172
　4.1　认识中文 Excel 2010 172
　　　4.1.1　基本功能与特点 172
　　　4.1.2　启动与退出 173
　4.2　建立新的工作簿 175
　　　4.2.1　工作簿的基本概念 176
　　　4.2.2　数据的输入 176
　　　4.2.3　单元格指针的移动 178
　　　4.2.4　数据自动输入 179
　　　4.2.5　数据有效性设置 180
　　　4.2.6　数据的修改 182
　4.3　工作表管理 182
　　　4.3.1　移动和复制工作表 182
　　　4.3.2　工作表重命名 183
　　　4.3.3　在工作簿中选定
　　　　　　 工作表 183
　　　4.3.4　在工作表间切换 184
　　　4.3.5　插入或删除工作表 184
　　　4.3.6　拆分工作表 184
　　　4.3.7　工作表隐藏/恢复 185
　　　4.3.8　冻结窗格 185
　　　4.3.9　改变默认工作表的
　　　　　　 数目 185
　4.4　工作表的编辑 186

4.4.1 插入和删除单元格、
行、列.................................. 186
4.4.2 单元格的移动与复制 188
4.4.3 选择性粘贴 189
4.4.4 查找与替换操作 190
4.5 工作表的格式化 190
4.5.1 工作表的格式化 190
4.5.2 应用样式 196
4.5.3 格式的复制和删除 197
4.6 数值计算 198
4.6.1 建立公式 200
4.6.2 函数 204
4.7 图表与打印 212
4.7.1 图表的组成 212
4.7.2 建立图表 213
4.7.3 图表的编辑 215
4.7.4 工作表打印 218
4.8 数据库的应用 219
4.8.1 数据库的概念 219
4.8.2 数据列表 219
4.8.3 数据排序 220
4.8.4 数据筛选 221
4.8.5 数据的分类汇总 224
4.9 数据透视表和数据透视图 226
4.9.1 创建数据透视表 226
4.9.2 创建数据透视图 231
练习题 232

第5章 中文 PowerPoint 2010 的
应用 238
5.1 PowerPoint 2010 的应用 238
案例：制作公司销售业绩报告
PPTX 238
5.1.1 初步制作 239
5.1.2 外观美化 252
5.1.3 预演放映幻灯片 257
5.2 将 Word 文档转换为 PowerPoint
演示文稿 266
案例：用 Word 文档快速生成
演示文档 266
练习题 268

第6章 互联网基础与应用 272
6.1 计算机网络基础知识 272
案例：配置计算机上网环境 ... 272
6.1.1 计算机网络概述 273
6.1.2 互联网（Internet）......... 275
6.1.3 TCP/IP 协议 276
6.1.4 Internet 的连接与
测试 279
6.1.5 Internet 提供的服务 282
6.2 浏览器操作 283
案例：使用浏览器上网 283
6.2.1 基本知识 284
6.2.2 浏览器的基本操作 285
6.2.3 设置 IE 浏览器 287
6.2.4 网页搜索 289
6.3 文件传输操作 291
案例：通过互联网上传或下载
文件 291
6.3.1 使用浏览器传输文件 291
6.3.2 使用 FTP 客户端软件
传输文件 292
6.3.3 BT 传输文件 295
6.4 电子邮件操作 297
案例：电子邮件的收发、阅读
与管理 297
6.4.1 基本知识 297
6.4.2 设置电子邮件账户 298
6.4.3 接收与阅读邮件 301
6.4.4 编写与发送邮件 302
6.5 互联网交流常用软件操作 305
案例：在互联网上在线交流与
实时传送信息 305
6.5.1 网上论坛 305
6.5.2 博客（Blog）.................. 310
6.5.3 QQ 通信 313
6.5.4 社会化网络服务 318
6.5.5 微信应用与操作 322
6.6 网上购物 324
案例：在互联网上体验购物 ... 324

6.6.1	网上购物网站介绍	325	
6.6.2	淘宝网购物	326	
6.6.3	二维码	330	
6.6.4	O2O	331	

6.7 物联网 332
案例：走进物联网 332
6.7.1 物联网原理 332
6.7.2 关键技术 333
6.7.3 云计算 334
6.7.4 物联网应用展望 338

练习题 341

参考文献 343

附录A 五笔字型键盘字根表 344

附录B 五笔字型汉字编码流程图 ... 345

附录C 部分练习题参考答案 346

附录D 计算机应用操作练习软件
　　　指南 348

第 1 章

计算机基础知识

本章学习要求:

- 了解计算机的发展与分类。
- 掌握计算机的硬件结构与工作原理。
- 掌握微型计算机的配置结构。
- 了解信息在计算机内的存储形式及数制的转换。
- 了解安全使用计算机的常识。
- 了解智能手机与平板电脑的特点、发展及应用。

1.1 现代计算机概述

计算机的诞生源于人类对"计算"的需求。在人类文明发展的历史长河中,人类对计算方法和计算工具的探索、研究从来没有停止过。从远古的"结绳记事"到使用"算盘"进行简单的计算,一直到现代的"电子计算机",无一不渗透着人类在计算科学领域的智慧。

计算机是 20 世纪人类最伟大的发明之一。从第一台电子计算机问世到今天,短短 60 多年,人类从生产到生活都发生了巨大变化,以计算机为核心的信息技术作为一种崭新的生产力,正在向社会的各个领域渗透。可以这样说,没有计算机就没有现代化。

1.1.1 现代计算机的发展

世界上第一台真正的电子计算机 ENIAC(Electronic Numerical Integrator And Calculator)于 1946 年在美国宾夕法尼亚大学(University of Pennsylvania)诞生,如图 1-1 所示。ENIAC 共用了 18000 多个电子管,重达 30 吨,占地 170 平方米,运算速度为 5000 次加法/秒。尽管这台计算机有许多不足,如存储容量小、体积大、耗电多、可靠性差、使用不便等,可是当时人们对它的速度相当满意。它的诞生宣布了电子计算机时代的到来。

图 1-1　世界上第一台电子计算机

自从第一台计算机问世以来，其发展极为迅速，至今虽然不过 60 余年，却已经历了 4 代。

1．第一代——电子计算机（1946—1958 年）

在 ENIAC 研制成功后，相继出现了一批电子管计算机，主要用于科学计算。采用电子管作为逻辑元件是第一代计算机的标志。

1950 年问世的计算机——离散变量自动计算机（Electronic Discrete Variable Automatic Computer，EDVAC），首次实现了冯·诺依曼（如图 1-2 所示）体系的两个重要设想（其一是电子计算机应该以二进制为运算基础；其二是电子计算机应采用"存储程序"方式工作），并且进一步明确指出了整个计算机的结构应由 5 个部分组成，即运算器、控制器、存储器、输入装置和输出装置（如图 1-3 所示）。冯·诺依曼的这些理论的提出，解决了计算机的运算自动化问题和速度配合问题，对后来计算机的发展起到了决定性的作用。直至今天，绝大部分的计算机还是采用冯·诺依曼方式工作。

图 1-2　冯·诺依曼

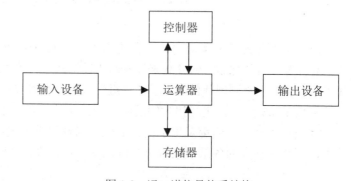

图 1-3　冯·诺依曼体系结构

把这 5 个部分中的运算器和控制器组合在一起，称为中央处理器（Central Processing Unit，CPU）。一台计算机的性能在很大程度上取决于 CPU 的性能。

2．第二代——晶体管计算机（1959—1964 年）

1948 年，贝尔实验室发明了晶体管，如图 1-4 所示。相比电子管，晶体管体积小、重量轻、寿命长、发热少、功耗低。由于晶体管组成的电子线路的结构大大改观，运算速度得到了大幅度提高。它就像颗重磅炸弹，在电子计算机领域引发了一场晶体管革命，电子计算机从此跨进了第二代的门槛。采用晶体管代替电子管成为了第二代计算机的标志。

1954 年，贝尔实验室研制成功了第一台使用晶体管的第二代计算机 TRADIC，如图 1-5 所示。TRADIC 装有 800 个晶体管，功率仅 100W，占地也只有 3ft^3。相比采用定点运算的第一代计算机，第二代计算机普遍增加了浮点运算，计算能力实现了一次飞跃。

图 1-4　晶体管

图 1-5　晶体管计算机

3. 第三代——集成电路计算机（1964—1970 年）

1958 年第一块集成电路诞生以后，集成电路技术的发展日臻成熟。集成电路的问世催生了微电子产业，采用集成电路作为逻辑元件成为第三代计算机的最重要特征，并且开始使用半导体存储器作为主存储器。此外，系列兼容和采用微程序设计也是第三代计算机的重要特点。

IBM 于 1964 年研制出计算机历史上最成功的机型之一——IBM S/360，如图 1-6 所示。借助于 S/360 的成功，IBM 进一步巩固了自己在业界的地位，"蓝色巨人"几乎成为计算机的代名词。

图 1-6　IBM 360 家族

IBM S/360 计算机的研制过程为计算机发展做出了重大的贡献。首先，它提出了"兼容性"的概念。"兼容性"意味着 IBM 计算机不管型号上有多大区别,都必须能够用相同的方式处理相同的指令,共享相同的软件,配置相同的外设,并能够相互连接一起工作。其次,它开创了软件研发的新纪元。为了让软件能够适用于所有计算机,必须编制几百万条计算机指令。为此投入编写程序的软件工程师多达 2000 多人,第一次使软件开发的费用超过了硬件。IBM S/360 共有 6 个型号的大、中、小型计算机,具有通用化、系列化、标准化的特点,这对全世界计算机产业的发展产生了深远而巨大的影响。

4. 第四代——计算机(1970 年至今)

从 1970 年至今的计算机基本上都属于第四代计算机,它们都采用大规模和超大规模集成电路。随着技术的发展,计算机按规模、速度和功能等开始分化成巨型机、通用大型机、小型机和微型机。它们之间的基本区别通常在于体积大小、结构复杂程度、功率消耗、性能指标、数据存储容量、指令系统和设备、软件配置等方面的不同。

为了争夺世界范围内信息技术的制高点,20 世纪 80 年代初期,各国展开了研制第五代计算机的激烈竞争。第五代计算机的研制推动了专家系统、知识工程、语音合成与语音识别、自然语言理解、自动推理和智能机器人等方面的研究,取得了大批成果。

1.1.2 计算机的分类

计算机的分类方法大致有如下几种:

1. 按信息的表示和处理方式划分

按信息的表示和处理方式划分,计算机可分为数字电子计算机、模拟电子计算机及数字模拟混合电子计算机。

2. 按计算机的用途划分

按计算机的用途划分,可分为专用计算机与通用计算机。

3. 按计算机的规模与性能划分

按计算机的规模大小与性能高低划分,可分为巨型机、大型机、中型机、小型机与微型机 5 大类。这种划分是综合了计算机的运算速度、字长、存储容量、输入与输出能力、价格等指标而得到的。

其中,巨型机又称为超级计算机,是计算机中性能最高、功能最强的;而微型机以使用微处理器、结构紧凑为特征,是计算机中价格最低、应用最广、发展最快、装机量最多的。常见的微型机有 IBM-PC(及其兼容机)系列和 Apple 公司的 Macintosh 系列,两个系列的计算机互不兼容。

1.1.3 计算机的主要指标

如何评价计算机系统的性能呢?衡量计算机系统性能的主要指标有运算速度、字长和主频等。

1. 运算速度

运算速度是衡量计算机性能的一项重要指标。通常所说的计算机运算速度是指每秒钟所能执行的指令条数，一般用"百万条指令/秒"（MIPS）来描述。

2. 字长

字长以二进制为单位，其大小是 CPU 一次操作所能处理的数据的二进制位数，它直接关系到计算机的计算精度、功能和速度。CPU 的字长一般有 16 位、32 位和 64 位，现在的主流产品都为 64 位。字长越长，CPU 一次能够处理的数据位数越多，性能也越好。

3. 主频

主频就是时钟频率，是指 CPU 在单位时间（秒）内发出的脉冲数。通常，时钟频率以兆赫（MHz）为单位。时钟频率越高，其运行速度就越快。

4. 主存储器

主存储器（简称主存）是计算机用来存储数据和程序的设备，其容量大小和性能在很大程度上影响整个计算机的性能。

存储器中最基本的单位是位（bit），在计算机中最小的数据单位是一个二进制数位，即二进制的"0"和"1"。计算机中最直接、最基本的操作就是对二进制位的操作。我们把二进制数的每一位称为一个字位，或叫一个 bit。bit 是计算机中最基本的存储单元。

不过，在计算存储器容量时通常采用字节（Byte 或 B）为单位，一个 8 位的二进制数单元叫做一个字节，或称为 Byte。字节是计算机中最小的存储单元。以下是存储单位之间的换算关系：

1B＝8bits

1KB＝2^{10}B＝1024B

1MB＝2^{20}B＝1024KB

1GB＝2^{30}B＝1024MB

1TB＝2^{40}B＝1024GB

5. 高速缓存

主存的存取速度有限，而 CPU 的速度很快，所以当 CPU 从主存中读取或写入数据时常常需要等待。为了提高 CPU 的效率，产生了高速缓存（Cache）技术。高速缓存位于 CPU 和主存之间，用于协调 CPU 与主存之间的数据传输，即暂存 CPU 最常用的部分数据指令。高速缓存的存取速度高于主存，能够大大提高系统性能，但其价格一般较高，容量较小。

现代计算机一般使用二级缓存技术，其中一级缓存与 CPU 集成在一起，速度接近 CPU；二级缓存插在主板上，可扩展。缓存容量越大，系统的性能越好。

1.1.4　计算机的发展趋势

许多科学家认为以半导体为基础的集成技术会日益走向它的物理极限，要解决这个矛盾，必须开发新的材料，采用新的技术。于是，人们努力探索新的计算机材料和计算机技术，致力于研制新一代的计算机，如生物计算机、光学计算机和量子计算机等。从目前的研究方向看，未来计算机将向以下几个方面发展。

1. 高速计算机浮出水面

科学家们最近发明了一种利用空气的绝缘性能来成倍地提高计算机运行速度的新技术，并且已经生产出一套新型计算机微电路。该电路的芯片或晶体管之间由胶滞体包裹的导线连接，这种胶滞体中90%的物质是空气，而空气是不导电的，是一种非常优良的绝缘体。研究表明，计算机运行速度的快慢与芯片之间信号传输的速度直接相关。目前普遍使用的硅二氧化物在传输信号的过程中会吸收一部分信号，从而延长了信息传输的时间。由于这种"空气胶滞体"导线几乎不吸收任何信号，因而能够更迅速地传输各种信息。此外，它还可以降低电耗，而且不需要对计算机的芯片进行任何改造，只需换上"空气胶滞体"导线，就可以成倍地提高计算机的运行速度。

2. 生物计算机的兴起

20世纪70年代以来，人们发现脱氧核糖核酸（DNA）处在不同的状态下可产生有信息和无信息的变化。联想到逻辑电路中的0与1、晶体管的导通或截止、电压的高或低、脉冲信号的有或无等，科学家们产生了研制生物元件的灵感。

1995年，来自世界各国的200多位专家共同探讨了生物计算机的可行性，他们认为生物计算机是以生物电子元件构建的计算机，而不是模仿生物大脑和神经系统中信息传递、处理等相关原理来设计的计算机。

目前研制的生物计算机最大的特点是采用了生物芯片，它由生物工程技术产生的蛋白质分子构成。在这种芯片中，信息以波的形式传播，运算速度比当今最新一代的计算机快10万倍，能量消耗仅相当于普通计算机的十分之一，并且拥有巨大的存储能力。由于蛋白质分子能够自我组合，再生新的微型电路，使得生物计算机具有生物体的一些特点，如能发挥生物体本身的调节机能自动修复芯片发生的故障，还能模仿人脑的思考机制。

科学家们在生物计算机研究领域已经有了新的进展，预计在不久的将来就能制造出分子元件，即通过在分子水平的物理、化学作用对信息进行检测、处理、传输和存储。目前，科学家们已经在超微技术领域取得了某些突破，制造出了微型机器人。他们的长远目标是让这种微型机器人成为一部微小的生物计算机，不仅小巧玲珑，而且可以像生物那样自我复制和繁殖，可以钻进人体里杀死病毒，修复血管、心脏和肾脏等内部器官的损伤，或者使引起癌变的DNA突变发生逆转，从而使人们延年益寿。如图1-7所示为DNA计算机。

3. 光学计算机前景光明

光学计算机利用光作为信息的传输介质。与电子相比，光子具有许多独特的优点，它的速度永远等于光速、具有电子所不具备的频率及偏振特征，从而大大提高了传载信息的能力。此外，光信号传输根本不需要导线，即使在光线交汇时也不会互相干扰、互相影响。一块直径仅为2cm的光棱镜可通过的信息比特率可以超过全世界现有全部电缆总和的300多倍。光学计算机的智能水平也将远远超过电子计算机的智能水平，是人们梦寐以求的理想计算机。

20 世纪 90 年代中期，各国科研机构、大学纷纷投入大量的人力和物力从事此项技术的研究并取得了一些进展，其中最显著的研究成果是由法国、德国、英国和意大利等国 60 多名科学家联合研发成功的世界上第一台光学计算机，如图 1-8 所示。这台光学计算机的运算速度比目前速度最快的超级计算机快 1000 多倍，并且准确性极高。

图 1-7 DNA 计算机

图 1-8 光学计算机

4. 量子计算机呼之欲出

真正的量子计算机很难把它想象成是一台计算机，如图 1-9 所示。它没有传统计算机的盒式外壳，看起来像是一个被其他物质包围的巨大磁场。此外，它也不能像现在计算机那样利用硬盘实现信息的长期存储。但它自身独特的优点，吸引着众多的国家和实体投入巨大的人力、物力去研究。

首先，量子计算机处理数据不像传统计算机那样分步进行，而是同时完成，这样就节省了不少时间，适用于大规模的数据计算。此应用已大大威胁了当前密码技术的安全性。

此外，量子计算机的问世还可解决一个一直困扰传统计算机的难题，那就是微型化、集成化。量子元件尺寸都在原子尺度，由它们构成的量子计算机，不仅运算速度快，存储量大、功耗低，体积还会大大缩小。你能想象一个可以放在口袋中的超高速计算机是什么样吗？

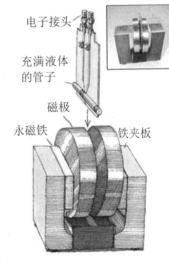

图 1-9 量子计算机的外形

1.2 计算机系统的组成

1.2.1 计算机系统概述

计算机系统是由硬件系统和软件系统组成的。硬件是指计算机中"看得见"、"摸得着"的所有物理设备,软件则是指指挥计算机运行的各种程序的总和。

硬件系统主要包括计算机的主机和外部设备,软件系统主要包括系统软件和应用软件,如图1-10所示。

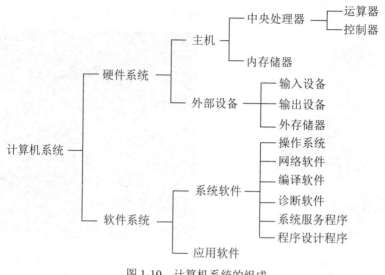

图1-10 计算机系统的组成

1.2.2 计算机工作原理

计算机的硬件部分主要由运算器、控制器、存储器和输入/输出设备组成。当计算机工作时,在计算机内部同时存在着两股信息流在流动。一股是数据流,通常是各种原始数据、中间结果等;另一股是控制流,是由各种控制指令构成的。

当计算机进入工作状态时,由输入设备输入的所有信息(包括源程序、原始数据、各种指令等)均存放在存储器内。在信息的处理过程中,分离出来的各种指令以数据的形式由存储器出发去往控制器,由控制器经译码后变为各种控制信号,形成一股信息流——控制流。接下来,它从控制器出发去控制输入设备的启动与停止、控制运算器按规定一步步地进行各种运算和处理、控制存储器的读或写、控制输出设备等。另一方面,数据在进入存储器的处理过程中,由于控制器中各种控制信号的作用,形成另一股信息流——数据流。它们从存储器读入运算器进行运算,运算的中间结果返回并暂存入存储器中,直到最后由输出设备输出运算结果。计算机的这一工作过程如图1-11所示。

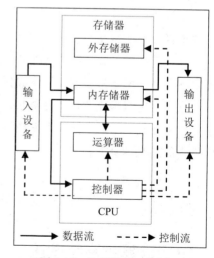

图1-11 计算机的工作原理

1.2.3 计算机的硬件系统

依照冯·诺依曼体系结构，电子计算机系统由 5 部分组成，即运算器、控制器、存储器、输入设备和输出设备。

通常，人们把运算器、控制器和存储器合起来统称为计算机的主机，而把各种输入和输出设备统称为计算机外部设备。

1．运算器（Arithmetic Unit）

运算器是计算机中对信息进行加工、运算的部件，其速度决定了计算机的运算速度。运算器的功能是对二进制编码进行算术运算（加、减、乘、除）和逻辑运算（与、或、非、比较、移位）。

2．控制器（Control Unit）

控制器的功能是控制计算机各部分按照程序指令的要求协调工作，自动地执行程序。它的工作是按程序计数器的要求，从内存中取出一条指令并进行分析，根据指令的内容要求，向有关部件发出控制命令，并让其按指令要求完成操作。

通常情况下是把运算器和控制器合在一起，做在一块半导体集成电路中，称为中央处理器，简称 CPU。

3．存储器（Memory）

存储器是计算机中用于记忆的部件，其功能是存储程序和数据。存储器通常分为内部存储器和外部存储器两种。内部存储器简称内存，又称为主存储器，主要存放当前要执行的程序及相关数据。CPU 可以直接对内存数据进行存、取操作，且存、取速度很快，但因为造价高（以存储单元计算），所以容量比外部存储器小。外部存储器简称外存，又称为辅助存储器，主要存放大量计算机暂时不执行的程序以及目前尚不需要处理的数据。

内部存储器目前均采用半导体存储器，其存储实体是芯片的一些电子线路。按照是否能够读写，内部存储器又可进一步分为两类。一类是只能读不能写的只读存储器（Read Only Memory，ROM），保存的是计算机中最重要的程序或数据，由厂家在生产时用专门设备写入，用户无法修改，只能读出数据来使用。在关闭计算机后，ROM 存储的数据和程序不会丢失。另一类是既可读又可写的随机存放存储器（Random Access Memory，RAM）。在关闭计算机后，随机存储器的数据和程序就被清除。通常所说的"主存储器"或"内存"，一般是指随机存储器。

外部存储器主要有磁盘机（包括软盘机及硬盘机，又称为软盘驱动器和硬盘驱动器）、光盘机（光盘驱动器）及磁带机，其存储实体分别是软盘片和硬盘片、光盘片、磁带。在关闭计算机后，存储在外部存储器的数据和程序仍可保留，适合存储需要长期保存的数据和程序。不过，在 PC 上几乎不用磁带机。

CPU 与内部存储器一起称为计算机的主机。

4. 输入设备（Input Device）

输入设备是指向计算机输入信息的设备。它的任务是向计算机提供原始的信息，如文字、图形和声音等，并将其转换成计算机能识别和接收的信息形式，送入存储器中。常用的输入设备有键盘、鼠标、扫描仪、手写笔、触摸屏、条形码输入设备和数字化仪等。

5. 输出设备（Output Device）

输出设备是指从计算机中输出人们可以识别的信息的设备。它的功能是将计算机处理的数据、计算结果等内部信息，转换成人们习惯接受的信息形式，然后将其输出。常用的输出设备有显示器、打印机、绘图仪和扬声器等。

输入/输出设备和外部存储器统称为外部设备（Peripheral Equipment）。

1.2.4 计算机的软件系统

软件系统是指为了运行、管理和维护计算机而编制的各种程序的集合。软件系统按其功能可分为系统软件和应用软件两大类。

1. 系统软件

系统软件是指计算机的基本软件，是为使用和管理计算机而编写的各种应用程序。系统软件包括监控程序、操作系统、汇编程序、解释程序、编译程序和诊断程序等。

2. 应用软件

应用软件是专门为解决某个应用领域的总体任务而编制的程序。应用程序一般由用户自行设计，有的计算机厂家也提供应用软件。

1.2.5 计算机程序设计语言

编写计算机程序所用的语言即计算机程序设计语言，通常分为机器语言、汇编语言和高级语言 3 类。

1. 机器语言

机器语言是计算机硬件系统所能识别的、不需翻译直接供机器使用的程序语言。机器语言用二进制代码 0 和 1 的形式表示，是唯一能被计算机直接识别的程序，执行速度最快，但编写难度大，调试修改繁琐。用机器语言编写的程序不便于记忆、阅读和书写，因此通常不用机器语言直接编写程序。

2. 汇编语言

汇编语言是一种用助记符（英文或英文缩写）表示的面向机器的程序设计语言。汇编语言的每条指令对应一条机器语言代码，不同类型的计算机系统一般有不同的汇编语言。用汇编语言编写的程序称为汇编语言程序，机器不能直接识别和执行，必须由"汇编程序"（或汇编系统）翻译成机器语言程序才能运行。

机器语言与汇编语言和计算机有着十分密切的关系，因此称之为低级语言。

3. 高级语言

高级语言是一种比较接近自然语言和数学表达式的计算机程序设计语言。用高级语言编写的程序一般称为"源程序",计算机不能识别和执行。因此,要把用高级语言编写的源程序翻译成机器指令,通常有编译和解释两种方式。

编译方式是将源程序整个地翻译成用机器指令表示的目标程序,然后让计算机来执行,如 C 语言。

解释方式是将源程序逐句翻译,翻译一句执行一句,也就是边解释边执行,不产生目标程序,如 Basic 语言。

高级语言直观、易读、易懂、易调试,便于移植。常用的高级语言有 Basic、Fortran、Pascal、C++、Java 等。

1.3 PC 系列微型计算机的配置

微型计算机(Micro Computer),又称为个人计算机(Personal Computer,PC)。微型是相对于传统意义上的大、中、小型机而言的。当今的 PC 机小巧玲珑,可置于桌面,主要为个人所用。

1.3.1 微型计算机的基本配置

无论是什么品牌和型号的微型计算机,其主要组成部分都相似,因此它们的基本配置也相似。了解微型计算机的基本配置可以从以下项目考虑:制造商、型号、机箱样式、CPU型号、内存、主板、显示卡、硬盘、光驱、声卡、网卡、鼠标和键盘等。这些项目不一定要全部了解,只要抓住几个主要的配置就可以判断机器的性能。表 1-1 列出了联想 ThinkCentre M8200t 的基本配置。

表 1-1 联想 ThinkCentre M8200t 基本配置

产品名称	ThinkCentre M8200t
处理器	英特尔®酷睿 i5 650;处理器频率 2930MHz; 接口 LGA 1156;二级缓存 1024KB;三级缓存 8192KB;外频 133MHz
操作系统	正版 Windows 7 Professional 简体中文版操作系统
主板芯片组	intel Q57;总线技术 DMI(2.5GT/s)
存储系统	内存 4GB;DDR3 1333;硬盘 500GB;SATA2 7200 转
光驱	光盘刻录机 DVD±RW;支持 DVD SuperMulti 双层刻录
显示系统	5ms 极速飞梭式 22in 宽屏液晶显示器; nVIDIA GeForce GT42 独立显卡;1024 PCI-E X16 接口标准;支持 DirectX 11
I/O 系统	10M~100M 集成网卡;1394 接口;8 合 1 读卡器;USB 2.0 接口;USB 光电鼠标; 人体工学功能键盘;遥控器
音响系统	木质全音域高品质 5.1 音响系统
阳光服务	三年免费上门服务

1.3.2 微处理器 CPU

中央处理器（Central Processing Unit，CPU）在微型计算机中又称为微处理器，如图 1-12 所示。CPU 是计算机的大脑，计算机的运转在它的指挥控制下实现。CPU 也是微型计算机系统中最昂贵的部件。

图 1-12　Intel Core i7 CPU

1971 年美国 Intel 公司推出的称为 4004 的芯片是历史上第一枚微处理器芯片，而自从 IBM 在 1981 年选中 Intel 8088 CPU 作为 IBM PC 的 CPU 以来，直至现在，Intel 公司始终在 PC 系统的微处理器市场上居于主导地位。Intel 系列 CPU 主要包括 8086/8088、80186、80286、80386、80486、Pentiun（奔腾）系列、Core（酷睿）系列、Xeon（至强）系列、Itanium（安腾）系列。除了 Intel 公司外，AMD 公司也生产与 Intel 兼容的处理器。

CPU 是决定计算机速度、处理能力的关键部件，而衡量其性能的主要技术指标包括 CPU 的主频、字长和高速缓冲存储器（Cache）。

1. 主频

主频就是 CPU 的时钟频率，也就是 CPU 内核运算的工作频率。主频以 MHz（兆赫）来度量，1MHz 是指每秒完成 100 万时钟周期。一个时钟周期是处理器中最小的时间单位，CPU 的每个动作至少需要一个周期，通常需要多个周期才能完成。主频是 CPU 工作快慢的指标，当然越快越好。例如，Intel® Core™ i7-2600 Processor（8M Cache 3.40GHz）中的 3.40 就是指 CPU 的主频为 3.40GHz。

2. 字长

字长是指 CPU 一次可以处理的二进制位数，主要影响计算机的精度和速度。字长有 8 位、16 位、32 位、64 位等。字长越长，表示一次读写的数的范围越大，处理数据的速度越快。

字节和字长的联系：由于常用的英文字符用 8 位二进制便可以表示，所以通常就将 8 位二进制位称为一个字节。字的长度是不固定的，对于不同的 CPU，字的长度也不一样。8 位的 CPU 一次只能处理一个字节，而 32 位的 CPU 一次能够处理 4 个字节，字长为 64 位的 CPU 一次则可以处理 8 个字节。

3. 高速缓冲存储器（Cache）

高速缓冲存储器（Cache），简称高速缓存，主要是用来存储一些常用或即将用到的数据或指令,当 CPU 需要这些数据或指令时直接从高速缓存中读取,而不用再从内存甚至硬盘中去读取,如此一来可以大幅度提升 CPU 的处理速度。缓存又分为以下几个级别。

(1) L1 Cache(一级缓存):采用与 CPU 相同的半导体工艺,制作在 CPU 内部,容量不是很大,与 CPU 同频运行,无须通过外部总线来交换数据,所以大大节省了存取时间。

(2) L2 Cache(二级缓存):在 Pentium 系统中,L2 高速缓存通常在主板上,后来也像 L1 高速缓存一样集成到处理器的核心中。CPU 在读取数据时,寻找顺序依次是 L1→L2→内存→外存储器。L2 Cache 的容量十分灵活,容量越大,CPU 档次越高。

(3) L3 Cache(三级缓存):可以在主板上或者 CPU 上再外置的大容量缓存,被称为三级缓存。例如,Itanium(安腾)系列的处理器就集成了三级缓存。

1.3.3 主板

主板(Main Borad)是微型计算机系统中最大的一块电路板,如图 1-13 所示。微型计算机通过主板将 CPU 等各种器件和外部设备有机地结合起来,形成一套完整的系统。微型计算机在正常运行时对系统内存、存储设备和其他 I/O 设备的操控都必须通过主板来完成,因此其整体运行速度和稳定性在相当程度上取决于主板的性能。

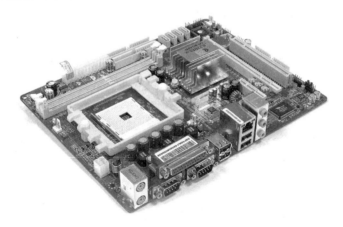

图 1-13　计算机主板

主板上一般包括以下部件。

(1) 一个微处理器插座:不同的主板使用不同的微处理器。微处理器升级时,一般主板也要更换。

(2) 存储器插槽:用来安装内存条。内存条的引脚必须和插槽的引线一致,否则无法配合使用。

(3) 主板芯片组:用来控制对存储器的访问和对外部设备的接口。主要包括北桥芯片、南桥芯片、BIOS 芯片 3 大芯片。

(4) 系统总线和局部总线:实现 CPU 与各个部件的连接和通信。

(5) 各种接口插槽:用来接插各种接口卡(接口板),如视频卡、电视卡等。目前,主板连接外部接口板的插槽主要是 PCI 插槽,即支持 PCI 总线标准的插槽。

（6）各种外部设备的接口：如软驱接口 FDD、通用串行设备接口 USB、硬盘接口、并行接口等。

1.3.4 内存储器

内存储器简称为内存，是微型计算机主机的主要部件之一。其实，微型计算机内与存储有关的部件很多，如随机存储器、只读存储器、高速缓存器、BIOS 和 CMOS 等。但是说到内存或者内存容量时，通常是指随机存储器的容量。

1. 随机存取存储器

随机存取存储器（Random Access Memory，RAM）是指随时可读可写的存储器，又可分为静态随机存储器和动态随机存储器两类。

（1）静态随机存储器通过逻辑电路来存取信息，存入的信息不易丢失，工作速度较快，但是其电路复杂，集成度低，成本比较高。

（2）动态随机存储器通过 MOS 管的栅极电容来存储信息，所以一个 MOS 管就可以存储一位信息，电路非常简单。其速度较低，集成度高，价格便宜。目前在微型计算机中使用的内存都是动态随机存储器。

不管是动态随机存储器还是静态随机存储器，都要在加电的工作状态下才能存储信息。一旦电源消失，存储的信息也会立即消失。采用不间断电源可以防止断电导致的数据丢失。

随着微型计算机的发展，动态随机存储器也经历了几次更新换代。目前还可以看到和正在使用的动态随机存储器类型有 SDRAM、DDR、DDR2 和 DDR3。

（1）SDRAM（Synchronous DRAM）：即同步动态随机存取存储器。SDRAM 随机存储器是 Pentium III 处理器时代的主流存储器，工作频率有 66MHz、100MHz 及 133MHz 等。

（2）DDR（Dual Date Rate SDRAM）："双倍速率 SDRAM"的意思，也就是 SDRAM 的升级。DDR 内存通常称为双倍速率同步动态随机存储器，其产品系列包括 DDR400 和 DDR533 等。

（3）DDR2 存储器：就是第二代双倍速率同步动态随机存储器，同样时钟频率下，传输性能又比 DDR 内存提高一倍。DDR2 内存拥有 400MHz、533MHz 和 667MHz 等不同的时钟频率。

（4）DDR3 存储器：属于 SDRAM 家族的内存产品，提供了相对于 DDR2 SDRAM 更高的运行效能与更低的电压，是 DDR2 SDRAM（4 倍速率同步动态随机存取内存）的后继者（增加至 8 倍），也是现时流行的内存产品。目前，市面常见的 DDR3 内存如图 1-14 所示。

2. 只读存储器

只读存储器（Read Only Memory，ROM）是一种在工作中只能读出不能写入的存储器。

只读存储器也是内存的一部分，占用内存的地址。但是计算内存容量时，只考虑 RAM 的容量，并不考虑 ROM 的容量，CPU 可以访问的内存容量并不会因为 ROM 的存在而增大。虽然 ROM 也占用实际的物理内存，但占用的地址和 RAM 是一致的。

图 1-14 DDR3 内存

3. 高速缓存

尽管存储器的速度也一直在提高，但是与 CPU 的速度相比还是有很大的差距。如果大量地使用高速随机存储器，计算机的成本就会高很多。为了解决这个矛盾，微处理器中引入了高速缓存（Cache）。

这里说的高速缓存，准确地说是 CPU Cache，它是一种小容量、高速随机存储器，用来协调 CPU 与内存的速度匹配问题。

计算机在执行程序时，有些指令和数据在一段时间内会反复使用。例如，计算 1～1000 的累加和，加法指令就要执行 1000 次，存放结果的变量也会使用 1000 次。如果把这些经常使用的指令和数据存放在高速存储器中，CPU 访问存储器的速度就可以加快。

因此，高速缓存就是存储 CPU 经常使用的数据和指令。CPU 在取指令和数据时，首先访问高速缓存，如果在高速缓存中找不到需要的指令和数据，再到一般的 RAM 中访问，从而使访问存储器的平均时间大大缩短。

4. CMOS

CMOS 本身是一种集成电路制造工艺的简称，但也是微型计算机中主板上的一块可读写的 RAM 芯片的别名。CMOS 中存放的是关于系统配置的具体参数，如日期、时间、硬盘参数和软驱情况等，这些参数可通过 BIOS 设置程序进行设置。一般在新购置机器、新增硬件、安装软件、CMOS 数据意外丢失和系统优化等情况下，需要修改 CMOS 参数。CMOS RAM 芯片靠专用电池供电，因此关机后，CMOS 芯片中的信息都不会丢失。

1.3.5 总线与接口

微型计算机系统中使用的各种芯片、各种板卡内元器件之间、各板卡之间的连接，都是通过总线进行的。一般所说的总线包括系统总线和局部总线。

1. 系统总线

系统总线是指连接计算机系统内部各部件（板、卡）和传输信息的一组信号线。例如，ISA、EISA 总线等都属于系统总线。

2. 局部总线

为了提高某些部件（如内存、显示器等）与 CPU 之间的数据传输速度，就用专门的总线将这些部件和 CPU 进行连接，这种总线就是局部总线。例如，PCI 总线就是局部总线。

现代微型计算机采用标准总线，可以大大简化系统设计、简化系统结构，提高系统可靠性，易于系统的扩充和更新。

1.3.6 外存储器

外存储器（Storage）用来存放需要长期保存的各种数据和程序。这些数据和程序以文件的形式在外存储器中保存。外存储器不能被 CPU 直接访问，其中的信息必须调入内存中才能为 CPU 所用。外存储器的特点是存储量大、价格较低，而且在断电的情况下也可以长期保存信息。

常用的外存储器包括软盘、硬盘、光盘以及移动硬盘和闪存等。

1. 软盘

软盘是磁盘存储器的一种，其直径通常有 3.5 英寸和 5.25 英寸两种。

由于 U 盘的迅速推广普及，现在软盘已使用不多。软盘的迅速被更替是计算机技术发展的一个典型例子。

2. 硬盘

从外观上看，微型计算机使用的硬盘是一个密封的金属盒子，其中有若干片固定在同一个轴上、同样大小、同时高速旋转的金属圆盘片，如图 1-15 所示。每个盘片的两个表面都涂附了一层很薄的磁性材料，作为存储信息的介质。靠近每个盘片的两个表面各有一个读写磁头。这些磁头全部固定在一起，可同时移到磁盘的某个磁道位置。硬盘片表面分为一个个同心圆磁道，每个磁道又分为若干扇区。

图 1-15　硬盘

硬盘的所有盘面上半径相同的磁道构成一个柱面，柱面由外向里顺序编号。

硬盘容量可以按照以下公式计算：

$$硬盘容量=盘面数×柱面数×扇区数×扇区字节数$$

一般来说，一个盘面的两个面都会涂上磁性材料，都可以存储信息。因此，一个盘片要算作两个盘面。

硬盘按接口分为 IDE、SATA、SCSI。按大小分为 1.8 英寸、2.5 英寸、3.5 英寸、5.25 英寸。按转速分为 4500 转/分、5400 转/分、7200 转/分。

3. 光盘

光盘包括只读光盘、只写一次光盘和可擦写光盘 3 种，前两种都是属于不可擦除的。无论是哪一种光盘，都由塑料基片、记录层、反射层和保护层组成。不同种类的光盘记录层使用不同的材料。

在光盘上存储信息是通过激光或者其他方法，在记录层上形成凹凸不平的区域，来表示数字信号的 0 和 1，从而记录下数字化的音频或者视频信息。如果记录层的成型是预先完成并且不可修改的，相应的光盘就是只读光盘。如果记录层的材料允许用户自己一次成型,就是只写一次光盘。对于擦写光盘,记录层必须使用特殊的材料,并且要有相应的方法,才可以使得记录层在成型以后还可以恢复原状,并且重新写入新的信息。

所有的光盘都需要通过光盘驱动器来读出。光盘驱动器会产生一束激光照射到光盘上,反射光由一个光检波器来接收并且被解码成数字信号。

由于存储容量大、可靠性高、信息保存时间长等特点,光盘得到了广泛的应用。

光盘存储器按照物理格式可以分为 CD 光盘和 DVD 光盘。CD 是 Compact Disk 的简称,是最早出现的光盘存储器。DVD 原来是 Digita Video Disk 的缩写,也就是"数字视盘"的意思,而现在的 DVD 已经有了更广泛的用途,DVD 的含义也被扩展为 Digital Versatile Disk,即"数字多用盘"。

4. 闪存

闪存(Flash Memory)作为另一类移动存储设备,多被应用在各种各样的便携设备上,如笔记本电脑、数码相机、MP3、移动电话等。在这类移动存储设备中非常有代表性的是 CompactFlash、SmartMedia、Memory Stick 和 U 盘,如图 1-16 所示。

透过现象看本质,它们的作用都是相同的,即保存数据和转移数据。为了在离开宿主设备时仍然能够保存数据,它们都使用了非易失性存储技术,不依靠电源仍然能够保证数据不会丢失。大

图 1-16 闪存

多数体积较小的存储介质使用闪存,利用电子技术保存数据。目前,它们可以在相当小的体积内实现多达 32GB 的存储容量,但是成本较高。

(1) CompactFlash 和 SmartMedia 存储卡是目前相当流行的数码相机存储设备,现在也逐渐开始被一些移动通信设备、PDA 等所采用。其体积为 43mm×36mm×3.3mm,容量目前已可达 32GB。

(2) MemoryStick(记忆棒)是实力雄厚的索尼公司独自推出的微型移动存储设备,其体积只有半块口香糖大小,使用闪存作为存储介质,在索尼笔记本、台式机、数码摄像机、数码相机,甚至消费电子产品上都可以看到它的身影。

(3) U 盘(OnlyDisk)是一种移动存储产品,主要用于存储较大的数据文件,以及在电脑之间方便地交换文件。U 盘是中国深圳朗科公司首先开发的无须驱动器的微型高容量移动存储设备,采用 USB 接口及快闪内存。U 盘的优点主要有:体积非常小,仅大拇指般大小,重量 20g,容量为 1~8GB,甚至可达 32GB;不需要驱动器,无须外接电源;使用简便,即插即用;可靠性好,可擦写达 100 万次,数据可保存 10 年;无须物理驱动器就能独立工作,任何带有 USB 接口的电脑都可以使用,因此也成为笔记本电脑的最佳拍档。

5. 固态存储器

固态存储器（Solid States Disk，SSD）由控制单元和存储单元（Flash 芯片）组成，简单地说就是用固态电子存储芯片阵列而制成的硬盘（目前最大容量为 5TB），实际就是固态硬盘，其接口规范和定义、功能及使用方法与普通硬盘完全相同，在产品外形和尺寸上也完全与普通硬盘一致。现在，固态存储器已经广泛应用于军事、车载、工控、视频监控、网络监控、网络终端、电力、医疗、航空和导航设备等领域。

由于没有机械动作，固态存储器具有数据存取速度快的优点。根据测试，两台其他配置相同的计算机，使用固态存储器的开机时间是 17 秒，而使用传统硬盘的开机时间是 56 秒。固态存储器在外形大小上可以和小型硬盘（如 1.8 英寸）相同，但是重量却轻许多；同时其防震抗摔，不会因为碰撞或者掉落而丢失数据；另外其噪声小，发热量也小。

目前，影响固态存储器的主要因素是价格，和传统硬盘相比，价格上没有什么优势。

1.3.7 输入设备

输入设备是指向计算机输入数据和信息的设备，是人与计算机系统进行信息交换的主要装置之一。常见的输入设备有键盘、鼠标、触摸屏、扫描仪和数字化仪等。

1. 键盘

台式机使用的键盘一般有 104 个键，可以分为 4 个区，即主键盘区、数字键盘（也称小键盘）区、光标控制键区、功能键区，如图 1-17 所示。

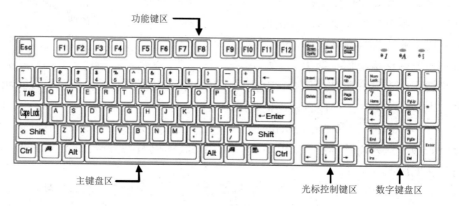

图 1-17　PC 键盘的构成

主键盘区包括字符键（如字母键、数字键、特殊符号键等）及一些用于控制方面的键。

（1）字符键：每按一次字符键，就在屏幕上显示一个对应的字符。如果按住一个字符键不放，屏幕上将连续显示该字符。

（2）Space 键（空格键）：即位于主键盘区下方的最长键，用于输入一个空格字符，且将光标右移一个字符的位置。空格键也属于字符键。

（3）Enter 键（回车键）：当用户输入完一条命令时，必须按一下该键，表示该条命令输入结束，计算机方可接受所输入的命令。在有些编辑软件中，它又表示换行。

（4）Back Space 键（退格键）：位于主键盘区的右上角，有些键盘中该键标有"←"符号。该键主要用于删除光标左边的字符，且光标左移一个字符的位置。

（5）Caps Lock 键（大小写锁定键）：用于将字母键锁定在大写或小写状态。键盘右上角的 Caps Lock 显示灯表示该键的状态。若灯亮，表示直接按字母键输入的是大写字母；若灯灭，表示直接按字母键输入的是小写字母。

（6）Shift 键（上档键）：该键通常与其他键配合使用。在主键盘区中有些键上标有两个字符，当直接按这类键时，输入的是该键上所标的下面的字符，如果需要输入这类键上所标的上面的字符，只要按住上档键的同时按该键即可。另外，上档键还可以临时转换字母的大小写输入，即键盘锁定在大写方式时，按住 Shift 键的同时按字母键即可输入小写字母；反之，键盘锁定在小写方式时，按住 Shift 键的同时按字母键即可输入大写字母。

（7）Ctrl 键（控制键）：该键通常与其他键配合使用才具有特定的功能，且在不同的系统中，会具有不同的功能。

（8）Alt 键（转换键）：该键通常与其他键配合使用才具有特定的功能，且在不同的系统中具有不同的功能。

（9）Windows 键：与其他键组合，具有许多快捷的功能，如表 1-2 所示。

表1-2　Windows标志键的用法

键	功　　能
Windows 键	打开开始菜单
Windows +E 键	打开"资源管理器"，浏览"我的电脑"
Windows +D 键	最小化所有窗口，显示桌面
再次按 Windows +D 键	恢复窗口上一次的状态
Windows +F 键	打开"搜索"窗口，查找文件
Windows +R 键	激活"运行"对话框
Windows +F1 键	打开"Windows 帮助"窗口
Windows +Pause 键	打开"系统特性"对话框
Windows + Tab 键	激活下一个任务栏按钮

2．鼠标

鼠标是在图像界面环境中必备的输入设备。鼠标一般有 3 种类型：机械式、光电式和光机式。

（1）机械式鼠标。机械式鼠标在底部有一个可以自由滚动的橡胶球。当鼠标在桌面上移动时，橡胶球带动内部的机械装置，来识别鼠标的位置和移动的距离。机械式鼠标结构简单、价格便宜，但是比较容易磨损。橡胶球弄脏后会不太好用，因此要及时清洁橡胶球。

（2）光电式鼠标。光电式鼠标必须在专用的光栅板上使用。鼠标的底部有发光的二极管和光敏接收管，鼠标在移动时，反射光的强度变化可以转换为电脉冲，检测电脉冲的数量就可以知道移动的距离。光电式鼠标定位精度高，不易磨损，可靠性高。

（3）光机式鼠标。光机式鼠标也称光学鼠标，采用光电和机械结合的原理进行定位和测距。它不需要专用的光栅板，使用方便，精度仍然很高。目前使用的鼠标多数都是这种类型。

现在,无线鼠标也在许多场合下使用。在无线鼠标中,加上了无线收发器。

鼠标的主要技术参数是鼠标分辨率,用每英寸多少点来衡量,表示为 dpi(dots per inch)。一般鼠标的分辨率为 400～600dpi。

3. 触摸屏

触摸屏是一种简单的输入设备,用户通过手指在屏幕上的触摸,来模拟鼠标的操作。例如,手指的单击相当于鼠标键的单击,手指的双击相当于鼠标键的双击;也可以用手指触摸屏幕并拖动手指来模拟鼠标的拖动操作。

4. 扫描仪

扫描仪是常用的图形、图像输入设备。它是一种纸面输入设备,可以迅速地将图形、图像、照片、文本甚至是小型物品从外部环境以图片的方式输入到计算机中,然后再进行编辑、加工。

常用的扫描仪使用电荷耦合器件(C-oupled Device,Charge)阵列将光信号转换为电信号而成像,一般称为 CCD 扫描仪,如图 1-18 所示。

CCD 扫描仪的主要性能指标如下:

(1)扫描幅面,即允许原稿的尺寸,台式扫描幅面一般可达 A4 打印纸的大小。

(2)分辨率,即每英寸扫描的点数(dpi),可以从 600dpi 至 2000dpi 不等。用于屏幕显示或打印,只需 300～600dpi 的分辨率;要输出成网片印刷,则要达到 1200dpi 以上。

(3)灰度层次,即灰度扫描仪可达的灰度级别,目前有 16 层、64 层及 256 层(位数分别为 4bit、6bit 和 8bit)。

(4)色彩位数,表示红、绿、蓝三基色的二进制代码的位数。如果各用 8 位代码表示,色彩的位数就是 24 位。

(5)扫描速度,依赖于每行感光的时间,一般在 3～30ms 的范围内。

5. 数字化仪

数字化仪是一种图形输入设备。由于它可以把各种图形的信息转换成相应的计算机可识别的数字信号,送入计算机进行处理,并具有精度高、使用方便、工作幅面大等优点,因此成为各种计算机辅助设计的重要工具之一。目前,常用的数字化仪有数码相机、数码摄像头(如图 1-19 所示)等。

图 1-18 平板式扫描仪

图 1-19 数码摄像头

1.3.8 输出设备

输出设备是人与计算机交互的一种部件，用于将各种数据或信息以数字、字符、图像和声音等形式表现出来，常见的有显示器、打印机、绘图仪和音箱等。

1. 显示器

计算机所用的显示器主要有 3 种：阴极射线管显示器（CRT 显示器）、液晶显示器（LCD 显示器）和 LED 显示器。

（1）CRT 显示器。一个典型的 CRT 显示器主要由 CRT 显像管和控制 CRT 工作的相关电路所组成。CRT 显像管的屏幕上涂有荧光粉涂层，在电子束的冲击下产生光点。电子束强度不同，光电的亮度就不同。彩色 CRT 显像管的荧光粉涂层是由 R（红色）、G（绿色）、B（蓝色）3 种颜色组成，在不同强度的电子束的冲击下产生不同颜色的光点，再由各个光点组成要显示的图像。

（2）LCD 液晶显示器。液晶是一种介于液体与固体之间的特殊物质，具有液体的流态性质和固体的光学性质。液晶受到电压的影响时，会改变其物理性质而发生形变，此时通过它的光的折射角度就会发生变化，从而产生明暗不同的光点。再加上彩色滤光片的作用，就会产生彩色的光点和图像。

液晶显示器轻便、无辐射、耗电量低，优点非常突出。随着价格的连续下降，液晶显示器不仅成为笔记本电脑的基本配置，也逐渐成为台式计算机的基本输出设备。

（3）LED 显示器。LED 显示器（LED Panel）是一种通过控制半导体发光二极管的显示方式，来显示文字、图形、图像等各种信息的显示屏幕。

与 LCD 显示器相比，LED 显示器在亮度、功耗、可视角度和刷新速率等方面都更具优势。LED 与 LCD 的功耗比大约为 1:10，而且更高的刷新速率使得 LED 在视频方面有更好的性能表现。

2. 打印机

打印机按工作方式分为击打式和非击打式打印机两类。现在一般说到的打印机包括针式打印机、喷墨式打印机和激光打印机。

（1）针式打印机。针式打印机又称为点阵打印机（Dot Matrix Printers）。顾名思义，就是通过打印针来工作的。当接到打印命令时，根据要打印的字符，打印针形成一定的字符阵列，然后打印针撞击打印色带，将色带上的墨迹击打到打印纸上，形成要打印的字符。针式打印机按照针数有 9 针和 24 针之分。

针式打印机结构简单，耗材费用低，各项成本都比较低。另外，针式打印机可以进行多层打印，如打印多联的单据、表格等，这是其他打印机所不能胜任的。针式打印机的缺点也很明显，如打印速度低，打印的质量不是很好，而且噪声大，打印针也比较容易断。目前在日常办公中，针式打印机已经用得不多了，但是在票据打印领域，其应用仍相当普遍。

（2）喷墨打印机。喷墨打印机（Ink Jet Printer）按喷墨的形式可以分为液态喷墨打印机和固态喷墨打印机。

- 液态喷墨打印机是让墨水通过非常细的喷嘴，在强电场作用下，以高速墨水束喷在纸上形成文字和图像。喷墨打印机的具体技术很多，不同厂商使用不同的技术。例如，佳能（CANON）公司使用的是气泡式打印技术；爱普生（EPSON）公司使用的是多层压电式技术，惠普（HP）公司使用的是热感式技术。
- 固态喷墨打印机所使用的墨在平时是固态的，在打印时被加热液化再喷到纸上。其附着性和渗透性都很好，是一种高质量的打印机。

喷墨打印机打印质量好，彩色效果好，速度也不低，价格也比较便宜，但是打印的耗材用得多，耗材的成本比较高。

（3）激光打印机。激光打印机（Laser Printer）是利用电子成像技术进行打印的。它通过光栅图形处理器产生页面位图，并使得感光鼓（硒鼓）感光，形成负电荷阴影。当鼓面经过带正电的墨粉时，感光部分就吸附上墨粉，然后将墨粉转印到纸上。纸上的墨粉经过加热熔化，在纸上形成字符或图形。激光打印机的打印质量高，速度快，噪声低，目前比较常用。

3. 绘图仪

绘图仪是一种输出图形硬拷贝的输出设备，它可在软件的支持下，绘出各种复杂、精确的图形，因此是各种计算机辅助设计（CAD）必不可少的设备。

绘图仪有平台式和滚筒式两大类，目前使用较广泛的是平台式绘图仪。

1.4 计算机的数制及信息存储

1.4.1 计算机中数的表示方法

计算机最基本的工作是进行大量的数值运算和数据处理。大家知道，在日常生活中，我们较多地使用十进制数，而计算机是由电子元件组成的，因此其中的信息都必须用电子元件的状态来表示，而与这些状态相对应的数制，就是本节中要介绍的二进制，而计算机内也只能接受二进制。

计算机为什么要用二进制呢？首先，二进制只需 0 和 1 两个数字表示。物理上一个具有两种不同稳定状态且能相互转换的器件是很容易找到的。例如，电位的高低、晶体管的导通和截止、磁化的正方向和反方向、脉冲的有或无、开关的闭合和断开等，都恰恰可以与 0 和 1 对应。而且这些物理器件的状态稳定可靠，因而其抗干扰能力强。相比之下，计算机内如果采用十进制，则至少要求元器件有 10 种稳定的状态，在目前这几乎是不可能的事。

其次，二进制运算规则简单，只有加法、乘法规则各 4 个，即：

0+0=0　0+1=1　1+0=1　1+1=10

0×0=0　0×1=0　1×0=0　1×1=1

对于上述的运算，采用门电路就能容易地实现。

再次，逻辑判断中的"真"和"假"，也恰好与二进制的 0 和 1 相对应。

因此，从易得性、可靠性、可行性及逻辑性等各方面考虑，计算机选择了二进制数字系统。采用二进制，我们可以把计算机内的所有信息都用两种不同的状态值通过组合来表示。

1.4.2 常用数制的表示方法

1．十进制

通常我们最熟悉、最常用的数制是十进位记数制，简称十进制。它是由 0～9 共 10 个数字组成，即基数为 10。十进制具有"逢十进一"的进位规律。

任何一个十进制数都可以表示成按权展开式。例如，十进制数 95.31 可以写成：

$(95.31)_{10}=9\times10^1+5\times10^0+3\times10^{-1}+1\times10^{-2}$

其中，10^1、10^0、10^{-1}、10^{-2} 为该十进制数在十位、个位、十分位和百分位上的权。

2．二进制

与十进制数相似，二进制中只有 0 和 1 两个数字，即基数为 2。二进制具有"逢二进一"的进位规律。在计算机内部，一切信息的存放、处理和传送都采用二进制的形式。

任何一个二进制数也可以表示成按权展开式。例如，二进制数 1101.101 可写成：

$(1101.101)_2=1\times2^3+1\times2^2+0\times2^1+1\times2^0+1\times2^{-1}+0\times2^{-2}+1\times2^{-3}$

3．八进制

八进位记数制（简称八进制）的基数为 8，使用 8 个数码即 0、1、2、3、4、5、6、7 表示数，低位向高位进位的规则是"逢八进一"。

4．十六进制

十六进位记数制（简称十六进制）的基数为 16，使用 16 个数码即 0、1、2、3、4、5、6、7、8、9、A、B、C、D、E、F 表示数。这里借用 A、B、C、D、E、F 作为数码，分别代表十进制中的 10、11、12、13、14、15。低位向高位进位的规则是"逢十六进一"。

如表 1-3 列出了常用的几种进位制对同一个数值的表示。

表 1-3 几种常用进位制数值对照表

十 进 制	二 进 制	八 进 制	十 六 进 制
0	0	0	0
1	1	1	1
2	10	2	2
3	11	3	3
4	100	4	4
5	101	5	5
6	110	6	6
7	111	7	7
8	1000	10	8
9	1001	11	9
10	1010	12	A
11	1011	13	B

续表

十 进 制	二 进 制	八 进 制	十 六 进 制
12	1100	14	C
13	1101	15	D
14	1110	16	E
15	1111	17	F
16	10000	20	10

1.4.3 常用数制的相互转换

不同数制之间进行转换应遵循一定的转换原则：两个有理数如果相等，则有理数的整数部分和分数部分一定分别相等。也就是说，若转换前两数相等，转换后仍必须相等。

1. 二、八、十六进制数转换为十进制数

（1）二进制数转换成十进制数。只要将二进制数用记数制通用形式表示出来，计算出结果，便得到相应的十进制数。

例如：

$$(1101100.111)_2 = 1 \times 2^6 + 1 \times 2^5 + 1 \times 2^3 + 1 \times 2^2 + 1 \times 2^{-1} + 1 \times 2^{-2} + 1 \times 2^{-3}$$
$$= 64 + 32 + 8 + 4 + 0.5 + 0.25 + 0.125 = (108.875)_{10}$$

（2）八进制数转换成十进制数。以 8 为基数按权展开并相加。

例如：

$$(652.34)_8 = 6 \times 8^2 + 5 \times 8^1 + 2 \times 8^0 + 3 \times 8^{-1} + 4 \times 8^{-2}$$
$$= 384 + 40 + 2 + 0.375 + 0.0625 = (426.4375)_{10}$$

（3）十六进制数转换成十进制数。以 16 为基数按权展开并相加。

例如：

$$(19BC.8)_{16} = 1 \times 16^3 + 9 \times 16^2 + B \times 16^1 + C \times 16^0 + 8 \times 16^{-1}$$
$$= 4096 + 2304 + 176 + 12 + 0.5 = (6588.5)_{10}$$

2. 十进制数转换为二进制数

（1）整数部分的转换。整数部分的转换采用除 2 取余法，直到商为 0；余数按倒序排列，称为"倒序法"。

例如，将 $(126)_{10}$ 转换成二进制数。

```
2  126   ……   余 0   （K_0）    低
2   63   ……   余 1   （K_1）     ↑
2   31   ……   余 1   （K_2）
2   15   ……   余 1   （K_3）
2    7   ……   余 1   （K_4）
2    3   ……   余 1   （K_5）
2    1   ……   余 1   （K_6）    高
     0
```

结果为:
$$(126)_{10}=(1111110)_2$$

（2）小数部分的转换。小数部分的转换采用乘 2 取整法，直到小数部分为 0；整数按顺序排列，称为"顺序法"。

例如，将十进制数$(0.534)_{10}$转换成相应的二进制数。

```
        0.534
      ×   2
        1.068  ................  1   (K₋₁)        高
      ×   2
        0.136  ................  0   (K₋₂)        │
      ×   2                                       │
        0.272  ................  0   (K₋₃)        │
      ×   2                                       ↓
        0.544  ................  0   (K₋₄)
      ×   2
        1.088  ................  1   (K₋₅)        低
```

结果为:
$$(0.534)_{10} \approx (0.10001)_2$$

显然，$(0.534)_{10}$不能用二进制数精确地表示。

例如，将$(50.25)_{10}$转换成二进制数。

分析：对于这种既有整数又有小数部分的十进制数，可将其整数和小数分别转换成二进制数，然后再把两者连接起来即可。

因为　　　　　　　　$(50)_{10}=(110010)_2$，$(0.25)_{10}=(0.01)_2$
所以　　　　　　　　$(50.25)_{10}=(110010.01)_2$

3. 八进制数与二进制数之间的相互转换

（1）八进制数转换为二进制数。八进制数转换成二进制数所使用的转换原则是"1 位拆 3 位"，即把 1 位八进制数对应于 3 位二进制数，然后按顺序连接即可。

例如，将$(64.54)_8$转换为二进制数。

```
    6        4        .        5        4
    ↓        ↓                 ↓        ↓
   110      100       .       101      100
```

结果为:
$$(64.54)_8=(110100.101100)_2$$

（2）二进制数转换成八进制数。二进制数转换成八进制数可概括为"3 位并 1 位"，即从小数点开始向左、右两边以每 3 位为一组，不足 3 位时补 0，然后每组改成等值的 1 位八进制数即可。

例如，将$(110111.11011)_2$转换成八进制数。

```
     110      111       .      110      110
      ↓        ↓        .       ↓        ↓
      6        7        .       6        6
```

结果为：
$$(110111.11011)_2 = (67.66)_8$$

4. 十六进制数与二进制数之间的相互转换

（1）十六进制数转换成二进制数。十六进制数转换成二进制数的转换原则是"1 位拆 4 位"，即把 1 位十六进制数转换成对应的 4 位二进制数，然后按顺序连接即可。

例如，将 $(C41.BA7)_{16}$ 转换为二进制数。

```
     C        4        1    .   B        A        7
     ↓        ↓        ↓    .   ↓        ↓        ↓
    1100    0100     0001   .  1011     1010     0111
```

结果为：
$$(C41.BA7)_{16} = (110001000001.101110100111)_2$$

（2）二进制数转换成十六进制数。二进制数转换成十六进制数的转换原则是"4 位并 1 位"，即从小数点开始向左、右两边以每 4 位为一组，不足 4 位时补 0，然后每组改成等值的 1 位十六进制数即可。

例如，将 $(1111101100.00011010)_2$ 转换成十六进制数。

```
    0011    1110    1100    .   0001    1010
     ↓       ↓       ↓      .    ↓       ↓
     3       E       C      .    1       A
```

结果为：
$$(1111101100.00011010)_2 = (3EC.1A)_{16}$$

在程序设计中，为了区分不同进制，常在数字后加一个英文字母作为后缀以示区别。
- 十进制数：在数字后面加字母 D 或不加字母，如 $(6659)_{10}$ 写成 6659D 或 6659。
- 二进制数：在数字后面加字母 B，如 $(1101101)_2$ 写成 1101101B。
- 八进制数：在数字后面加字母 O，如 $(1275)_8$ 写成 1275O。
- 十六进制数：在数字后面加字母 H，如 $(CFA7)_{16}$ 写成 CFA7H。

1.4.4 计算机的编码

计算机中的数是用二进制数表示的，计算机只能识别二进制数码。在实际应用中，计算机除了要对数码进行处理之外，还要对其他信息（如语言、符号和声音等）进行识别和处理，因此，必须先把信息编成二进制数码，才能让计算机接受。这种把信息编成二进制数码的方法，称为计算机的编码。

通常，计算机编码分为数值编码和字符编码两种。下面将对计算机的几种常用编码加以介绍。

1. BCD 码

BCD 码是指每位十进制数用 4 位二进制数码表示。值得注意的是，4 位二进制数有 16 种状态，但 BCD 码只选用 0000～1001 来表示 0～9 这 10 个数码。这种编码自然、简单，书写方便。例如，846 的 BCD 码为：

$$8 \quad 4 \quad 6$$
$$1000 \quad 0100 \quad 0110$$

2. ASCII 码

ASCII 码是美国国家信息交换标准代码。它是字符编码，利用 7 位二进制数字 "0" 和 "1" 的组合码来对应 128 个符号，其中包括 10 个十进制数码、52 个英文大写和小写字母、32 个专用符号（如#、$、%、＋等）和 34 个控制字符（如 Enter 键、Delete 键等）。

ASCII 码一般用一个字节来表示，其中第七位通常用作奇偶校验，余下 7 位进行编码组合。"奇偶校验" 是一种简单且最常用的检验方法，主要用来验证计算机在进行信息传输时的正确性。在工作时，通常把第七位取为 "0"。例如，字符 A 的 ASCII 码如图 1-20 所示。

7	6	5	4	3	2	1	0
0	1	0	0	0	0	0	1

图 1-20　字符 A 的 ASCII 码

表 1-4 列出了 128 个字符的 ASCII 码表，其中前面两列是控制字符，通常用于控制或通信中。

表 1-4　7 位 ASCII 码表

$D_3D_2D_1D_0$ \ $D_6D_5D_4$	000	001	010	011	100	101	110	111
0000	NUL	DLE	SP	0	@	P	`	p
0001	SOH	DC1	!	1	A	Q	a	q
0010	STX	DC2	"	2	B	R	b	r
0011	ETX	DC3	#	3	C	S	c	s
0100	EOT	DC4	$	4	D	T	d	t
0101	ENQ	NAK	%	5	E	U	e	u
0110	ACK	SYN	&	6	F	V	f	v
0111	BEL	ETB	'	7	G	W	g	w
1000	BS	CAN	(	8	H	X	h	x
1001	HT	EM	)	9	I	Y	i	y

续表

$D_3D_2D_1D_0$ \ $D_6D_5D_4$	000	001	010	011	100	101	110	111
1010	LF	SUB	*	:	J	Z	j	z
1011	VT	ESC	+	;	K	[	k	{
1100	FF	FS	,	<	L	\	l	|
1101	CR	GS	−	=	M	]	m	}
1110	SO	RS	.	>	N	^	n	~
1111	SI	US	/	?	O	_	o	DEL

3. 国标码

国标码是指中国国家标准信息交换汉字字符集（GB2312）。这是我国制定的统一标准的汉字交换码，又称标准码，是一种双七位编码。顺便一提的是，在我国的台湾地区采用的是另一套不同标准码（BIG5 码），因此两岸的汉字系统及各种文件不能直接相互使用。

国标码的任何一个符号、汉字和图形都是用两个 7 位的字节来表示的。国标码中收录了 7445 个汉字及图形字符，其中汉字为 6763 个。

1.5 计算机病毒与防治

随着计算机技术的不断发展，人们对计算机系统和网络的依赖程度与日俱增。在充分享受其便捷、高效的同时，影响信息系统安全的头号恶魔——计算机病毒就像一个不死的幽灵如影随形，随时随地都在严重威胁着人们。

1.5.1 计算机病毒的定义

自从 1986 年世界上第一个确认的个人计算机病毒 Brain 诞生以来，随着计算机技术、网络技术的不断发展，计算机病毒的种类越来越多，传染力越来越强，几乎无孔不入，令人防不胜防。那么，什么是计算机病毒呢？

计算机病毒是一种人为编制的"计算机程序"，它能够破坏计算机系统，能够自我传播和复制，并能感染其他系统。

1.5.2 计算机病毒的特点

计算机病毒通过入侵计算机而隐藏在系统程序或应用程序中。当计算机系统运行时，病毒通过磁盘、网络等存储媒介进行传播，对计算机系统和程序进行修改、破坏，并自身繁殖和生产。计算机病毒一旦进入计算机系统内部，就会干扰计算机的正常工作，更改、删除其他应用程序，占用计算机资源，使计算机系统发生故障，甚至导致整个系统瘫痪。

计算机病毒的某些特性与生物学病毒有许多相似之处，如它不能脱离现有的软硬件系统而独立存在，具有自身复制能力和破坏能力等，其主要特点可归纳如下。

1．传染性

传染性是计算机病毒的主要特征。计算机病毒将自身的复制代码通过内存、磁盘、网络等传染给其他文件或系统，使其他文件或系统也带有这种病毒，并成为新的传染源。

2．隐蔽性

隐蔽性是指计算机病毒的寄生、传染及破坏过程不易被用户发现。隐蔽性越好，病毒在系统中存在的时间就会越长，其传染范围也就越广。

3．激发性

激发性是指病毒的发作都有一个特定的激发条件，当外界条件满足计算机病毒发作的条件时，计算机病毒就被激活，并开始传染和破坏。激发条件通常按设计者的要求而定，可以是某个特定的日期或时间、文件名，特定的程序或文件的运行次数及系统的启动次数等。

4．破坏性

破坏性是指病毒在激发条件满足后，对计算机中的系统文件和数据文件进行增、删、改等操作，占有系统资源，或对系统运行进行干扰，甚至破坏整个系统。

5．针对性

一种计算机病毒并不能传染所有的计算机系统或程序，通常病毒的设计具有一定的针对性。例如，有些病毒针对 Macintosh 机，有些针对微型计算机，有些则传染 COMMAND.COM 文件，或者传染扩展名为.COM 或.EXE 的文件等。

6．不可预见性

不同种类的病毒，其代码千差万别。目前的软件种类极其丰富，且某些正常程序也使用了类似病毒的操作甚至借鉴了某些病毒的技术。

1.5.3　计算机病毒的种类

计算机病毒的种类繁多，据统计，全世界广泛流行的计算机病毒已有两万多种，而且每天都在增加。传统的计算机病毒是根据感染形态来区分的，主要包括以下几类。

1．引导型病毒

引导型病毒（Boot Strap Sector Virus）是一种藏匿在硬盘引导区的程序。一般来说，引导型病毒驻留内存，利用一切办法把自身的代码全部或部分复制到原来的引导区，覆盖或修改正常的引导文件，导致系统不能正常启动。

2．文件型病毒

文件型病毒（File Infector Virus）通常寄生在可执行文件（如*.COM、*.EXE 等）中。当这些文件被执行时，病毒的程序就会跟着被执行，从而造成对系统的破坏。著名的文件型病毒有"黑色星期五"病毒、CHI 病毒等。

3. 宏病毒

宏病毒（Macro Virus）是一种比较特殊的数据型病毒，专门感染 Microsoft 公司出品的办公自动化软件 Word 和 Excel。由于用来编写宏命令的语言的开放性和强大的功能，导致一些人开始在宏上做手脚，利用隐藏在 Word 和 Excel 文件中的宏命令来进行破坏。20 世纪 90 年代，宏病毒曾大范围肆虐，给很多计算机用户留下了痛苦的回忆。

4. 脚本病毒

脚本病毒的前缀是 Script，通常使用脚本语言编写，通过网页进行传播。其中又以 Visual Basic Script 脚本语言编写的病毒最为出名，称为 VBS 脚本病毒，如 I Love You 病毒。

5. 蠕虫病毒

蠕虫病毒是现今网络上的主流病毒，它们以网络为传播途径，以个体计算机为感染目标，以系统漏洞、共享文件夹为入口，在网络上疯狂肆虐。蠕虫通过"扫描系统漏洞→主动入侵系统→复制自身到系统"的模式来进行传播，如同一条虫子穿梭于网络上的计算机中，所以称为"蠕虫"。

蠕虫病毒区别于其他各类病毒的最重要特征，是它可以以一个独立的个体存在于一台计算机中。其他病毒都是寄生类病毒，必须有一个可被感染的程序，自身的存在也必须依赖于寄生程序的存在。而蠕虫病毒自身就可以完成复制、传播、感染、破坏等所有功能。当用户发现系统运行速度严重变慢、上网速度变慢等情况时，就应该怀疑是否中了蠕虫病毒。

除了上述的病毒外，网络上还存在非常多的恶意软件或程序。例如：

（1）木马程序。木马是一种伪装成正常文件的恶意软件，通常通过隐蔽的手段获得运行权限，然后盗窃用户的隐私信息或进行其他恶意行为。

（2）盗号木马。这是一种以盗取在线游戏、银行、信用卡等账号为主要目的的木马程序。

（3）广告软件。广告软件通常用于通过弹出窗口或打开浏览器页面向用户显示广告；此外，它还会监测用户的广告浏览行为，从而弹出更"相关"的广告。广告软件通常捆绑在免费软件中，在安装免费软件时一起安装。

（4）后门程序。后门程序可在用户不知情的情况下远程连接到用户计算机，并获取操作权限的程序。

（5）可疑程序。可疑程序是指由第三方安装并具有潜在风险的程序。虽然程序本身无害，但是经验表明，此类程序比正常程序更可能用作恶意目的。常见的可疑程序有 HTTP 及 SOCKS 代理、远程管理程序等。此类程序通常可在用户不知情的情况下安装，并且在安装后会完全对用户不可见。

1.5.4 计算机病毒的防治

计算机病毒的隐蔽性强、传染渠道多，一旦传染了病毒，危害性非常大。但这并不意味着无法防治病毒，只要方法得当，完全可以把病毒挡在计算机之外。要达到这一目的，应有备无患,在病毒未到来前做好以下防备工作。

(1) 安装防病毒软件。把防病毒软件作为安装操作系统后的基本软件,并在开机时启动"实时监测"功能。现在市场上有多种防病毒软件,均具有很好的功能。例如,360 安全卫士、金山毒霸、瑞星防病毒软件、卡巴斯基和诺顿(Norton Antivirus)等。

(2) 提前备份系统文件。在安装操作系统时,应生成系统启动盘并保存好。当需要检查病毒或清除病毒时,很可能要使用它。另外,在完成重要的系统软件或应用程序安装后,应定期保存系统的注册表文件。

(3) 备份主引导记录和引导扇区。所有的防病毒软件均采用"后发制人"的策略,它们能够预防已经发现的病毒或此类病毒的简单变形,却很难防治未知的病毒,而且所有的病毒中,破坏最严重、影响最大的就是引导型病毒,一旦引导型病毒发作,一般很难恢复。许多人知道备份系统文件和重要的用户数据,但很少有人知道还应备份系统的主引导记录和引导扇区。

(4) 提前备份所有数据。为防止硬盘突然发生故障,免受病毒的攻击,在系统正常时便应提早备份系统中所有的重要数据和程序。

无论对计算机系统熟悉到何种程度,均不可制造或故意传播病毒,因为这是损人不利己且违反国家法律的行为。如果在计算机和网络的使用中,所有人都严格按照法律、法规办事,那么可能早就没有病毒软件了。

1.6 智能手机与平板电脑

随着移动互联网时代的到来,智能手机与平板电脑的应用范围已经布满全世界,智能手机与平板电脑的出现改变了大多人的生活方式及对传统通信工具的需求,人们不再满足于移动设备的外观和基本功能的使用,而开始追求强大的操作系统给人们带来更多、更强、更具个性的应用服务。

1.6.1 智能手机发展与应用

智能手机是指除了能正常接听与拨打电话外,还能像个人电脑一样,具有 CPU、独立的运行内存空间、独立的操作系统,可由用户自行安装软件、游戏、导航等第三方服务商提供的程序,并可以通过移动通信网络实现无线网络接入的一类手机的总称。

智能手机的诞生是掌上电脑(Pocket PC)演变而来的。最早的掌上电脑不具备手机通话功能,但是随着用户对于掌上电脑的个人信息处理功能的依赖的提升,又不习惯于随时都携带手机和 PC 两个设备,所以厂商将掌上电脑系统移植到了手机中,最终出现了智能手机这个概念。

世界上第一款智能手机是 IBM 公司 1993 年推出的 Simon,它也是世界上第一款使用触摸屏的智能手机,如图 1-21 所示,使用 Zaurus 操作系统,只有一款名为 DispatchIt 的第三方应用软件。它为以后的智能手机处理器奠定了基础,有着里程碑的意义。

苹果公司于 2007 年发布了第一代 iPhone 手机,如图 1-22 所示,紧接着于 2008 年 7

月 11 日推出 iPhone 3G。自此，智能手机的发展开启了新的时代，iPhone 成为了引领手机业界的标杆产品。

图 1-21　全球首款触摸屏手机

图 1-22　iPhone 第一代手机

1. 智能手机的硬件构成

智能手机硬件系统主要由 CPU（处理器）、存储器、手机屏幕和各类传感器组成。

（1）CPU。CPU（处理器）运行开放式操作系统，负责整个系统的控制。主处理器上含有 LCD（液晶显示器）控制器、摄像机控制器、SDRAM 和 SROM 控制器、很多通用的 GPIO 口、SD 卡接口等。传统的桌面处理器领域只有 Intel 和 AMD 两大巨头，而在手机处理器领域则有多家厂商相互竞争，其中以高通、德州仪器、nVIDIA 三家的规模和影响力最大。CPU 可以分为单核（Cortex-A8）、双核（Cortex-A9）、四核 Cortex-A15 甚至八核，在同一工艺和主频下，双核 CPU 的性能一般均比单核的强，同时在多任务方面的性能也是单核 CPU 所不能达到的。市场上最主流使用的四核处理器有三星 Exynos 4412、nVIDIA Tegra3、高通 APQ8064、海思 k3v2 等，这些 CPU 每个核的核心频率都在 1.0GHz 以上。

（2）存储器。手机储存器包括两个部分，一是 RAM，用来储存数据；二是 ROM，用来存储程序。数据存储器提供了整个手机工作的空间，其作用相当于计算机中 RAM 内部存储器。手机的程序存储器 ROM 相当于计算机的硬盘，由两部分组成，一个是快擦写存储器（FlashROM），俗称字库或版本，主要是存储工作主程序，如各种管理程序及各种功能程序；另一个是电擦除可编程只读存储器（EEPROM），俗称码片，在手机中主要存放系统参数和一些可修改的数据，如手机拨出的电话号码、菜单的设置、手机解锁码、PIN 码、手机的机身码（IMEI）等以及一些检测程序，如电池检测程序、显示电压检测程序等。手机的 RAM 由手机的型号确定，而手机的 ROM 可以由用户根据需要通过加装不同容量的内存卡进行扩充。

（3）手机屏幕。衡量手机屏幕好坏有 3 个参数：屏幕大小、分辨率和屏幕材质。屏幕大小和分辨率与 PC 机的显示器概念一样。目前，市场上智能手机屏幕尺寸基本在 4.0 寸以上，分辨率高于 800×480。屏幕材质主要分为 LCD 和 OLED 两大类。当前主流的 LCD 屏幕包括 TFT 屏幕（如索尼的 lt26i）、IPS 屏幕（如 iPhone）、SLCD 屏幕（如 HTC 的 G18）、OLED 屏幕（如三星 AMOLED 屏幕）。目前，AMOLED 屏幕大致已经发展到三代：AMOLED、Super AMOLED、Super AMOLED Plus。与 LCD 屏的最大差异是，OLED 屏是通过像素自发光来显示成像的。OLED 屏在厚度上可以做得更薄，从而有利于对整机的厚度控制。LCD 的色彩还原比较好，OLED 的彩色比较鲜艳。

（4）传感器。智能手机常见传感器包括加速度传感器（重力感应器）、距离感应器、气压传感器、光线感应器。

- 加速度传感器：能够测量加速度，可以监测手机的加速度的大小和方向。因此能够通过加速度传感器来实现自动旋转屏幕，以及应用于一些游戏中。
- 距离感应器：能够通过红外光来判断物体的位置。当将距离感应器应用于智能手机中时，手机将会具备多种功能，如接通电话后自动关闭屏幕来省电，此外还可以实现"快速一览"等特殊功能。
- 气压传感器：则能够对大气压变化进行检测，应用于手机中则能够实现大气压、当前高度检测以及辅助 GPS 定位等功能。
- 光线感应器：在手机中也普遍应用，主要用来根据周围环境光线，调节手机屏幕本身的亮度，以提升电池续航能力。

2. 智能手机的软件系统

智能手机所使用的主流操作系统有谷歌 Android、苹果 iOS、微软 Windows Phone。

（1）谷歌 Android。中文名"安卓"系统，是由谷歌与开放手持设备联盟联合研发，谷歌独家推出的智能操作系统，谷歌推出安卓时采用开放源代码（开源）的形式，彻底占领了中国智能手机市场，也成为了全球最受欢迎的智能手机操作系统。世界大量手机生产商如三星、小米、华为、中兴等都采用安卓系统生产智能手机，再加上安卓在性能和其他各方面也非常优秀，使得安卓一举成为全球第一大智能手机操作系统。

（2）苹果 iOS。苹果公司研发推出的智能操作系统，采用封闭源代码（闭源）的形式推出，因此仅能苹果公司独家采用。iOS 具有极为强大的界面和性能，深受用户的喜爱，为全球第二大智能手机操作系统。

（3）微软 Windows Phone。微软公司研发推出的智能操作系统，同时将谷歌的 Android 和苹果的 iOS 列为主要竞争对手，成为了全球第三大智能手机操作系统。

3. 智能手机的应用

当前智能手机除了具备手机的通话功能外，还具备了 PDA 的大部分功能，特别是个人信息管理以及基于无线数据通信的网络浏览器，GPS 和电子邮件功能。手机上网的普及大大推进了移动互联网的发展与应用。

智能手机为用户提供了足够的屏幕尺寸和带宽，既方便随身携带，又为软件运行和内容服务提供了广阔的舞台，很多增值业务可以就此展开，如股票、新闻、天气、交通、商品、应用程序下载、音乐图片下载等。结合 3G、4G 通信网络的支持，智能手机的发展趋势，势必将成为一个功能强大，集通话、短信、网络接入、影视娱乐为一体的综合性个人手持终端设备。

1.6.2 平板电脑的特点与应用趋势

平板电脑也叫平板计算机（英文 Tablet Personal Computer，简称 Tablet PC、Flat PC、Tablet、Slates），是一种小型、方便携带的个人电脑，以触摸屏作为基本的输入设备。它拥有的触摸屏（也称为数位板技术）允许用户通过触控笔或数字笔代替传统的键盘和鼠标来进行作业。

在 21 世纪的最初十年中，平板电脑所使用的操作系统几乎都是 Windows 系统。2010 年 1 月 27 日，苹果公司发布了 iPad，搭载其研发的操作系统 iOS，操作系统及硬件设备从此向智能手机方向优化发展。苹果 iPad 在平板电脑市场的占有率高达一半以上。

2010 年三星推出的 Samsung Galaxy Tab 采用 Android 2.2 操作系统。Android 是 Google 一个基于 Linux 核心的软件平台和操作系统，目前 Android 成为了 iOS 最强劲的竞争对手之一。

2011 年 9 月，微软发布 Windows 8 操作系统。这个操作系统进行大改革，增加动态方块接口，把开始功能列转变成动态方块程序，以适应平板电脑操作模式。与此同时，Google 推出 Android 4.0 操作系统，进一步优化平板电脑。

2012 年 6 月，各大平板厂商均发表多项全新操作系统。苹果发表 iOS 6，Google 推出 Nexus 7，同时推出 Android 4.1 Jelly Bean 操作系统，而微软亦推出自有品牌 Microsoft Surface。

当前平板电脑使用的处理器主要有 5 大类：高通骁龙处理器、苹果 A5 处理器、nVIDIA Tegra2/Tegra3/Tegra4 处理器、intelATOM 处理器和通用 ARM 处理器。而 ATOM 处理器在兼容性上的优势使得其目前依然是 Windows 系统的最佳搭档。

1. 平板电脑的特点与类型

平板电脑的主要特点是显示器可以随意旋转，并且都是带有触摸识别的液晶屏，可以用电磁感应笔手写输入。平板式电脑集移动商务、移动通信和移动娱乐为一体，具有手写识别和无线网络通信功能，被称为笔记本电脑的终结者。

平板电脑的类型包括纯平板型、可旋转型和混合型，尺寸范围一般在 3 英寸到 10 英寸之间，如图 1-23～图 1-25 所示。

图 1-23　纯平板型

图 1-24　可旋转型

图 1-25　混合型

（1）纯平板型。只配置一个屏幕和触控笔的平板电脑为纯平板型；它们可以通过无线技术或 USB 接口连接键盘、鼠标及其他周边配备。最常见的生产商有 Motion Computing/Gateway Computers、富士通、惠普/康柏、亚马逊 Kindle、谷歌 Nexus 和苹果等。

（2）可旋转型。设备只有键盘的平板电脑称为可旋转型。通常来说，键盘覆盖了主板并且通过一个可以水平、垂直 180°前后旋转的连接点连接着屏幕。最常见的生产商有惠普、联想、宏碁和东芝。

（3）混合型。"混合型"的平板电脑和"可旋转型"类似，但混合型平板电脑的键盘是可以分开的，因此可以把它当作纯手写或可旋转型使用。最常见的混合型平板电脑生产商有华硕。

2．平板电脑的应用趋势

平板电脑在医疗、教育、交通等行业的应用已经得到了广泛关注。

（1）医疗行业。平板电脑凭借其便携性、完备的功能，成为移动诊疗的利器：连通病案、化验报告和各种监控诊疗仪器，帮助医务人员随时随地掌握每位患者的病案信息和最新诊疗报告，在问诊的同时制定诊疗方案。在数字医疗和远程会诊等建设的推动之下，平板电脑将应用于移动查房、移动护理、移动药房和库存管理等方面。

（2）教育行业。伴随北京、上海、成都、广州等城市开始"电子书包"教学模式的实验和研究，平板电脑作为移动智能终端被用于搭建教学移动交互平台，实现虚拟课本、视频教学、课件管理、电子考试等教学功能。

（3）交通行业。交警工作的移动性突出，工作人员负责确保道路交通有序、安全、畅通，无法在办公场所使用计算机等信息化工具处理一线业务。移动交通解决方案依靠平板电脑终端将工作系统延展到一线工作人员身边。交警利用平板电脑连接远端的数据中心系统服务器，可以实现业务处理、信息搜索、联络沟通等多种功能。

除医疗、教育、交通行业外，平板电脑还被应用于银行业、物流业、农业等。银行工作人员可以利用平板电脑随时随地向客户介绍、办理业务，实现针对性的营销；物流业工作人员使用平板电脑可以实现即时查询、派货、分拨、货物跟踪、出入库管理等功能；农业生产中，工作人员利用平板电脑可以收集植被、土壤、气候等各类数据供后台处理。

练 习 题

一、单选题

1．1KB 等于（　　）字节。
  A．1024   B．64   C．32   D．2048

2．Num Lock 是带指示灯的数字锁定键，当指示灯亮时，表示（　　）。
  A．数字键有效   B．光标键有效
  C．数字键、光标键都有效   D．数字键、光标键都无效

3．大容量并能永久保存数据的存储器是（　　）。
  A．外存储器 B．ROM C．RAM D．内存储器

4．当软盘染上病毒后，采取（　　）的措施，可清除该盘上的病毒。
  A．贴上写保护口   B．删除所有的文件
  C．重新格式化   D．销毁该软盘

5．计算机病毒的目的是（　　）。
  A．损坏硬件设备   B．干扰系统，破坏数据
  C．危害人体健康   D．缩短程序的运行时间

6. 计算机病毒是一个（　　）。
   A．生物病毒　　B．DOS 命令　　C．硬件设备　　D．程序
7. 计算机是采用（　　）的记数方法进行设计的。
   A．十进制　　B．二进制　　C．八进制　　D．十六进制
8. 计算机系统是由（　　）组成的。
   A．硬件系统　　　　　　　　B．软件系统
   C．硬件系统和软件系统　　　D．硬件系统和使用者
9. 以存储程序原理为基础的计算机结构是由（　　）最早提出的。
   A．冯·诺依曼　　B．布尔　　C．卡诺　　D．图灵
10. 将运算器、控制器加上一个或多个寄存器组成中央处理器，人们常称之为（　　）。
    A．ROM　　B．RAM　　C．CPU　　D．硬盘
11. 世界上第一台电子计算机（ENIAC）诞生于 20 世纪（　　）年代。
    A．20　　B．30　　C．40　　D．50
12. 最常见的显示器是（　　）。
    A．微处理器　　B．输出设备　　C．输入设备　　D．存储器
13. 在 ASCII 码文件中一个英文字母占（　　）字节。
    A．2 个　　B．8 个　　C．1 个　　D．16 个
14. 在计算机应用中，（　　）是研究用计算机模拟人类的某些智能行为，如感知、推理和学习等方面的理论和技术。
    A．辅助设计　　B．数据处理　　C．人工智能　　D．实时控制
15. （　　）采用开放源代码（开源）的形式推出的智能操作系统。
    A．谷歌安卓　　　　　　　　B．苹果 iOS
    C．微软 Windows Phone　　　D．IBM Zaurus

二、多选题

1. 断电不会使存储数据丢失的存储器是（　　）。
   A．硬盘　　B．RAM　　C．ROM　　D．软盘
2. 根据计算机的规模和性能分类，计算机可分为（　　）。
   A．巨型计算机　　　　B．大中型计算机
   C．小型计算机　　　　D．微型计算机
3. 下列属于输出设备的是（　　）。
   A．打印机　　B．鼠标　　C．显示器　　D．键盘
4. 下列属于输入设备的是（　　）。
   A．打印机　　B．鼠标　　C．显示器　　D．键盘
5. 中央处理器由（　　）等几个部件组成。
   A．硬盘　　B．控制器　　C．运算器　　D．存储器
6. 一般把软件分为（　　）。
   A．Windows 软件　　　　B．汉字处理软件

C．系统软件 D．应用软件
7．当前平板电脑的类型包括（   ）。
   A．纯平板型 B．可旋转型
   C．混合型 D．缩放型

三、判断题

1．1 兆字节（1MB）等于 64KB。（   ）
2．病毒不会复合感染。（   ）
3．程序和数据存在硬盘上，硬盘的存储能力是按字节计算的。（   ）
4．二进制能表示数字信息，也能表示文字信息。（   ）
5．计算机的常用输出设备有打印机和显示器。（   ）
6．硬件系统由运算器、控制器、存储器、输入设备和输出设备 5 大部件组成。（   ）
7．计算机内的数是以二进制表示的，通常取 16 个二进制位作为一个单元，称之为字节。（   ）
8．软磁盘是一种表面涂有磁性材料的金属片。（   ）
9．文件型病毒主要传染可执行文件，当执行该文件时，病毒首先进入内存，控制系统，伺机进行传播和破坏活动。（   ）
10．平板电脑使用的处理器与台式机所使用的处理器（CPU）一样。（   ）

四、简答题

1．计算机的发展经历哪几个阶段？
2．计算机的 ROM 和 RAM 有什么区别？
3．计算机的常用外部设备包括哪些？
4．什么叫计算机的位、字、字长和字节？
5．什么是计算机病毒？
6．平板电脑在哪些行业的应用得到广泛关注？

第 2 章

中文 Windows 7 的应用

本章学习要求：
- 了解操作系统及其作用。
- 掌握 Windows 7 的基本功能。
- 熟练掌握 Windows 7 的基本操作。

2.1 操作系统概述

操作系统（Operating System，OS）是计算机系统中所有硬件、软件资源的组织者和管理者，是用户与计算机之间的接口，每个用户都是通过操作系统来使用计算机的。因此，操作系统是计算机系统中最重要、最基本的系统软件。

2.1.1 操作系统的作用和功能

操作系统的主要职能是管理计算机系统中的所有软件、硬件资源，合理组织计算机工作流程，为用户使用计算机提供接口，从而方便用户操作计算机、提高计算机的工作效率。从资源管理的角度来看，操作系统具有以下 5 大功能。

1. 处理器管理（进程管理）

在多个程序同时运行的计算机系统中，可能会出现多个程序争夺中央处理器（CPU）资源的情况。进程管理就是为了合理地管理和控制进程，保证 CPU 有条不紊地工作，使 CPU 资源得到最充分的利用。这是操作系统中最重要、最复杂的管理工作。

2. 存储器管理

在多个程序并行执行的系统中，为使有限的内存空间能为多个程序所共享，需要将内存资源进行统一管理。

3. 设备管理

计算机系统中外部设备的种类很多，各设备的使用方法又存在很大差异，对其进行统一管理便成为必然，即设备管理。它是操作系统中最庞杂、琐碎的部分。

4. 文件管理（信息管理）

所谓文件管理，就是对计算机系统中的软件资源进行管理。

5. 作业管理

作业是指用户的程序、数据，以及在运行这些程序和处理这些数据的过程中用户的各种要求。作业管理的功能是提供给用户一个使用计算机系统的界面，使用户能方便地运行自己的作业，并对进入系统的所有用户作业进行管理和组织，以提高整个系统的运行效率。

2.1.2 Windows 操作系统概述

Windows 的中文含义为窗口，正是由于采用了窗口图形用户界面（GUI），Microsoft（微软）公司推出的操作系统才被命名为 Windows。

自从推出 Windows 95 获得了巨大成功之后，Microsoft 公司又陆续推出了 Windows 98、Windows 2000 以及 Windows Me 3 种用于 PC 机的操作系统。2009 年 10 月 22 日 Microsoft 公司于美国正式发布 Windows 7，2009 年 10 月 23 日 Microsoft 公司于中国正式发布中文版 Windows 7。Windows 7 可以分为简易版（Windows 7 Starter）、家庭基础版（Windows 7 Home Basic）、家庭高级版（Windows 7 Home Premium）、专业版（Windows 7 Professional）、旗舰版（Windows 7 Ultimate）和企业版（Windows 7 Enterprise）等。

本章主要介绍中文版 Windows 7 操作系统，界面如图 2-1 所示。

图 2-1　Windows 7

2.1.3 Windows 7 的主要特点

Windows 7 的设计主要围绕 5 个重点：针对笔记本电脑的特有设计；基于应用服务的设计；用户的个性化；视听娱乐的优化；用户易用性的新引擎。跳转列表，系统故障快速修复等，这些新功能令 Windows 7 成为最易用的 Windows。

1. 易用

Windows 7 简化了许多设计，如快速最大化，窗口半屏显示，跳转列表（Jump List），系统故障快速修复等。

2. 简单

Windows 7 将会让搜索和使用信息更加简单，包括本地、网络和互联网搜索功能，直观的用户体验将更加高级，还会整合自动化应用程序提交和交叉程序数据透明性。

3. 效率

Windows 7 中，系统集成的搜索功能非常强大，只要用户打开开始菜单并输入搜索内容，无论要查找应用程序还是文本文档等，搜索功能都能自动运行，给用户的操作带来极大的便利。

4. 小工具

Windows 7 的小工具没有了像 Windows Vista 的侧边栏，这样，小工具可以放在桌面的任何位置，而不只是固定在侧边栏。

2.1.4 鼠标操作

常见的鼠标有双键鼠标（带滚轴）和三键鼠标，这里主要介绍普通双键鼠标（带滚轴）的操作。

1. 鼠标的基本操作

鼠标的基本操作包括指向、单击、双击、拖动、右击和滚动。

（1）指向：移动鼠标，将鼠标指针移到操作对象上。

（2）单击：快速按下并释放鼠标左键，一般用于选定一个操作对象或执行一个命令。

（3）双击：连续两次快速按下并释放鼠标左键，一般用于打开窗口、启动应用程序或者打开一个文件等。

（4）拖动：在某个对象上按下鼠标左键，移动鼠标到指定位置，再释放按键。该操作一般用于选择操作对象、复制或移动对象等。

（5）右击：快速按下并释放鼠标右键，一般用于打开一个与操作相关的快捷菜单。

（6）滚动：上下滚动鼠标左右两键中间的滚轴，一般用于滚动窗口。

2. 鼠标指针

鼠标指针形状不同，表示当前计算机系统所处的状态不同。常见的鼠标指针形状及其含义如图 2-2 所示。

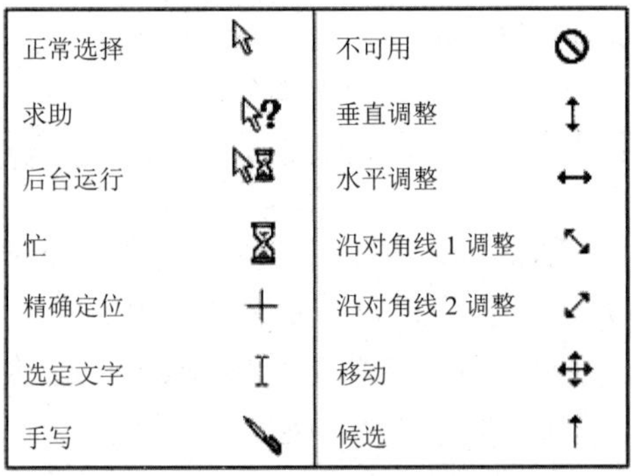

（1）"正常选择"指针：这时可进行选定对象的操作，使用鼠标进行单击、双击或拖动。

（2）"求助"指针：这时可单击对象获得帮助信息。

（3）"忙"指针：形状为一个沙漏，这时不能进行其他操作。

正常选择	↖	不可用	⊘
求助	↖?	垂直调整	↕
后台运行	↖⧖	水平调整	↔
忙	⧖	沿对角线 1 调整	⤡
精确定位	+	沿对角线 2 调整	⤢
选定文字	I	移动	✥
手写	✎	候选	↑

图 2-2 鼠标指针

（4）"精确定位"指针：形状为一个"＋"字，通常用于绘画时的精确定位，如在"画笔"应用程序中就有这种指针。

（5）"选定文字"指针：形状为一竖线，是文本编辑的插入点。

（6）"水平调整"指针：这时可以改变水平方向的窗口等对象的大小。

（7）"垂直调整"指针：这时可以改变垂直方向的窗口等对象的大小。

（8）"沿对角线调整"指针：这时可以改变对角线方向的窗口等对象的大小。

（9）"移动"指针：这时可以移动窗口等对象的位置。

2.1.5 Windows 7 桌面

打开电脑并登录到 Windows 7 后，屏幕上即显示 Windows 7 桌面。桌面是操作系统给人的第一印象，也是用户与操作系统间交互的桥梁。要学习 Windows 7 操作系统，先要从 Windows 7 系统的桌面开始。

从布局上看，Windows 7 的桌面布局与之前的 Windows 基本相同，但无论在风格上还是色调上，较之都更加出众，如图 2-3 所示。

图 2-3　桌面

1．桌面图标

桌面图标用于打开对应的窗口或运行相应的程序。首次登录 Windows 7 时，桌面上只显示一个回收站图标，用户可以根据需要自定义显示其他图标。

2．桌面主题

Windows 7 不仅提供了美观大方的壁纸，还提供了更多的主题方案，如用户在 Windows 7 中选择中国主题就可以使用具有代表中国文化的壁纸和古筝弹奏的系统音乐。除了系统内置的主题外，微软官方网站上也提供了丰富的主题方案供用户下载。

设置桌面主题的操作方法：

打开"控制面板"，选择"个性化"，即打开了"个性化"设置窗口，然后选择需要的桌面主题即可，如图 2-4 所示。

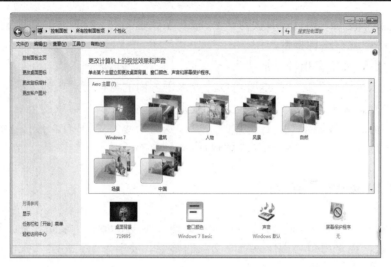

图 2-4 "个性化"设置窗口

相关知识点

在"控制面板"窗口中(如图 2-5 所示),系统提供了丰富的专门用于更改 Windows 的外观和行为方式的工具。其中,有些工具可帮助用户调整计算机设置,从而使得操作计算机更加有趣。例如,可以通过"鼠标"将标准鼠标指针修改为可以在屏幕上移动的动画图标,或通过"声音和音频设备"工具将标准的系统声音修改为自己选择的声音。其他工具可以帮助用户将 Windows 设置得更容易使用。例如,如果习惯使用左手,则可以利用"鼠标"工具更改鼠标按键,以便利用右键执行选择和拖放等主要功能。

"控制面板"可以通过桌面图标打开,也可以通过"开始"按钮在"开始"菜单中打开,如图 2-6 所示。

图 2-5 "控制面板"窗口

图 2-6 打开"控制面板"

3. 桌面背景

如果只需要更换桌面背景图片,用户可以将电脑中自己喜欢的图片设置为背景,并设置图片的显示位置、更改图片的时间间隔播放顺序。操作方法是，打开"控制面板"/"所有控制面板项"/"个性化"设置窗口（如图 2-7 所示），单击"桌面背景"按钮，在打开的桌面背景窗口中单击"图片位置"右侧的"浏览"按钮（如图 2-8 所示），然后选择背景图片并设置背景图片显示方式。

图 2-7 "个性化"设置窗口

图 2-8 选择桌面背景图片

4．任务栏

任务栏通常位于桌面的下方，分为多个区域，从左到右依次为"开始"按钮，任务栏按钮以及托盘区，如图 2-9 所示。

图 2-9 任务栏

相关知识点

任务栏是 Windows 7 中的重要操作区，用户在电脑中使用各种程序时，能够通过任务栏来切换程序、管理窗口以及了解系统与程序的状态等。

（1）设置任务栏图标。Windows 7 任务栏左侧显示了一些常用图标，单击图标就可以快速启动对应的程序，打开程序后还可以通过程序按钮来切换窗口。

用户可以通过任务栏上的图标对窗口进行还原到桌面、切换以及关闭等操作。

单击图标可以打开对应的应用程序，同时图标也转换为按钮外观，这样能够很容易地分辨出未启动程序的图标和已运行程序窗口按钮，如图 2-10 所示。

图 2-10　启动和未启动程序图标

用户还可以根据使用需要来调整程序图标的顺序，方法是在任务栏中选择要调整的图标，按住鼠标左键不放拖动到任务栏的目标位置。

（2）设置任务栏属性。在 Windows 7 中，用户可以根据自己的使用习惯对任务栏的属性进行设置，例如，设置任务栏的外观样式、设置任务栏的位置、设置任务栏按钮的显示方式、设置通知区域内图标的出现和通知等。

设置任务栏外观主要是指设置程序图标在任务栏的显示方式，如小图标显示、自动隐藏任务栏和任务栏位置等。

设置任务栏外观的操作方法：

在任务栏空白处右击，在弹出的快捷菜单中选择"属性"命令，如图 2-11 所示，在弹出的"任务栏和「开始」菜单属性"对话框中可以对任务栏外观进行设置，如图 2-12 所示。

图 2-11　选择"属性"命令

图 2-12　任务栏外观设置对话框

5. "开始"菜单

"开始"菜单是 Windows 桌面的一个重要组成部分，用户对电脑所进行的各种操作，基本上都可以通过"开始"菜单来进行。

单击"开始"按钮将显示"开始"菜单，如图 2-13 所示。"开始"菜单允许用户轻松访问计算机上最常用的项目。选择"所有程序"命令，则将打开一个程序列表，其中列出了当前安装的程序。

用户可以根据自己的喜好对"开始"菜单中项目的显示方式进行个性化设定。

设置"开始"菜单属性（个性化）的操作方法：用前面介绍的方法，打开"任务栏和「开始」菜单属性"对话框，选择"「开始」菜单"选项卡，如图 2-14 所示，单击"自定义"按钮，即可设置"开始"菜单的属性，如图 2-15 所示。

图 2-13 "开始"菜单

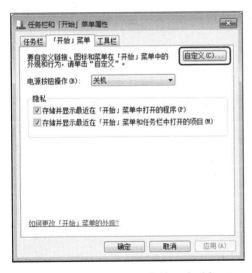

图 2-14 "「开始」菜单"选项卡

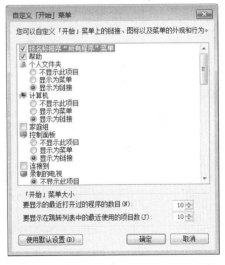

图 2-15 "自定义「开始」菜单"对话框

2.1.6 窗口及操作

Windows 操作系统又叫"视窗"操作系统，因为它是由一个个窗口所组成的，对窗口的操作，也是 Windows 系统中最频繁的操作，所以用户学习电脑操作，就必须熟练掌握窗口的操作。

1. 窗口的组成

Windows 7 的窗口可以分为两种类型，一种是系统窗口，另一种是应用程序窗口。系统窗口的组成大致包括地址栏、搜索栏、菜单栏、工具栏、导航窗格、详细信息栏等；应用程序窗口则根据程序的不同，其组成结构也有所差别。

从图 2-16 所示的"计算机"窗口，可以认识系统窗口的结构与组成。

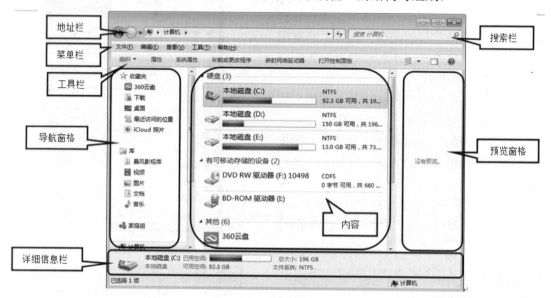

图 2-16　系统窗口的组成

应用程序窗口的例子如图 2-17 所示，是文字处理应用程序金山 WPS 的程序窗口。

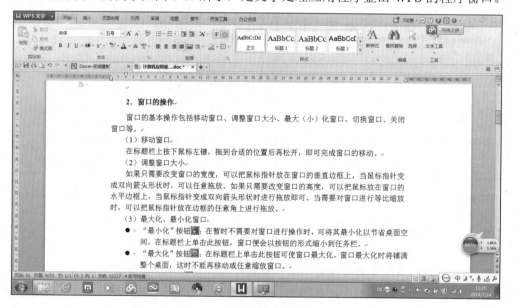

图 2-17　应用程序窗口的组成

2. 窗口的操作

窗口的基本操作包括移动窗口、调整窗口大小、最大（小）化窗口、切换窗口、关闭窗口等。

（1）移动窗口。在标题栏上按下鼠标，拖到合适的位置后再松开，即可完成窗口的移动。

（2）调整窗口大小。如果只需要改变窗口的宽度，可以把鼠标指针放在窗口的垂直边框上，当鼠标指针变成双向箭头形状时，可以任意拖放。如果只需要改变窗口的高度，可以把鼠标放在窗口的水平边框上，当鼠标指针变成双向箭头形状时进行拖放即可。当需要对窗口进行等比缩放时，可以把鼠标指针放在边框的任意角上进行拖放。

（3）最大化、最小化窗口。

- "最小化"按钮：在暂时不需要对窗口进行操作时，可将其最小化以节省桌面空间。在标题栏上单击此按钮，窗口便会以按钮的形式缩小到任务栏。
- "最大化"按钮：在标题栏上单击此按钮可使窗口最大化。窗口最大化时将铺满整个桌面，这时不能再移动或任意缩放窗口。
- "还原"按钮：将窗口最大化后，如果想恢复到原来的窗口大小，单击此按钮即可。

◁))注意：在窗口标题栏上双击，可以进行最大化与还原两种状态的切换操作。

（4）切换窗口。当用户打开多个窗口时，可以在各个窗口之间进行切换。下面是几种切换的方式：

- 在任务栏上单击所要操作窗口对应的按钮，即可完成切换。
- 用 Alt+Tab 组合键来完成切换：按住 Alt 键，然后依次按 Tab 键，直接在弹出的"切换任务栏"中选中所要打开的窗口后再松开两个键，所选窗口即可成为当前窗口，如图 2-18 所示。

（5）关闭窗口。完成对窗口的操作后，可以通过下面几种方式将其关闭：

- 直接在标题栏上单击"关闭"按钮。
- 双击控制菜单按钮。
- 单击控制菜单按钮，在弹出的控制菜单中选择"关闭"命令。
- 使用 Alt+F4 组合键。

（6）窗口的排列。在对窗口进行操作时，如果打开了多个窗口，而且需要它们全部处于完整显示状态，就涉及排列的问题。

在任务栏上的空白区右击，在弹出的快捷菜单中（如图 2-19 所示）提供了如下几种窗口排列命令。

图 2-18 切换任务栏

图 2-19 任务栏快捷菜单

- 层叠窗口。
- 堆叠显示窗口。
- 并排显示窗口。

注意： 在选择了某种排列方式后，在任务栏快捷菜单中会出现相应的撤销该选项的命令。例如，选择"层叠窗口"命令后，任务栏的快捷菜单中会增加"撤销层叠"命令；选择此命令，窗口将恢复原状。

（7）"摇一摇"清理窗口。"摇一摇"功能，可以将当前窗口之外的其他窗口全部隐藏到任务栏（最小化），从而快速将凌乱的桌面清理整洁。操作方法：用鼠标左键按住当前窗口的标题栏（即窗口最上边一栏），快速左右晃动几下即可。

（8）显示桌面。若想将所有窗口隐藏到任务栏（最小化），单击任务栏最右端的"显示桌面"按钮即可，如图 2-20 所示。

图 2-20 "显示桌面"按钮

3. 对话框

对话框是一种次要窗口，是用户与计算机系统之间进行信息交流的窗口。利用对话框中提供的各种按钮和设置选项，用户可以轻松、快捷地完成各种特定命令或任务。

对话框的组成与窗口有很多相似之处，例如都有标题栏，但对话框要比窗口更简洁、更直观、更侧重于与用户的交流。它一般包含标题栏、选项卡（标签）、文本框、列表框、命令按钮、单选按钮和复选框等内容，如图 2-21 所示。

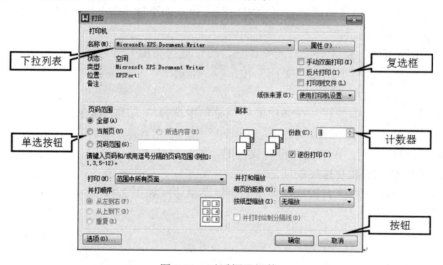

图 2-21 对话框及组件

2.1.7 菜单及其操作

菜单是提供给用户操作计算机的一种很重要的方式。Windows 7 提供了应用程序菜单、控制菜单和快捷菜单 3 种形式的菜单。

第 2 章 中文 Windows 7 的应用

1. 应用程序菜单

应用程序菜单又称主菜单，是指在应用程序窗口的菜单栏中所提供的菜单，其中包含该应用程序的各种操作命令，如图 2-22 所示。菜单栏由若干个菜单项组成，每个菜单项都有对应的下拉式菜单，而下拉式菜单又由若干个与菜单项相关的菜单命令组成。用鼠标或键盘选择菜单命令，应用程序就会执行相应的功能。

图 2-22　应用程序菜单

在菜单中通常使用一些特殊符号或显示效果来标识菜单命令的状态，如图 2-23 所示。

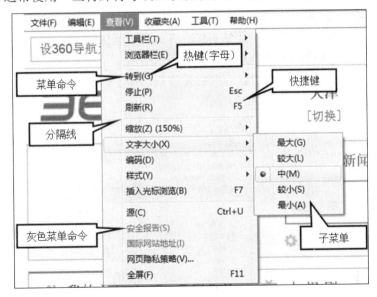

图 2-23　菜单

（1）分隔线：表示菜单命令的分组。

（2）灰色菜单命令：表示在目前状态下该命令不起作用。

（3）省略号…：表示选择该命令后会显示一个对话框，以输入该命令所需要的相关信息。

（4）选择符√：表示这个菜单命令是一个逻辑开关，并且正处于被选中使用状态。

（5）圆点●：表示多个可选项中当前的选项。

（6）箭头▶：表示该菜单命令下还有下一层子菜单，也称为下级菜单或级联菜单。

📢 注意：本书为了简化表示多级菜单的菜单命令，用"|"分隔依次连续标识。例如，"文件"菜单项的下拉菜单中的"打开"菜单命令用"文件"|"打开"标识。

（7）热键：位于菜单命令名右侧，用括号中带有下划线的一个字母标识，表示用键盘选择该命令时，只需按一下该字母键。

（8）快捷键：某些菜单命令的最右端带有快捷键（组合键），表示选择这个命令时不用打开菜单，只需按该快捷键即可。

📢 注意：使用键盘操作菜单时，可以用 Alt+热键方式打开某个下拉菜单，再用上下移动键或按所需菜单命令的热键即可执行该命令。按 Esc 键或用鼠标单击菜单外的任何地方，菜单即会自动关闭。

2. 控制菜单

窗口一般都有一个控制菜单图标，主要提供了对窗口的移动、调整大小、最大化、最小化及关闭窗口等功能。控制菜单图标位于窗口标题栏的左侧（窗口左上角），用鼠标单击后将显示控制菜单，如图 2-24 所示。

通过 Alt+空格组合键，也可以打开控制菜单。

3. 快捷菜单

快捷菜单，也称弹出式菜单，是 Windows 7 为用户提供的一种即时菜单，它为用户的操作提供了更简单、快捷的工作方式。当鼠标指针指向某一对象并右击，屏幕上就会显示快捷菜单。快捷菜单中的命令是根据当前的操作状态而定的，操作对象不同，环境状态不同，快捷菜单也有所不同，如图 2-25 所示。

图 2-24 控制菜单

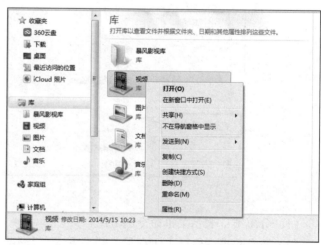

图 2-25 快捷菜单

2.2 文件管理

文件是 Windows 中信息组成的基本单位，是各种程序和信息的集合，而文件夹以不同名称管理电脑中的各类资源，和人们日常生活中的文件与文件夹类似。

通常，用户都会在计算机或者外部存储器（如光盘、U 盘等）中存放大量文件，要管理好这些文件，就需要熟练掌握文件管理的方法。

2.2.1 新建文件夹

为了方便管理计算机中的文件，通常会建立一些文件夹，分类存放不同类型或内容的文件。下面就来看看如何新建文件夹。

【任务1】在 D 盘中新建一个名为 MYFILE 的文件夹，在 MYFILE 文件夹中再新建两个名为"论文"和"照片"的子文件夹，为将来存放文件做好准备。

步骤

（1）双击桌面上的"计算机"图标，打开"计算机"窗口，如图 2-26 所示。

图 2-26 "计算机"窗口

（2）双击"本地磁盘（D）"，即可打开 D 盘，如图 2-27 所示。

（3）选择"文件"|"新建"|"文件夹"命令，或者单击工具栏上的"新建文件夹"按钮，系统将自动新建一个名为"新建文件夹"的文件夹，如图 2-28 所示。在该文件夹名称文本框中输入 MYFILE，为此文件夹命名，如图 2-29 所示。

图 2-27　D 盘

图 2-28　新建文件夹

图 2-29　命名文件夹

（4）双击图 2-29 所示窗口中的 MYFILE 文件夹，打开文件夹 MYFILE。此时，可以看到文件夹中是空的。

（5）按照与步骤（3）相同的方法，新建文件夹 MYFILE 的两个子文件夹 "论文" 和 "照片"。

也可以用快捷菜单新建子文件夹，其步骤如下：在窗口空白区域右击，在弹出的快捷菜单中选择 "新建" | "文件夹" 命令，如图 2-30 所示，即新建一个文件夹，将其修改为相应的名称，结果如图 2-31 所示。

相关知识点

系统窗口 "计算机" 是 Windows 7 中管理计算机中各种资源（包括文件和文件夹）的重要工具，其窗口构成如图 2-16 所示。

在图 2-32 所示的 "计算机" 窗口的导航窗格中，可以看到刚建立的文件夹 MYFILE，单击此文件夹名，将在内容窗格中看到其两个子文件夹，如图 2-33 所示。

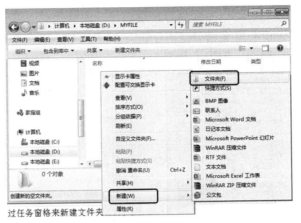

图 2-30　利用快捷菜单新建文件夹

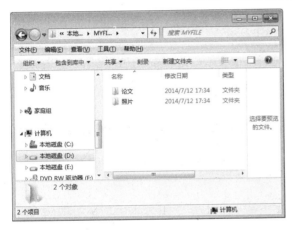

图 2-31　新建文件夹　　　　　　　图 2-32　"计算机"窗口 1

在导航窗格中，文件夹名前显示空心三角形时，表明此文件夹的子文件夹没有展开显示在其下面。单击空心三角形后，空心三角形将变成实心三角形，文件夹的子文件夹将展开在其下方，如图 2-34 所示。

图 2-33　"计算机"窗口 2　　　　　　　图 2-34　"计算机"窗口 3

通过更改不同的视图，可以改变内容窗格内显示内容的形式。要更改视图，可单击工具栏上"视图"按钮旁边的更多选项按钮，如图 2-35 所示，然后在打开的下拉菜单中上下拖动滑块，选择合适的视图，如图 2-36 所示。

图 2-35　更改视图

图 2-36　选择视图

2.2.2　重命名文件和文件夹

有些情况下，需要修改文件和文件夹的名称，即为文件和文件夹重新命名，下面以文件夹的重命名为例进行介绍。

【任务 2】将在"任务 1"中新建的文件夹"论文"的名称改为"歌曲"。

步骤

（1）选中要重命名的文件夹"论文"。

（2）单击工具栏上的"组织"按钮，在打开的列表中选择"重命名"命令，如图 2-37 所示。

（3）这时文件夹的名称"论文"将处于可编辑状态（蓝底反白显示），直接输入新的名称"歌曲"即可，结果如图 2-38 所示。

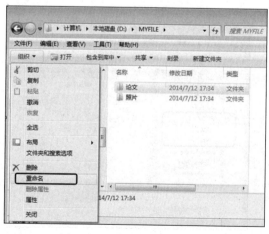

图 2-37　选择"重命名"命令

图 2-38　编辑文件夹名

除了上述方法,也可以在菜单栏中选择"文件"|"重命名"命令,或在"论文"文件夹上右击,在弹出的快捷菜单中选择"重命名"命令。

注意:也可先选中要重命名的文件或文件夹,然后再次单击文件或文件夹名称处,使其处于可编辑状态(蓝底反白显示),接着输入新的名称即可。

2.2.3 复制文件和文件夹

日常操作中,经常要将文件或文件夹从一个文件夹复制到另一个文件夹。此时,就需动用文件和文件夹的复制操作。复制文件与文件夹时,可以在同一磁盘内复制,也可以在不同磁盘之间复制。

【任务3】将 E 盘 MP3 文件夹中的前 5 个文件复制到 D 盘 MYFILE 文件夹中的"歌曲"子文件夹中。

步骤

(1) 打开 E 盘中的 MP3 文件夹。

(2) 选择要复制的前 5 个文件(方法是单击第 1 个文件的图标,然后按住 Shift 键,再单击第 5 个文件的图标,这样就选择了要复制的 5 个文件),如图 2-39 所示。

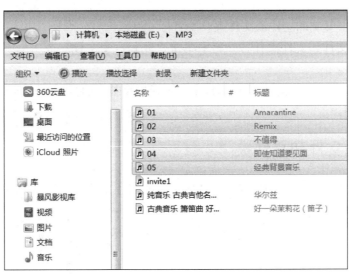

图 2-39　选择文件

(3) 选择"编辑"|"复制"命令,如图 2-40 所示;或在已选择的文件对象上右击,在弹出的快捷菜单中选择"复制"命令;也可直接按 Ctrl+C 组合键进行复制。

(4) 打开"D:\MYFILE\歌曲"文件夹。

(5) 选择"编辑"|"粘贴"命令;或在空白位置右击,在弹出的快捷菜单中选择"粘贴"命令;也可直接按 Ctrl+V 组合键。至此,完成复制文件操作。

复制操作可以归纳为 4 个步骤:"选择"→"复制"→"定位"→"粘贴"。

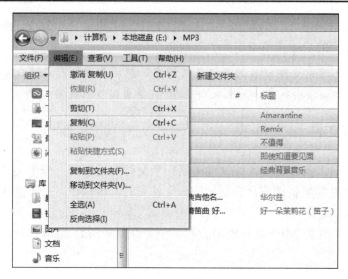

图 2-40　复制操作

📢 **注意**：如果要选择的多个文件是不连续排列的，可先按住 Ctrl 键不放，再依次单击要选择的多个文件。

此外，也可以通过任务窗格完成复制文件或文件夹的操作。步骤如下：

（1）选中要复制的文件或文件夹。

（2）在"文件和文件夹任务"栏中单击"复制这个文件"或"复制这个文件夹"超链接。

（3）在弹出的"复制项目"对话框中，选择要复制到的目标驱动器或文件夹，然后单击"复制"按钮。

2.2.4　移动文件和文件夹

【任务 4】将 E 盘中的 PHOTOS 文件夹中的图像文件"广州夜景.JPG"移动到 D 盘 MYFILE 文件夹的"照片"子文件夹中。

移动文件（夹）与复制文件（夹）的操作步骤类似。

🎯 **步骤**

（1）打开 E 盘中的 PHOTOS 文件夹，选中要移动的文件"广州夜景.JPG"。

（2）选择"编辑"|"剪切"命令；或在已选择的文件对象上右击，在弹出的快捷菜单中选择"剪切"命令；也可直接按 Ctrl+X 组合键。

（3）打开 D 盘 MYFILE 文件夹中的"照片"子文件夹。

（4）选择"编辑"|"粘贴"命令；或在空白位置右击，在弹出的快捷菜单中选择"粘贴"命令；也可直接按 Ctrl+V 组合键。至此，完成移动文件操作。

移动操作可以归纳为 4 个步骤："选择"→"剪切"→"定位"→"粘贴"。

此外，也可以通过任务窗格完成移动文件或文件夹操作。步骤如下：

（1）选中要移动的文件或文件夹。

（2）在"文件和文件夹任务"栏中单击"移动这个文件"或"移动这个文件夹"超链接。

（3）在弹出的"移动项目"对话框中选择文件或文件夹的新位置，然后单击"移动"按钮。

注意： 利用鼠标拖动也是一种复制和移动文件、文件夹的有效方法。

利用鼠标拖动进行复制文件（夹）的操作步骤如下：

（1）选定要复制的文件（夹）。

（2）按住 Ctrl 键不放，用鼠标拖动要复制的文件（夹）图标到目标文件夹图标或窗口中，松开鼠标即可。

利用鼠标拖动进行移动文件（夹）的操作步骤如下：

（1）选定要移动的文件（夹）。

（2）按住 Shift 键不放，用鼠标拖动所选定的文件（夹）图标到目标文件夹图标或窗口中，松开鼠标即可。

进行复制操作时，在拖动过程中鼠标指针上会多出一个"+"号，移动操作时则不会出现，由此可判断当前操作是复制还是移动。用鼠标拖动文件（夹）到另一个磁盘，默认为复制操作。

相关知识点

（1）文件的概念。文件就是用户赋予了名称并存储在磁盘上的信息的集合。它可以是用户创建的文档，也可以是可执行的应用程序或一张图片、一段声音等。Windows 将各种程序和文档等以文件的形式进行管理。

（2）文件的命名。每个文件都有自己的文件名，Windows 就是按照文件名来识别、存取和访问文件的。文件名由主文件名和扩展名（类型符）组成，两者之间用小数点"."分隔。主文件名一般由用户自己定义；扩展名标识了文件的类型和属性，一般都有比较严格的定义。

- 文件名的长度最大可以达到 255 个 ASCII 字符。
- 文件名中不能包含下列任何字符：\、/、:、*、?、"、<、>、|。
- 忽略文件名开头和结尾的空格。
- 包含路径的文件名长度可达 260 个 ASCII 字符。
- 在文件名中不区分大写和小写字母。

（3）文件类型和文件图标。文件都包含着一定的信息，根据其不同的数据格式和意义，每个文件都具有某种特定的文件类型。Windows 利用文件的扩展名来区别每个文件的类型。

在 Windows 中，每个文件在打开前都是以图标的形式显示的。每个文件的图标可能会因其类型不同而有所不同，而系统正是以不同的图标来向用户提示文件的类型。Windows 能够识别大多数常见的文件类型，常见类型如表 2-1 所示。

表 2-1　文件基本类型及其扩展名

文 件 类 型	扩 展 名	文 件 类 型	扩 展 名
视频文件	AVI	Jpeg 压缩图像文件	JPG
图像文件	TIF	临时文件	TMP
备份文件	BAK	应用程序文件	EXE
位图文件	BMP	字体文件	FON
文本文件	TXT	文本格式文档	RTF
数据文件	DAT	帮助文件	HLP
微博网页文件	HTM	图标文件	ICO
声音文件	WAV	动态图像文件	GIF

2.2.5　删除文件或文件夹

当文件或文件夹不再需要时，用户可将其删除。删除后的文件或文件夹将被放到"回收站"中，用户可以选择将其彻底删除或还原到原来的位置。

【任务 5】删除文件夹"D:\MYFILE\歌曲"中的第一首歌曲文件。

步骤

（1）打开文件夹"D:\MYFILE\歌曲"，选定要删除的第一首歌曲文件。

（2）选择"文件"|"删除"命令；或右击，在弹出的快捷菜单中选择"删除"命令；或直接按 Delete 键。

（3）弹出"删除文件"对话框。

（4）若确认要删除该文件，可单击"是"按钮；若不删除该文件，可单击"否"按钮。

也可以选中要删除的文件或文件夹，直接将其拖到"回收站"中进行删除。

注意：若要直接删除硬盘中的文件或文件夹，而不移入"回收站"中，可在删除时按住 Shift 键。从网络位置或可移动媒体（如 U 盘）中删除文件或文件夹，若超过"回收站"存储容量时，被删除的文件将不会移入"回收站"中，而是被彻底删除，不能还原。

此外，还可以通过任务窗格完成删除文件或文件夹的操作。步骤如下：

（1）选中要删除的文件或文件夹。

（2）在"文件和文件夹任务"栏中单击"删除这个文件"或"删除这个文件夹"超链接。

相关知识点

（1）回收站。回收站提供了一种安全地删除文件或文件夹的解决方案。从硬盘删除任何项目时，Windows 都会将其放到"回收站"，此时"回收站"的图标从空更改为满状态。从 U 盘或网络驱动器中删除的项目将被永久删除，不发送到回收站。

回收站中的项目将被一直保留，直到用户决定从计算机中永久地将它们删除。在保留期间，这些项目仍然占用硬盘空间并可以被恢复或还原到原位置。当回收站充满后，

Windows 将自动清除回收站中的空间以存放最近删除的文件和文件夹。

如果运行的硬盘空间太小，应始终记住定期清空回收站；也可以限定回收站的大小，以限制它占用硬盘空间的大小。

Windows 为每个分区或硬盘分配了一个回收站。如果硬盘已经分区，或者计算机有多个硬盘，则可以为每个回收站指定不同的大小。

（2）删除或还原回收站中的文件。在桌面上双击"回收站"图标，打开"回收站"窗口，然后执行下列操作之一。

- 要还原某个项目，则右击该项目，在弹出的快捷菜单中选择"还原"命令或单击工具栏上的"还原此项目"按钮。
- 要恢复所有项目，则选择"编辑"|"全部选定"命令，然后选择"文件"|"还原"命令或单击工具栏上的"还原选定的项目"按钮。
- 要删除项目，则右击该项目，在弹出的快捷菜单中选择"删除"命令。
- 要删除所有项目，则选择"文件"|"清空回收站"命令。

注意：删除回收站中的项目意味着将该项目从计算机中永久地删除，不能还原。还原回收站中的项目，将使该项目返回其原来的位置。

2.2.6 搜索文件和文件夹

有时用户需要在计算机中查找一个或多个文件（或文件夹），如果手动进行查找，会浪费大量的精力和时间。为了方便用户在成千上万个文件中快速地找到一个或多个文件（或文件夹），Windows 特地提供了"搜索"功能。除了文件和文件夹，利用这一功能还可以查找图片、音乐以及网络上的计算机和通讯簿中的人等。

【任务 6】搜索包含"办公"两字的文件和文件夹。

步骤

（1）打开"计算机"窗口，"搜索"框出现在窗口右上角，如图 2-41 所示。

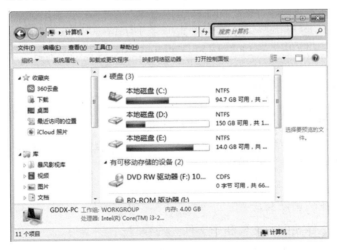

图 2-41　搜索窗口

（2）单击搜索框，在搜索框中输入要搜索的内容"办公"两字，将搜索含"办公"两字的文件和文件夹。搜索结果与关键字相匹配的部分，会以黄色高亮显示，能让用户更加容易地找到需要的结果，如图 2-42 所示。

（3）可以为搜索添加搜索条件。单击搜索框，可以添加"修改日期"或"大小"等搜索条件，如图 2-43 所示。

图 2-42　使用搜索助理

图 2-43　搜索结果

相关知识点

通配符是一个键盘字符，如星号（*）或问号（?），当查找文件、文件夹、打印机、计算机或用户时，可以用它来代表一个或多个字符。当用户不知道真正字符或者不想输入完整名称时，常常使用通配符代替一个或多个字符。

- 星号（*）：可以使用星号代替零个或多个字符。对于要查找的文件，如果知道它以 gloss 开头，但不记得文件名的其余部分，则可以输入字符串"gloss*"，这样便会查找以 gloss 开头的所有文件类型的所有文件，包括 glossary.txt、glossary.doc 和 glossy.doc。如果要缩小范围以搜索特定类型的文件，如输入 gloss*.doc 可以查找以 gloss 开头并且文件扩展名为 doc 的所有文件，如 glossary.doc 和 glossy.doc 等。
- 问号（?）：可以用问号代替名称中的单个字符。例如，当输入"gloss?.doc"时，查找到的文件可能为 glossy.doc 或 gloos1.doc，但不会是 glossary.doc。

2.2.7　文件和文件夹属性

文件和文件夹都有其相应的"属性"对话框，为用户提供了如大小、位置以及文件或者文件夹的创建日期之类的信息。查看文件或文件夹的属性时，可以获得如下信息：

（1）文件或者文件夹的属性。

（2）文件的类型。

（3）打开文件的程序名称。

（4）包含在文件夹中的文件和子文件夹的数目。

（5）文件被修改或访问的最后时间。

【任务7】查看与修改图片文件"广州夜景.JPG"属性。

🎯 步骤

（1）选择要查看或修改属性的文件"广州夜景.JPG"，单击工具栏上的"组织"按钮，在弹出的下拉菜单中选择"属性"命令（如图 2-44 所示），打开文件"属性"对话框。

（2）在"属性"对话框中可以查看文件的相关属性，并可根据需要进行修改，如图 2-45 所示。

图 2-44　选择"属性"命令　　　　图 2-45　文件"属性"对话框

📢 注意：不同类型的文件，其属性对话框的内容是不同的。

2.2.8 文件（夹）压缩

通过压缩文件、文件夹，可以减小其大小，这样就减少了它们在存储设备上所占用的空间。一个较大容量的文件经压缩后，将产生另一个较小容量的文件。这个较小容量的文件，通常称之为这个较大容量的文件的压缩文件。压缩文件的过程称为文件压缩。

Windows 7 操作系统中内置了 ZIP 压缩与解压缩功能，无须第三方工具即可对文件(夹)进行压缩。

【任务8】以压缩文件夹 Access 为例，压缩文件夹的操作方法如下。

🎯 步骤

（1）选择要压缩的文件夹 Access 并右击，在弹出的快捷菜单中选择"发送到"｜"压缩（zipped）文件夹"命令，如图 2-46 所示。

（2）文件夹 Access 压缩后，生成一个压缩后的文件 Access.zip，如图 2-47 所示。

📢 注意：也可以把多个文件压缩到一个压缩文件（打包），方法是先选择要压缩的多个文件，再按以上方法进行压缩操作，即可生成一个压缩文件。

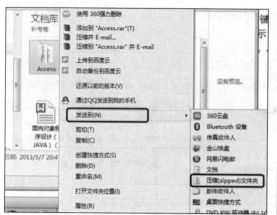
图 2-46　快捷菜单

图 2-47　文件压缩后

解压缩文件夹 Access 的方法：单击要解压缩的文件夹 Access.zip，单击工具栏上的"打开"按钮右侧的下拉按钮（电脑中如果安装了 WinZip 压缩和解压缩软件，按钮上的文字将显示"用 WinZip 打开"，直接单击此按钮即可），选择"Windows 资源管理器"命令（如图 2-48 所示），即可打开被解压缩的文件或文件夹，如图 2-49 所示。

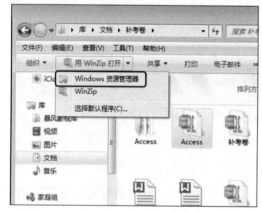
图 2-48　解压缩

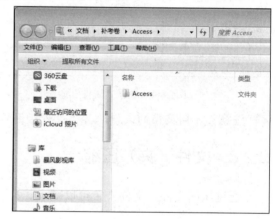
图 2-49　解压缩后

2.3　应用程序及管理

2.3.1　快捷方式

"快捷方式"是一种特殊的 Windows 文件（扩展名为.lnk），一个快捷方式是与一个具体的应用程序、文件或文件夹相关联的。通过快捷方式，无须进入安装位置，即可快速启动应用程序或打开文件和文件夹。

用户可以根据自己的需要为最常用的应用程序、文件或文件夹建立快捷方式，并将其放置在 Windows 桌面上。

【任务9】为 D 盘中的文件夹 VS2008 创建桌面快捷方式。

🎧 步骤

（1）打开"计算机"窗口，打开 D 盘，找到文件夹 VS2008。

（2）右击该文件夹图标，在弹出的快捷菜单中选择"发送到"|"桌面快捷方式"命令（如图 2-50 所示），即可生成该对象的桌面快捷方式，如图 2-51 所示。

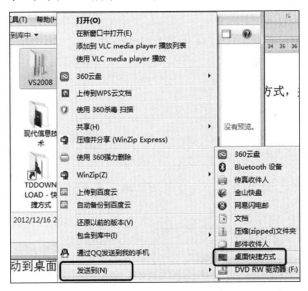
图 2-50　选择"桌面快捷方式"命令

图 2-51　创建桌面快捷方式

📢 注意：快捷方式图标的左下角通常有一个向右上的箭头。

【任务10】删除刚创建的桌面快捷方式 VS2008。

🎧 步骤

右击要删除的桌面快捷方式 VS2008，在弹出的快捷菜单中选择"删除"命令，即可删除该快捷方式。

📢 注意：删除某对象的快捷方式之后，原对象不会被删除，它仍在计算机中的原始位置。

2.3.2 启动与退出应用程序

运行（启动）应用程序有多种方式，下面分别进行介绍。

1. 通过桌面图标运行应用程序

某些应用程序在桌面上有一个快捷方式图标与之相对应，用户只需双击该图标即可运行该应用程序。

2. 通过"开始"菜单运行应用程序

单击"开始"按钮，然后在弹出的"开始"菜单中选择想要打开的程序即可运行程序。

要打开"开始"菜单中不可见的程序,可用鼠标指向"所有程序",然后在菜单中定位到想要的程序并单击它。一旦打开了该程序,Windows 会自动在"开始"菜单中显示它。

3. 通过"计算机"窗口运行应用程序

用户还可以通过在"计算机"窗口中查找应用程序,然后双击该应用程序的图标,直接启动该应用程序。

4. 退出应用程序

应用程序使用完毕后应及时将其退出(关闭),以释放所占用的内存空间,也可防止数据的意外损失。退出应用程序主要有以下几种方法:

(1)单击应用程序窗口标题栏右侧的"关闭"按钮。
(2)在应用程序窗口中选择"文件"|"退出"命令。
(3)在应用程序控制菜单中选择"关闭"命令。
(4)双击应用程序的控制菜单图标。
(5)按 Alt+F4 组合键。
(6)右击任务栏上的该应用程序按钮,在弹出的快捷菜单中选择"关闭窗口"命令,如图 2-52 所示。

图 2-52 关闭应用程序

📢 **注意**:只将应用程序窗口最小化并不能关闭该应用程序。

2.3.3 安装和删除软件程序

Windows 7 操作系统只是用户使用电脑的平台,由于不同的用户有着不同的使用需求,因此需要结合自己的需要,在电脑中安装各类功能不一的软件,也可以根据需要,删除电脑中不再使用的软件。

1. 安装软件

要在电脑中安装需要的软件,首先需要获取到软件的安装文件,或称为安装程序,目前获得软件安装文件的途径主要有以下 3 种。

(1)购买软件光盘:这是获取软件最正规的渠道。当软件厂商发布软件后,一般会在市面上销售软件光盘,用户只要购买到光盘,然后放入电脑光驱中进行安装就可以了。购买正版软件光盘的好处是能够保证获得正版软件,并获得软件的相关服务,从而保证软件使用的稳定性与安全性。

(2)通过网络下载:这是很多用户最常用的软件获取方式。通过专门的下载网站或软件官方下载站点,都能够获得软件的安装文件。通过网络下载的好处在于购买方便,还有大量的免费软件可供下载，缺点在于免费软件的安全性与稳定性无法保障，可能携带病毒或木马等恶意程序，部分软件还有一定的使用限制。

（3）从其他电脑复制：如果其他电脑中保存有软件的安装文件，那么就可以通过网络或者移动存储设备将安装文件复制到电脑中进行安装。

2. 删除软件

安装过多的软件，不但占用存储空间，而且会影响到电脑的运行速度，因此用户需要定期对电脑中的软件进行清理，将不需要的软件卸载。

删除软件通常可用下面两种方法。

方法一：通过软件自带的卸载程序。多数软件都自带卸载程序，在软件安装后，"开始"菜单中的软件目录中会有卸载程序命令，运行此卸载程序命令，即可方便地将软件卸载。

【任务11】卸载电脑中的"金山打字通"软件。

步骤

（1）单击"开始"按钮，选择"所有程序"命令，打开程序列表，在程序列表中找到"金山打字通"项目。

（2）单击"金山打字通"项目文件夹，在下面的列表中选择"卸载金山打字通"命令即可删除金山打字通软件，如图2-53所示。

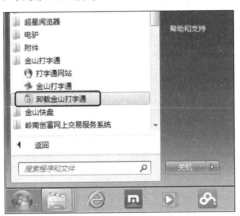

图2-53 删除程序

方法二：也可以通过"控制面板"的卸载功能删除软件。Windows 7提供了针对所有软件的卸载功能，对于没有自带卸载程序的软件，可用Windows 7的系统功能进行卸载。

【任务12】利用"控制面板"的卸载功能，卸载电脑中的"金山打字通"软件。

步骤

（1）打开"控制面板"窗口，在其中双击"程序和功能"，如图2-54所示。

（2）在打开的"卸载或更改程序"窗口中，找到"金山打字通"软件，单击"金山打字通"，然后单击上方的"卸载/更改"按钮，即可卸载金山打字通软件，如图2-55所示。

图 2-54　控制面板

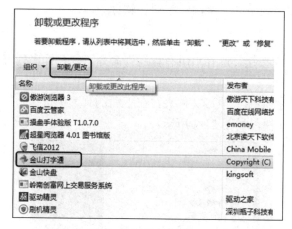

图 2-55　卸载程序

📢 **注意**：不能够通过直接删除"开始"菜单中某个程序的菜单命令来删除该程序，因为菜单中的程序命令只是一种快捷方式，桌面上的程序图标也是一种快捷方式。

2.4　计算机管理

2.4.1　Windows 任务管理器

任务管理器提供了正在计算机中运行的程序和进程的相关信息，也会显示最常用的度量进程性能的单位。

使用任务管理器可以监视计算机性能，查看正在运行的程序状态，并终止已停止响应的程序；也可以使用多达 15 个参数评估正在运行的进程的活动，查看反映 CPU 和内存使用情况的图形和数据。

此外，如果与网络连接，则可以查看网络状态，了解网络的运行情况。如果有多个用户连接到你的计算机,则可以看到谁在连接、他们在做什么,还可以向他们发送消息。

要打开 Windows 任务管理器,可右击任务栏上的空白处,在弹出的快捷菜单中选择"启动任务管理器"命令;也可以直接按 Ctrl+Alt+Delete 组合键,选择"启动任务管理器"命令。

在如图 2-56 所示的"Windows 任务管理器"窗口中,提供了如下几个主要选项卡。

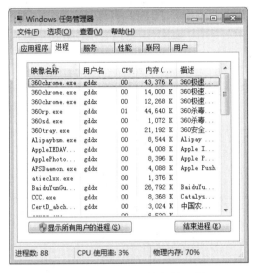

图 2-56 Windows 任务管理器

(1)"应用程序"选项卡:显示计算机中正在运行的程序的状态。在此选项卡中,可以结束、切换或者启动程序。

(2)"进程"选项卡:显示计算机上正在运行的进程的相关信息。

(3)"性能"选项卡:显示计算机性能的动态概述。其中包括:

- CPU 和内存使用情况的图表。
- 计算机上正在运行的句柄、线程和进程的总数。
- 物理、核心和认可的内存总数(KB)。

(4)"联网"选项卡:显示网络性能的图形表示。它提供了一个简单、定性的指示器,显示正在计算机上运行的网络的状态。只有当网卡存在时,才会显示"联网"选项卡。在该选项卡中可以查看网络连接的质量和可用性,无论是连接到一个还是多个网络上。

(5)"用户"选项卡:显示可以访问该计算机的用户,以及会话的状态与名称。"客户端名称"用于指定使用该会话的客户机的名称(如果有的话);"会话"提供一个用来执行向另一个用户发送消息或连接到另一个用户会话这类任务的名称。只有在所用的计算机启用了"快速用户切换"功能,并且作为工作组成员或独立的计算机时,才会出现"用户"选项卡。对于作为网络域成员的计算机来说,"用户"选项卡不可用。

2.4.2 磁盘管理

在使用电脑的过程中,电脑中的所有数据都存储在各个磁盘分区中,用户需要定时对磁盘进行维护以提高磁盘性能，保障数据安全。

1. 磁盘清理

一般情况下，用户不可能了解计算机中所有文件的重要性。例如，有时 Windows 会使用一些用于特定目的的文件，然后将这些文件保留在为临时文件指派的文件夹中；或者用户可能安装了现在不再使用的 Windows 组件。出于包括硬盘驱动器空间耗尽在内的多种原因，用户可能需要在不损害任何程序的前提下，减少磁盘中的文件数或创建更多的可用磁盘空间。

磁盘清理程序可帮助释放硬盘驱动器空间。它将搜索磁盘驱动器，然后列出临时文件、Internet 缓存文件和可以安全删除的不需要的程序文件，并可部分或全部删除这些文件。

操作步骤如下：

（1）打开"计算机"窗口，右击要清理的磁盘，在弹出的快捷菜单中选择"属性"命令，如图 2-57 所示。

（2）在打开的磁盘属性对话框中单击"磁盘清理"按钮，如图 2-58 所示。

图 2-57　选择要清理的磁盘　　　　　　　图 2-58　磁盘清理对话框

2. 磁盘碎片整理

利用磁盘碎片整理程序，可将计算机硬盘上的碎片文件和文件夹合并在一起，以便每一项在卷上分别占据单个和连续的空间。这样，系统就可以更有效地访问文件和文件夹，提高磁盘读取速度。通过合并文件和文件夹，磁盘碎片整理程序还将合并卷上的可用空间，以减少新文件出现碎片的可能性，从而提高计算机的运行速度。

当计算机使用一段时间后，建议定期进行磁盘碎片整理操作。其操作步骤如下：

（1）按上面的方法打开磁盘属性对话框，选择"工具"选项卡，然后单击"立即进行碎片整理"按钮,如图 2-59 所示。

(2)在打开的"磁盘碎片整理程序"窗口中,选择要整理的磁盘,然后单击"磁盘碎片整理"按钮(也可先单击"分析磁盘"按钮,查看是否需要进行磁盘碎片整理),即可开始进行磁盘碎片整理,如图 2-60 所示。

图 2-59 "工具"选项卡

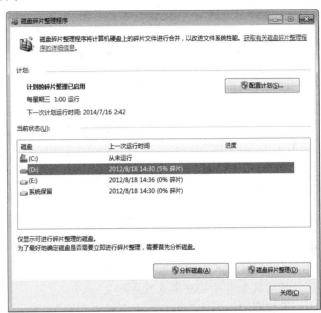

图 2-60 "磁盘碎片整理程序"对话框

2.5 附　　件

Windows 7 的"附件"程序为用户提供了许多使用方便的工具,当要处理一些要求不是很高的工作时,就可以利用这些工具来完成。例如,使用"画图"工具可以创建和编辑图画,以及显示计算机的图片;使用"计算器"可进行运算;使用"记事本"可进行文本文档的创建和编辑工作。

2.5.1 画图

"画图"程序是一个位图编辑器,可以对各种位图格式的图画进行编辑。用户可以自己绘制图画,也可以对扫描的图片进行编辑、修改。在编辑完成后,可以保存为 BMP、JPG、GIF 等格式的文件。

要启动"画图"程序,可选择"开始"|"所有程序"|"附件"|"画图"命令,即可打开"画图"窗口,如图 2-61 所示。

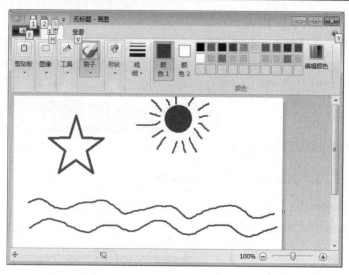

图 2-61　"画图"窗口

2.5.2　记事本

如果只需要创建简单的文档,那么"记事本"就是一个最佳选择。对于复杂文档,则需要使用其他专业的文字处理程序。

要打开"记事本"程序,可选择"开始"|"所有程序"|"附件"|"记事本"命令,即可打开"记事本"窗口并开始输入文字内容,如图 2-62 所示。

📓 相关知识点

记事本的一个特殊用途是创建日志,其操作步骤如下:

(1)启动"记事本"程序,在打开的"记事本"窗口的第一行最左侧输入".LOG"(字母必须大写)。

(2)选择"文件"|"保存"命令。

(3)关闭文档。

这样,以后每次打开该文档时,"记事本"都将计算机时钟指定的当前时间和日期添加到该文档的末尾,只需接着输入新的文本内容即可,如图 2-63 所示。

图 2-62　"记事本"窗口

图 2-63　创建日志

2.5.3 计算器

利用 Windows 自带的"计算器"工具，用户可以完成任意的通常借助手持计算器来完成的运算。它可分为 4 种计算模式：标准型、科学型、程序员、统计信息。标准型计算器可以进行基本计算，科学型等则可以执行高级的科学计算和统计。

要打开"计算器"，可选择"开始"|"所有程序"|"附件"|"计算器"命令，打开"计算器"窗口（如图 2-64 所示）。要打开科学型等其他类型计算器，可在"计算器"窗口中的"查看"菜单中进行相应选择，如图 2-65 所示。

图 2-64 "计算器'窗口

图 2-65 选择计算模式

计算器的运算结果不能直接保存，但可以导入到其他应用程序中。用户可以选择"编辑"|"复制"命令把运算结果粘贴到别处，也可以从其他地方复制好运算公式后，选择"编辑"|"粘贴"命令，在计算器中进行运算。

2.5.4 屏幕截图

Windows 7 自带的截图工具是一款非常有用的工具，用户可以使用该工具获取屏幕上任意对象的截图，并且还可以对截取的图片进行保存或编辑。

截图工具位于"开始"菜单"所有程序"的"附件"文件夹列表中，选择这个文件夹列表中的"截图工具"命令，即可打开"截图工具"工具栏，如图 2-66 所示。单击工具栏上的"新建"按钮右侧的下拉按钮，可根据需要选择不同的截图格式，如图 2-67 所示。

图 2-66 "截图工具"工具栏

图 2-67 不同的截图格式

截图后，截取的图片将在"截图工具"窗口中打开，如图 2-68 所示。通过窗口的工具栏，可对截图进行简单的编辑，然后可以保存、复制或通过邮件发送。

图 2-68 "截图工具"窗口

2.6 汉字输入方法

2.6.1 汉字输入法的选择

掌握汉字输入法是日常使用计算机的基本要求。根据汉字编码的不同，汉字输入法可分为 3 种，即字音编码法、字形编码法和音形结合编码法。

中文 Windows 7 系统为用户提供了多种汉字输入方法。在其桌面上显示有输入法图标。当前输入法是英语（美国）输入法时，任务栏的托盘区上显示图标为 EN，当前输入法为中文输入法时，图标为 CH，如图 2-69 所示。

用户可以使用鼠标法或键盘法选用、切换不同的汉字输入法。

1. 鼠标法

单击输入法图标右边的图标，将显示输入法列表，如图 2-70 所示。其中，左侧带有"√"的输入法是当前正在使用的输入法。在输入法列表中单击所要选用的输入法图标或其名称，即可切换至该输入法。

图 2-69 输入法图标

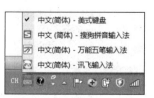

图 2-70 输入法列表

2. 键盘切换法

通过按 Shift+Ctrl 组合键，也可切换输入法。每按一次 Shift+Ctrl 组合键，系统就会按照一定的顺序切换到下一种输入法，同时在屏幕和任务栏上也将自动切换成相应输入法的状态条及其图标。

如果按 Ctrl+Space 组合键，则可启动或关闭所选的中文输入法，即完成中英文输入法的切换。

2.6.2　汉字输入法状态的设置

1. 中/英文切换

中/英文切换按钮显示 A 时表示处于英文输入状态，显示输入法图标时表示处于中文输入状态，如图 2-71 所示。单击该按钮可以切换这两种输入状态，也可通过 Ctrl+Space 组合键来实现切换。

图 2-71　中/英文输入状态

2. 全/半角切换

全/半角切换按钮显示一个满月时表示处于全角状态，显示半月时则表示处于半角状态，如图 2-72 所示。在全角状态下所输入的英文字母或标点符号占一个汉字的位置。单击该按钮可以切换这两种输入状态，也可通过组合键 Shift+Space 来实现切换。

图 2-72　全/半角状态

3. 中/英文标点符号切换

中/英文标点符号切换按钮显示"。，"时表示处于中文标点状态，显示".,"时则表示处于英文标点状态，如图 2-73 所示。各种汉字输入法规定了在中文标点符号状态下英文标点符号按键与中文标点符号的对应关系。例如，在智能 ABC 输入法的中文标点状态下，输入"\"得到的是"、"号，输入"<"得到的是"《"或"〈"号。单击该按钮可以切换这两种输入状态，也可通过组合键 Ctrl+"."来实现切换。

图 2-73　中/英文标点符号

2.6.3 字音编码输入法

目前,使用最多的字音编码法主要有全拼输入法、双拼输入法和智能 ABC 输入法等。

1. 全拼输入法

在众多输入法中,全拼输入法是最简单的汉字输入法。它使用汉字的拼音字母作为编码,只要知道汉字的拼音就可以输入汉字;但其编码较长,击键较多,而且由于汉字同音字多,所以重码很多,输入汉字时要选字,不方便盲打。

(1) 输入单个汉字。在全拼输入状态下,直接输入汉字的汉语拼音编码就可以输入单个汉字。

例如,使用全拼输入法输入"中"字,其操作步骤如下:

① 切换至全拼输入法状态。

② 输入"中"的汉语拼音"zhong"(注意要输入小写字母),弹出一个提示板(或称候选窗口),如图 2-74 所示。

③ 在提示板内可以看到"中"字对应的数字键为 1,按数字键 1 或直接按空格键即可输入"中"字。

图 2-74 输入拼音后出现一个提示板

> **注意:** 如果在当前提示板的 10 个汉字中都没有所需要的汉字,可以通过单击提示板右边的滚动条或者按 Page Down 或 Page Up 键来进行重码区的上下翻页,直到提示板中显示需要的汉字,再按相应的数字键即可。

(2) 输入词组。输入词组不仅可以减少编码,也可以减少输入时的重码数,从而使输入的准确性提高、输入速度加快。使用全拼输入法,可输入的词组有双字词组、三字词组、四字词组和多字词组。除了多字词组外,其他词组在输入时都要求全码输入。

2. 智能 ABC 输入法

智能 ABC 输入法是 Windows 中一种比较优秀的汉字输入法,提供了标准(全拼)和双打两种输入方式,使用非常灵活、方便。此外,它还提供了 6 万多条的基本词库,输入时只要输入词组的各汉字声母即可。相对其他输入法,其特色之处在于为用户提供了一个颇具"智能"特色的中文输入环境,可以对用户一次输入的内容自动进行分词,并保存到词库中,下次就可以按词组输入了。

智能 ABC 输入法在全拼输入法的基础上进行了改善,是目前使用较普遍的一种拼音输入法,仅次于五笔字型输入法。它将汉字拼音进行简化,把一些常用的拼音字母组合起来,用单个拼音字母来代替,从而减少了编码的长度,大大提高了输入汉字的速度。

单字输入时,与全拼输入法类似,按照标准的汉语拼音输入所需汉字的编码(其中 ü 用 v 代替)然后按空格键,即可在弹出的候选窗口中选择所需汉字。

在使用智能 ABC 输入法输入汉字时,其特点主要体现在词组和语句的输入上。

例如,使用智能 ABC 输入法输入多字词组"中国人民解放军",其输入过程如下:

(1) 切换输入法至智能 ABC 输入法状态。

(2) 输入多字词组"中国人民解放军"中每个汉字的第一个拼音字母，即 zgrmjfj（输入的字母必须为小写）。

(3) 输入完成后，按空格键出现带虚下划线的词组"<u>中国人民解放军</u>"，然后再按空格键或 Enter 键完成输入。

(4) 如果是输入语句，则当输入完其中每个汉字的第一个拼音字母时，按空格键或 Enter 键后，只有一个或几个汉字显示（如有重码，可输入所需汉字前的数字序号），再次按空格键或 Enter 键，并在出现的提示板中进行选择，直到整个句子出现后，按空格键或 Enter 键即可输入一个句子。

用智能 ABC 输入法录入过的句子，计算机系统会自动将其记住，下次再录入该句子时，输入该句子的编码后按 Enter 键，提示板中即可出现该句子。

2.6.4 五笔字型输入法

五笔字型输入法是一种高效的汉字输入法，已被广大计算机用户广泛采用。

1. 汉字的构成

中国人常说：

木子——李　日月——明　立早——章　双木——林

可见，一个方块汉字是由较小的块拼合而成的。这些"小方块"如日、月、金、木、人、口等，就是构成汉字的最基本的单位，我们把这些"小方块"称为"字根"，意思是汉字之本。"五笔字型"确定的字根有 125 种。字根又是什么构成的呢？试着拿笔写一写就会知道，字根是由笔画构成的。它们之间的关系如下：

基本笔画（5 种）——字根（125 种）——汉字（成千上万种）

2. 汉字的分解

将汉字输入计算机一度举世称"难"。难在哪里？难在汉字的"多"——字数多，而计算机的输入设备——键盘只有几十个字母键，不可能把汉字都摆上去。因此，要将汉字分解开来之后，再向计算机中输入。

(1) 分解汉字。例如，将"桂"分解成"木、土、土"，"照"分解为"日、刀、口、灬"等。因为字根只有 125 种，这样就把处理几万个汉字的问题，变成了只处理 125 种字根的问题；把输入一个汉字的问题，变成了输入几个字根的问题。这正如用几个英文字母才能构成一个英文单词。

(2) 分解过程。汉字的分解是按照一定的章法进行的，这个章法总结起来就是"整字分解为字根，字根分解为笔画"。

3. 字根

五笔字型的字根总数是 125 种，但有时，一种字根之中还会包含如下几个"小兄弟"。

(1) 字源相同的字根：心、忄；水、氵等。

(2) 形态相近的字根：艹、卄、廾；己、已、巳等。

（3）便于联想的字根：耳、阝、卩 等。

所有的"小兄弟"都与其主字根是"一家人"，作为辅助字根，它们同在一个键位上，编码时使用同一个代码（即同一个字母或区位码）。

4．汉字的 5 种笔画

笔画是指书写汉字时，一次写成的一个连续不断的线段。字根由笔画写成。汉字、字根、笔画是汉字结构的 3 个层次。

经科学归纳，汉字的基本笔画只有 5 种，分别以 1、2、3、4、5 作为代号，如表 2-2 所示。

表 2-2 汉字的基本笔画

代 号	笔 画 名 称	笔 画 走 向	笔画及其变形
1	横	左→右	一
2	竖	上→下	丨丨
3	撇	右上→左下	丿
4	捺	左上→右下	丶、
5	折	带转折	乙乚ㄣ乛

（1）提笔属于横"一"，如"子"字中的提笔。
（2）点笔属于捺。
（3）竖笔向左带钩"亅"属于竖。
（4）其余一切带转折、拐弯的笔画，都归折"乙"类。

5．五笔字型字根的键盘分布

五笔字型的基本字根（含 5 种单笔画）共有 125 种，将这 125 种字根按其第一个笔画的类别，各对应于英文字母键盘的一个区，每个区又尽量考虑字根的第二个笔画，再分作 5 个位，便形成有 5 个区每区 5 个位即 25 个键位的一个字根键盘。该键盘的位号从键盘中部起，向左右两端顺序排列，这就是分区划位的五笔字型字根键盘，如图 2-75 所示。

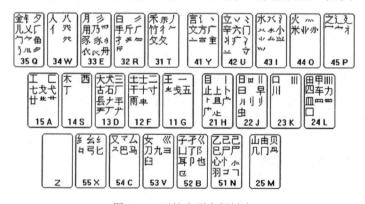

图 2-75 五笔字型字根键盘

五笔字型字根键盘的键位代码（即字根的编码），既可以用区位号（11～55）表示，也可以用对应的英文字母来表示。

例如，G 在 1 区 1 位，所以 G 的区位号为 11；W 在 3 区 4 位，所以其区位号为 34。

6. 字根总表

一个包含有 125 种五笔字型基本字根及其全部"小兄弟"的键盘字根总图如图 2-76 所示。读者可以按照键位的排列规律，依据字根的内在联系和特征，通过使用很快地熟悉它们。

区位	代码	字母	笔画	键名	基本字根
1 1	11	G	一	王	五戈
2	12	F	二	土	士 十干 寸雨
横起 3	13	D	三	大犬	石古厂
笔 4	14	S		木	西丁
5	15	A		工	匚七弋戈 廿
2 1	21	H	丨	目	上止 卜
2	22	J		日曰	早虫
竖起 3	23	K		口	
4	24	L		田	甲囗四 皿 车力
笔 5	25	M		山	由门贝几
3 1	31	T	丿	禾	竹彳攵冬
2	32	R		白	手扌 斤
撇起 3	33	E		月	用乃豕
起 4	34	W		人亻	八
笔 5	35	Q		金钅	勹夕 儿
4 1	41	Y	丶	言讠	文方广丶
2	42	U		立	辛冫六门
捺起 3	43	I		水	氵 小
起 4	44	O		火	灬 米
笔 5	45	P		之辶廴	宀冖
5 1	51	N	乙	已己巳	尸 心忄 羽
2	52	B		子孑	凵了耳阝 也
折 3	53	V	巛	女	刀九彐臼
起 4	54	C		又	厶巴马
笔 5	55	X		纟幺	弓匕

图 2-76 "五笔字型汉字编码方案"字根总表

7. 字根助记词

为了便于字根的记忆，特为每一区的字根编写了一首"助记词"一并列在下边。读者只须反复默写吟诵，即可牢牢记住。

1（横）区字根键位排列：

11G 王旁青头戋（兼）五一（借同音转义）（"兼"与"戋"同音）

12F 土士二干十寸雨

13D 大犬三羊古石厂（"羊"指羊字底）

14S 木丁西

15A 工戈草头右框七（"右框"即"匚"）

2（竖）区字根键位排列：

21H 目具上止卜虎皮（"具上"指具字的上部"且"）

22J 日早两竖与虫依

23K 口与川，字根稀

24L 田甲方框四车力（"方框"即"囗"）

25M 山由贝，下框几

3（撇）区字根键位排列：
31T 禾竹一撇双人立（"双人立"即"彳"）
　　反文条头共三一（"条头"即"夂"）
32R 白手看头三二斤（"三二"指键为"32"）
33E 月彡（衫）乃用家衣底（"家衣底"即"豕"）
34W 人和八，三四里（"人"和"八"在34里边）
35Q 金勺缺点无尾鱼（指"勹、鱼"）
　　犬旁留乂儿一点夕，氏无七（妻）

4（捺）区字根键排列：
41Y 言文方广在四一
　　高头一捺谁人去
42U 立辛两点六门疒
43I 水旁兴头小倒立
44O 火业头，四点米（"火"、"业"、"灬"）
45P 之字军盖建道底（即"之、宀、冖、廴、辶"）
　　摘礻（示）衤（衣）

5（折）区字根键位排列：
51N 已半巳满不出己
　　左框折尸心和羽
52B 子耳了也框向上（"框向上"指"凵"）
53V 女刀九臼山朝西（"山朝西"为"彐"）
54C 又巴马，丢矢矣（"矣"丢掉"矢"为"厶"）
55X 慈母无心弓和匕
　　幼无力（"幼"去掉"力"为"幺"）

8. 单字的编码规则

（1）键名输入。键名是指各个键上的第一个字根，即"助记词"中打头的那个字根。这个作为键名的汉字，其输入方法是把所在的键连续按4次（不再按空格键）。例如，

王：王王王王　11 11 11 11（GGGG）

又：又又又又　54 54 54 54（CCCC）

如此，把每一个键都连续按4次，即可输入25个作为键名的汉字。

（2）成字字根输入。字根总表中，键名以外自身也是汉字的字根称之成字字根，简称成字根。除键名外，成字根一共有97个（包括相当于汉字的"氵"、"亻"、"勹"、"刂"等）。

成字根的输入法：先按一下它所在的键（称之为"报户口"），再根据"字根拆成单笔画"的原则，输入它的第一个单笔画、第二个单笔画以及最后一个单笔画；不足4键时，加按一次空格键。

许多人不太注意，其实5种单笔画"一"、"丨"、"丿"、"丶"、"乙"在国家标准中都是作为汉字来对待的。那么在五笔字型中，它们也应当按照"成字根"的方法输

入。除"一"之外，其他几个都不是很常用。按成字根的输入法，它们的编码只有 2 码，这么简短的"码"用于如此不常用的"字"，真是太可惜了！于是，将其简短的编码让位给更常用的字，再在其正常码的后面加两个 L 作为 5 个单笔画的编码。

例如，

　　　　一：GGLL

　　　　、：YYLL

　　　　｜：HHLL

　　　　乙：NNLL

　　　　丿：TTLL

应当说明的是，"一"是一个极为常用的字，每次都输入 4 次岂不费事？别担心，"一"还有一个"高频字"码，即输入一个 G，再输入一个空格便可输入一。

9．字根的拆分原则

拆分汉字时，一定要按照正确的书写顺序进行。例如，"新"只能拆成"立、木、斤"，不能拆成"立、斤、木"；"中"只能拆成"口、丨"，不能拆成"丨、口"；"夷"只能拆成"一、弓、人"，不能拆成"大、弓"。

（1）取大优先。按书写顺序拆分汉字时，应以"再添一个笔画便不能称其为字根"为限，每次都拆取一个"尽可能大"的，即尽可能笔画多的字根。

例如，"世"的第一种拆法：一、凵、乙（误）；第二种拆法：廿、乙（正）。

显然，前者是错误的，因为其第二个字根"凵"完全可以向前"凑"到"一"上，形成一个"更大"的已知字根"廿"。

（2）兼顾直观。在拆分汉字时，为了照顾汉字字根的完整性，有时不得不暂且牺牲"书写顺序"和"取大优先"的原则，形成个别例外的情况。

例如，"国"按"书写顺序"应拆成"冂、王、、、一"，但这样便破坏了汉字构造的直观性，因此只好违背"书写顺序"原则，拆作"囗、王、、"了。

再如，"自"按"取大优先"应拆成"亻、乙、三"，但这样拆，不仅不直观，而且也有悖于"自"字的来源（这个字的来源是"一个手指指着鼻子"），因此只能拆作"丿、目"，这叫做"兼顾直观"。

（3）能连不交。来看以下拆分实例。

　　　　于：一 十（二者是相连的）　　二 丨（二者是相交的）

　　　　丑：乙 土（二者是相连的）　　刀 二（二者是相交的）

当一个字既可拆成相连的几个部分，也可拆成相交的几个部分时，认为"相连"的拆法是正确的。因为一般来说，"连"比"交"更为"直观"。

（4）能散不连。笔画与字根之间、字根与字根之间的关系，可以分为"散"、"连"和"交"的 3 种。

　　　　倡：3 个字根之间是"散"的关系。

　　　　自：首笔"丿"与"目"之间是"连"的关系。

　　　　夷："一"、"弓"与"人"是"交"的关系。

10. 汉字的字型

汉字是一种平面文字，相同的几个字根，若摆放位置不同，即字型不同，就是不同的字。例如，"叭"与"只"、"吧"与"邑"等。

可见，字根的位置关系，也是汉字的一种重要特征信息。这个字型信息，在以后的五笔字型编码中很有用处。

根据构成汉字的各字根之间的位置关系，可以把成千上万的方块汉字分为 3 种字型，即左右型、上下型、杂合型，并赋之以代号 1、2、3，如表 2-3 所示。

表 2-3 汉字字型代号

字型代号	字 型	字 例	特 征
1	左右	汉 湘 结 封	字根之间可有间距，总体左右排列
2	上下	字 莫 花 华	字根之间可有间距，总体上下排列
3	杂合	困 凶 这 司 乘	字根之间虽有间距，但字根与字根之间没有明显左右、上下关系

几个字根都"交"、"连"在一起的，如"夷"、"丙"等，一定是"杂合型"，属于"3"型字，而散根结构则一定是"1"型或"2"型字。

值得注意的是，有时一个汉字被拆成的几个部分都是复笔字根（不是单笔画），它们之间的关系，在"散"和"连"之间模棱两可。

例如，

占：卜口，两者按"连"处理，便是杂合型（3 型）；按"散"处理，便是上下型（2 型，正确）。

严：一业厂，后两者按"连"处理，便是杂合型（3 型）；按"散"处理，便是上下型（2 型，正确）。

当遇到这种既能"散"又能"连"的情况时，必须遵循以下规定：只要不是单笔画，一律按"能散不连"判别之。因此，以上两例中的"占"和"严"，都被认为是"上下型"字（2 型）。

做出以上这些规定，主要是为了保证编码体系的严整性。实际上，用得上后 3 条规定的汉字是极少数。

11. 多根字的取码规则

所谓多根字，是指按照规定拆分之后，总数多于 4 个字根的字。这种字，不管拆出了几个字根，只按顺序取其第一、二、三及最末一个字根，俗称"一二三末"，共取 4 个码。

例如，

戆：立 早 夂 心 42 22 31 51 (UJTN)

12. 四根字的取码规则

四根字是指刚好由 4 个字根构成的字，其取码方法是依照书写顺序把 4 个字根取完。

例如，

照：日 刀 口 灬 22 53 23 44 (JVKO)

13. 不足四根字的取码规则

当一个字拆不够 4 个字根时，其输入编码是：先输入字根码，再追加一个末笔字型识别码，简称识别码。

识别码是由末笔代号加字型代号而构成的一个附加码，如表 2-4 所示。

表 2-4 末笔字型识别码

末笔代号 \ 字型代号 \ 字型 末笔代号	左 右 型 1	上 下 型 2	杂 合 型 3
横	1	G（11）	F（12）	D（13）
竖	2	H（21）	J（22）	K（23）
撇	3	T（31）	R（32）	E（33）
捺	4	Y（41）	U（42）	I（43）
折	5	N（51）	B（52）	V（53）

例如，

汀：末笔为竖（代号为 2），字型为左右型（代号为 1），识别码为 H（21）。
洒：末笔为横（代号为 1），字型为左右型（代号为 1），识别码为 G（11）。
华：末笔为竖（代号为 2），字型为上下型（代号为 2），识别码为 J（22）。
字：末笔为横（代号为 1），字型为上下型（代号为 2），识别码为 F（12）。
参：末笔为撇（代号为 3），字型为上下型（代号为 2），识别码为 R（32）。
同：末笔为横（代号为 1），字型为杂合型（代号为 3），识别码为 D（13）。
沐：末笔为捺（代号为 4），字型为左右型（代号为 1），识别码为 Y（41）。

注意：简码字不需识别码，关于简码字具体见后面的介绍。

下面是关于末笔的几项说明。

（1）关于"力、刀、九、匕"。鉴于这些字根的笔顺常常因人而异，五笔字型中特别规定，当它们参加"识别"时，一律以其"伸"得最长的"折"笔作为末笔。例如，

男：末笔为折（代号为 5），字型为上下型（代号为 2），识别码为 B（52）。
花：末笔为折（代号为 5），字型为上下型（代号为 2），识别码为 B（52）。

（2）带"囗"的"国、团"与带"辶"的"进、远、延"等，因为是一个部分被另一个部分包围，因此规定：视被包围部分的末笔为最终的末笔。例如，

远：末笔为折（代号为 5），字型为杂合型（代号为 3），识别码为 V（53）。
团：末笔为撇（代号为 3），字型为杂合型（代号为 3），识别码为 E（33）。

14. 词语的编码规则

不管多长的词语，一律取四码；而且单字和词语可以混合输入，不用换挡或其他附加操作，称之为"字词兼容"。其取码方法如下。

（1）两字词：每字取其全码的前两码，共四码。例如，

经济：纟 又 氵 文（55 54 43 41 XCIY）
操作：扌 口 亻 广（32 23 34 31 RKWT）

（2）三字词：前两字各取一码，最后一字取两码，共四码。例如，
计算机：讠 竹 木 几（41 31 14 25 YTSM）
操作员：扌 亻 口 贝（32 34 23 25 RWKM）

（3）四字词：每字各取全码的第一码。例如，
科学技术：禾 ⺌ 扌 木（31 43 32 14 TIRS）
汉字编码：氵 宀 纟 石（43 45 55 13 IPXD）
王码电脑：王 石 曰 月（11 13 22 33 GDJE）

（4）多字词：取第一、二、三及最末一个汉字的第一码，共四码。例如，
电子计算机：曰 子 讠 木（22 52 41 14 JBYS）
中华人民共和国：口 亻 人 口（23 34 34 24 KWWL）

在 Windows 版五笔字型输入法中，系统为用户提供了 15000 条常用词组。此外，用户还可以使用系统提供的造词软件另造新词，或直接在编辑文本的过程中从屏幕上"取字造词"。所有新造的词，系统都会自动给出正确的输入外码，并且合并入原词库中供统一使用。

15. 关于简码、重码和容错码

（1）简码。为了减少击键次数，提高输入速度，一些常用的字，除按其全码可以输入外，多数都可以只取其前边的 1～3 个字根，再加空格键输入，即只取其全码的最前边的 1 个、2 个或 3 个字根（码）输入，形成所谓一、二、三级简码。

- 一级简码（即高频字码）：将各键按一下，再按一下空格键，即可输入 25 个最常用的汉字——一地在要工，上是中国同，和的有人我，主产不为这，民了发以经。
  例如，
  一：11（G）　　　要：14（S）
  的：32（R）　　　和：31（T）

- 二级简码：
  化：亻 匕（WX）　　　信：亻 言（WY）
  李：木 子（SB）　　　张：弓 丿（XT）

- 三级简码：
  华：亻 匕 十（WXF）　　　想：木 目 心（SHN）
  陈：阝 七 小（BAI）　　　得：彳 曰 一（TJG）

📢 **注意**：有时，同一个汉字可以有几种简码。例如"经"，就同时有一、二、三级简码及全码 4 个输入码。
经：55（X）　　　经：55 54 15（XCA）
经：55 54（XC）　　经：55 54 15 11（XCAG）

（2）重码。在五笔字型中，不同的字或词组具有相同的编码，称之为重码。例如，
枯：木 古 一（SDG）
柘：木 石 一（SDG）

选择方法：当输入重码字的外码时，重码的字会同时出现在屏幕上的"提示行"中，如所要的字在第一个位置上，只管输入下文，该字即可自动跳到光标所在的位置上；如果所要的字在第二个位置上，按数字键 2，即可将所要的字挑选到屏幕上。五笔字型的重码本来就很少，加上重码在提示行中的位置是按其频度排列的，常用字总是在前边，所以实际需要挑选的机会极少，平均输入 1 万个字，才需要挑两次。

所有显示在后边的重码字，将其最后一个编码人为地修改为 L，便可使其有一个唯一的编码。按这个码进行输入就不需要挑选了。

例如，"喜"和"嘉"的编码都是 FKUK。现将最后一个 K 改为 L，FKUL 就作为"嘉"的唯一编码了（"喜"虽重码，但不需要挑选，也相当于唯一码）。

（3）容错码。容错码有两个含义：其一是容易搞错的码；其二是容许搞错的码。"容易"弄错的码，允许按错的输入，谓之容错码。五笔字型输入法中的容错码目前有将近 1000 个，用户还可以自定义。容错码主要有以下两种类型。

- 拆分容错：个别汉字的书写顺序因人而异，因而容易弄错。例如，
  长：丿七、氵（正确码）　　长：七丿、氵（容错码）
  长：丿一丨、（容错码）　　长：一丨丿、（容错码）
  秉：丿一彐小（正确码）　　秉：禾彐氵（容错码）
- 字型容错：个别汉字的字型分类不易确定。例如，
  占：口 二（正确码）　　　占：口 三（容错码）
  右：口 二（正确码）　　　右：口 三（容错码）

2.7　其他操作系统简介

2.7.1　操作系统的种类

操作系统的种类相当多，各种设备安装的操作系统按从简单到复杂可分为智能卡操作系统、实时操作系统、传感器节点操作系统、嵌入式操作系统、个人计算机操作系统、多处理器操作系统、网络操作系统和大型机操作系统。按应用领域划分主要有 3 种，即桌面操作系统、服务器操作系统和嵌入式操作系统。

1．桌面操作系统

桌面操作系统主要用于个人计算机上。个人计算机市场从硬件架构上来说主要分为两大阵营，即 IBM PC 兼容机与苹果 Mac 机，从操作系统软件上可主要分为两大类，分别为类 UNIX 操作系统和 Windows 操作系统。

（1）UNIX 和类 UNIX 操作系统：Mac OS X，Linux 发行版（如 Debian、Ubuntu、Linux Mint、openSUSE、Fedora 等）。

（2）Microsoft 公司 Windows 操作系统：Windows XP、Windows Vista、Windows 7、Windows NT 等。

2．服务器操作系统

服务器操作系统一般是指安装在大型计算机上的操作系统，如 Web 服务器、应用服务器和数据库服务器等。服务器操作系统主要集中在 3 大类：

（1）UNIX 系列：如 SUN Solaris、IBM-AIX、HP-UX、FreeBSD 等。

（2）Linux 系列：如 Red Hat Linux、CentOS、Debian、Ubuntu 等。

（3）Windows 系列：如 Windows Server 2003、Windows Server 2008、Windows Server 2008 R2 等。

3．嵌入式操作系统

嵌入式操作系统是应用于嵌入式系统的操作系统。嵌入式系统广泛应用在生活的各个方面，涵盖范围从便携设备到大型固定设施，如数码相机、手机、平板电脑、家用电器、医疗设备、交通灯、航空电子设备和工厂控制设备等，越来越多的嵌入式系统安装有实时操作系统。

在嵌入式领域常用的操作系统有嵌入式 Linux、Windows Embedded、VxWorks 等，以及广泛使用在智能手机或平板电脑等消费电子产品的操作系统，如 Android、iOS、Symbian、Windows Phone 和 BlackBerry OS 等。

2.7.2 主流操作系统简介

本节将对目前流行的几种操作系统做简单介绍。

1．UNIX 操作系统

UNIX 操作系统具有多任务、多用户的特征。于 1969 年在美国 AT&T 公司的贝尔实验室开发出来，参与开发的人有肯·汤普逊、丹尼斯·里奇等。目前它的商标权由国际开放标准组织所拥有，只有符合单一 UNIX 规范的 UNIX 系统才能使用 UNIX 这个名称，否则只能称为类 UNIX（UNIX-like）。

UNIX 发展的几十年中，UNIX 不断变化，其版权所有者不断变更，授权者的数量也在增加。UNIX 的版权曾经为 AT&T 所有，之后 Novell 拥有了 UNIX，再之后 Novell 又将版权出售给了圣克鲁兹作业，但不包括知识产权和专利权（这一事实双方尚存在争议）。有很多大公司在取得了 UNIX 的授权之后，开发了自己的 UNIX 产品，如国际商业机器股份有限公司（IBM）的 AIX、惠普公司（HP）的 HP-UX、太阳微系统（SUN）的 Solaris 和硅谷图形公司（SGI）的 IRIX。

UNIX 因为其安全可靠、高效强大的特点在服务器领域得到了广泛的应用。直到 GNU/Linux 流行开始前，UNIX 都是科学计算、大型机、超级电脑等的主流操作系统。现在其仍然被应用于一些对稳定性要求极高的数据中心之上。

2．Linux 操作系统

Linux 操作系统是一种自由和开放源代码的类 UNIX 操作系统。该操作系统的内核由林纳斯·托瓦兹在 1991 年 10 月 5 日首次发布。在加上用户空间的应用程序之后，成为 Linux

操作系统。Linux 也是自由软件和开放源代码软件发展中最著名的例子。只要遵循 GNU 通用公共许可证，任何个人和机构都可以自由地使用 Linux 的所有底层源代码，也可以自由地修改和再发布。多数 Linux 系统还包括了像提供 GUI 界面的 X Windows 之类的程序。除了一部分专家之外，多数人都是直接使用 Linux 发布版，而不是自己选择每一样组件或自行设置。

Linux 最初是作为支持英特尔 x86 架构的个人电脑的一个自由操作系统。目前 Linux 已经被移植到更多的计算机硬件平台，远远超出其他任何操作系统。Linux 是一个领先的操作系统，可以运行在服务器和其他大型平台之上，如大型主机和超级计算机。世界上 500 个最快的超级计算机 90%以上运行 Linux 发行版或变种，包括最快的前 10 名超级电脑运行的都是基于 Linux 内核的操作系统。Linux 也广泛应用在嵌入式系统上，如手机、平板电脑、路由器、电视和电子游戏机等。在移动设备上广泛使用的 Android 操作系统就是创建在 Linux 内核之上。

3．Mac OS X 操作系统

Mac OS X 是苹果麦金塔（Macintosh）电脑操作系统软件的总称，是苹果电脑公司为 Mac 系列电脑产品开发的专属操作系统。

Mac OS X 是基于 UNIX 系统的，是全世界第一个采用"面向对象操作系统"的全面的操作系统。

4．Android 操作系统

Android 中文俗称安卓，是一个以 Linux 为基础的开放源代码移动设备操作系统，主要用于移动设备，由 Google 成立的开放手持设备联盟（Open Handset Alliance，OHA）持续领导与开发中。

Android 操作系统的核心属于 Linux 核心的一个分支，具有典型的 Linux 调度和功能，除此之外，Google 为了能让 Linux 在移动设备上良好地运行，对其进行了修改和扩充。

Android 操作系统是完全免费开源的，任何厂商都不需要经过 Google 和开放手持设备联盟的授权而随意使用；但是制造商不能在未授权下在产品上使用 Google 的标志和应用程序，例如 Google Play 等。除非 Google 证明其生产的产品设备符合 Google 兼容性定义文件（CDD），这才能在智能手机上预装 Google Play Store、Gmail 等 Google 的私有应用程序，并且获得 CDD，此外，智能手机厂商也可以在其生产的智能手机上印上 With Google 的标志。

5．iOS 操作系统

iOS（原名：iPhone OS）是由苹果公司为移动设备所开发的操作系统，支持的设备包括 iPhone、iPod touch、iPad、Apple TV。与 Android 及 Windows Phone 不同，iOS 不支持非苹果硬件的设备。

6．Windows Phone 操作系统

Windows Phone（简称 WP）是 Microsoft 公司发布的一款移动操作系统，它将 Microsoft 旗下的 Xbox Live 游戏、Xbox Music 音乐与独特的视频体验集成至手机中。2010 年 10 月 11 日，Microsoft 公司正式发布了智能手机操作系统 Windows Phone。

Windows Phone 具有桌面定制、图标拖曳、滑动控制等一系列前卫的操作体验。

练 习 题

一、单选题

1. 操作系统的功能是（　　）。
   A．处理器管理、存储器管理、设备管理、文件管理
   B．运算器管理、控制器管理、打印机管理、磁盘管理
   C．硬盘管理、软盘管理、存储器管理、文件管理
   D．程序管理、文件管理、编译管理、设备管理
2. 以下关于 Windows 7 的说法中正确的是（　　）。
   A．Windows 7 是迄今为止使用最广泛的应用软件
   B．使用 Windows 7 时，必须要有 MS-DOS 的支持
   C．Windows 7 是一种图形用户界面操作系统，是系统操作平台
   D．以上说法都不正确
3. Windows 7 是一个（　　）。
   A．多用户多任务操作系统　　　　B．单用户单任务操作系统
   C．单用户多任务操作系统　　　　D．多用户分时操作系统
4. 关于 Windows 7 的文件名描述正确的是（　　）。
   A．文件主名只能为 8 个字符　　　B．可长达 255 个字符，不需要扩展名
   C．文件名中不能有空格出现　　　D．可长达 255 个字符，同时仍保留扩展名
5. 在 Windows 7 默认状态下，下列关于文件复制的描述中不正确的是（　　）。
   A．利用鼠标左键拖动可实现文件复制
   B．利用鼠标右键拖动不能实现文件复制
   C．利用剪贴板可实现文件复制
   D．利用组合键 Ctrl+C 和 Ctrl+V 可实现文件复制
6. 下列程序中不属于附件的是（　　）。
   A．计算器　　　　B．记事本　　　　C．回收站　　　　D．画图
7. 关于"开始"菜单，说法正确的是（　　）。
   A．"开始"菜单的内容是固定不变的
   B．可以在桌面添加应用程序快捷方式，但不可以在"开始"菜单中添加应用程序快捷方式
   C．在桌面和"开始"菜单都可以添加应用程序快捷方式
   D．以上说法都不正确
8. 在 Windows 7 中，当程序因某种原因使电脑陷入停顿状态时（假死机状态），下列哪一种方法能较好地结束该程序？（　　）
   A．按 Ctrl+Alt+Delete 组合键，然后选择"结束任务"结束该程序的运行
   B．按 Ctrl+Delete 组合键，然后选择"结束任务"结束该程序的运行
   C．按 Alt+Delete 组合键，然后选择"结束任务"结束该程序的运行

D．直接按电脑复位键 Reset，结束该程序的运行

9．若 Windows 7 的菜单命令后面有省略号（…），表示系统在执行此菜单命令时需要通过（　　）询问用户，以获取更多的信息。

　　A．窗口　　　　B．文件　　　　C．对话框　　　　D．控制面板

10．在 Windows 7 的"计算机"窗口中，下列不能对选定的文件或文件夹进行更名操作的是（　　）。

　　A．选择"文件"菜单中的"重命名"命令

　　B．右击要更名的文件或文件夹，在弹出的快捷菜单中选择"重命名"命令

　　C．快速双击要更名的文件或文件夹，并输入新名称

　　D．间隔双击要更名的文件或文件夹，并输入新名称

11．要在 Windows 7 中将信息传送到剪贴板，不正确的方法是（　　）。

　　A．用"复制"命令把选定的对象送到剪贴板

　　B．用"剪切"命令把选定的对象送到剪贴板

　　C．通过 Ctrl+V 组合键把选定的对象送到剪贴板

　　D．通过 Alt+PrintScreen 组合键把当前窗口送到剪贴板

12．在 Windows 7 的回收站中，可以恢复（　　）。

　　A．从硬盘中删除的文件或文件夹　　　B．从软盘中删除的文件或文件夹

　　C．剪切掉的文档　　　　　　　　　　D．从光盘中删除的文件或文件夹

13．在 Windows 7 中，按组合键（　　）可以实现中文输入和英文输入之间的切换。

　　A．Ctrl+Space　　B．Shift+Space　　C．Shift+Ctrl　　D．Alt+Tab

14．在"计算机"窗口的右窗格中，如果需要选定多个非连续排列的文件，应按组合键（　　）。

　　A．Ctrl+单击要选定的文件对象　　　　B．Alt+单击要选定的文件对象

　　C．Shift+单击要选定的文件对象　　　　D．Ctrl+双击要选定的文件对象

15．在 Windows 7 中，单击某应用程序窗口的最小化按钮后，该应用程序将处于（　　）的状态。

　　A．不确定　　　B．被强制关闭　　　C．被暂时挂起　　　D．在后台继续运行

16．下列操作中，可以启动"记事本"的是（　　）。

　　A．选择"开始"|"所有程序"|"附件"|"记事本"命令

　　B．"计算机"|"控制面板"|"记事本"

　　C．"计算机"|"记事本"

　　D．"计算机"|"控制面板"|"辅助选项"|"记事本"

17．在 Windows 7 的"计算机"窗口中，若已选定了文件或文件夹，为了设置其属性，可以打开属性对话框的操作是（　　）。

　　A．右击"文件"菜单中的"属性"命令

　　B．右击该文件或文件夹名，从弹出的快捷菜单中选择"属性"命令

　　C．右击"任务栏"中的空白处，从弹出的快捷菜单中选择"属性"命令

　　D．右击"查看"菜单中"工具栏"下的"属性"图标

18．把 Windows 7 的窗口与对话框作一比较，窗口可以移动和改变大小，而对话

框（   ）。
  A．既不能移动，也不能改变大小　　B．仅可以移动，不能改变大小
  C．仅可以改变大小，不能移动　　　D．既可移动，也能改变大小
19．在"计算机"窗口左侧的文件夹窗格中，单击文件夹图标将（   ）。
  A．在左窗格中扩展该文件夹
  B．在右窗格中显示文件夹中的子文件夹和文件
  C．在左窗格中显示子文件夹
  D．在右窗格中显示该文件夹中的文件
20．Windows 7 中，下列关于"关闭窗口"的叙述中错误的是（   ）。
  A．用控制菜单中的"关闭"命令可关闭窗口
  B．关闭应用程序窗口，将导致其对应的应用程序运行结束
  C．关闭应用程序窗口，则任务栏上其对应的任务按钮将从凹变凸
  D．按 Alt+F4 组合键，可关闭应用程序窗口

二、填空题

1．Windows 7 的整个显示屏幕称为_____。
2．_____是 Windows 7 提供的一个图像处理软件，可以通过它绘制一些简单的图形。
3．_____是 Windows 7 提供的一个工具软件，它能有效地搜集整理磁盘碎片，从而提高系统工作效率。
4．Windows 7 中，欲选定当前文件夹中的全部文件和文件夹对象，可使用的组合键是_____。
5．一般来说，Windows 7 的搜索功能可以查找特定的文件和_____。
6．Windows 7 中，由于各级文件夹之间有包含关系，因此所有文件夹构成一种____状结构。
7．Windows 7 中，名称前带有"_____"记号的菜单命令表示该项已被选用。

三、操作题

实验一　桌面基本操作

1．设置桌面显示属性并观察变化：改变主题，改变桌面背景，设置屏幕保护程序。
2．练习改变任务栏程序图标的位置。

实验二　窗口、对话框、菜单及应用程序操作

1．窗口操作。
  （1）打开"计算机"窗口，依次将其最小化，还原，最大化，再还原；调整"计算机"窗口的大小；将它移到桌面中央；关闭"计算机"窗口。
  （2）同时打开"计算机"、"记事本"和"回收站"窗口，用两种不同的方式分别切换上述应用程序窗口为当前窗口。
  （3）用"摇一摇"功能清理屏幕。
  （4）将上述窗口分别按层叠、堆叠、并排排列，然后用"显示桌面"功能将所有窗口

最小化，最后关闭上述 3 个窗口。

2．对话框及菜单操作。

打开"记事本"应用程序，在窗口中输入一段文本后利用"文件"|"保存"命令或"文件"|"另存为"命令保存文件，文件保存在硬盘上，文件名自定；关闭"记事本"后再打开，选择"文件"|"打开"命令，在弹出的对话框中打开刚保存的文档；修改部分文本内容，按 Ctrl+S 组合键保存文件，然后关闭并退出"记事本"应用程序。

3．快捷打开文档。

选择"开始"|"记事本"命令，在最近打开的记事本文档列表中选择刚才保存的文档，打开后继续编辑文本：把原文内容去掉，选择习惯的中文输入法，输入本书"前言"的全部内容，在文本输入过程中，使用鼠标和键盘切换全角/半角、中/英文标点符号以及中/英文输入的方法；然后把文件另存到合适的位置（学号姓名\……），文件名为"前言.txt"；最后退出。

4．参考教材 2.5.2 节介绍的"记事本"功能，用"记事本"创建一个日志文件，命名为"我的日志"，然后在其中输入今天做的几件事。

实验三　文件和文件夹操作

1．在 D 盘上建立如图 2-75 所示的文件夹结构。

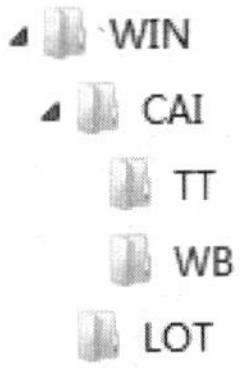

2．在 C 盘 Windows 文件夹中搜索不大于 10KB 的 TXT 文件，复制其中最大的 3 个不同名文件到刚才新建的 5 个文件夹中。

3．把文件夹 WB 改名为 MYFILE。

4．使用"画图"工具绘制一张贺卡，命名为 PICTURE.BMP，保存在 LOT 文件夹中，并将该文件的属性设置为只读。

图 2-75　文件夹结构

5．把 LOT 文件夹中的 PICTURE.BMP 文件移动到 MYFILE 文件夹中。

6．删除 LOT 文件夹。

7．恢复被删除的 LOT 文件夹。

8．清空回收站。

9．创建 MYFILE 文件夹的桌面快捷方式，然后尝试以桌面快捷方式打开此文件夹。

实验四　系统小工具

1．尝试对 D 盘进行磁盘清理和磁盘碎片整理操作。

2．使用 Windows 7 自带的截图工具，尝试用不同的格式截取屏幕图像。

实验五　汉字输入

使用"记事本"应用程序输入如下内容：

Windows 的中文含义为窗口，正是由于采用了窗口图形用户界面（GUI），Microsoft（微软）公司推出的操作系统才被命名为 Windows。

自从推出 Windows 95 获得了巨大成功之后，Microsoft 公司又陆续推出了 Windows 98、Windows 2000 以及 Windows Me 3 种用于 PC 机的操作系统。2009 年 10 月 22 日 Microsoft 于美国正式发布 Windows 7，2009 年 10 月 23 日 Microsoft 于中国正式发布中文版 Windows 7。Windows 7 可以分为简易版（Windows 7 Starter）、家庭基础版（Windows 7 Home Basic）、家庭高级版（Windows 7 Home Premium）、专业版（Windows 7 Professional）、旗舰版（Windows 7 Ultimate）、企业版（Windows 7 Enterprise）等。

第 3 章

中文 Word 2010 的应用

本章学习要求：

- 熟练掌握 Word 2010 图文混排的基本操作。
- 掌握 Word 2010 表格的制作方法。
- 掌握 Word 2010 中"邮件合并"的操作方法和应用技巧。
- 掌握 Word 2010 中文档的综合排版方法和技巧。

3.1 Word 2010 基础操作

案例：图文混排

1. 案例分析

Microsoft Word 2010 提供了世界上最出色的功能，其增强后的功能可创建专业水准的文档。本案例将学习用 Word 2010 进行图文混排，排版后的效果如图 3-1 所示。

2. 解决方案

本案例将解决如下问题：

（1）熟悉 Word 2010 的工作界面，输入文档内容。
（2）对文档进行"查找和替换"、"合并文档"操作。
（3）对文档进行字体格式和段落格式的设置。
（4）对文档进行首字下沉和分栏排版的设置。
（5）插入图片，对图片格式进行设置。
（6）对文档进行页面设置及显示。

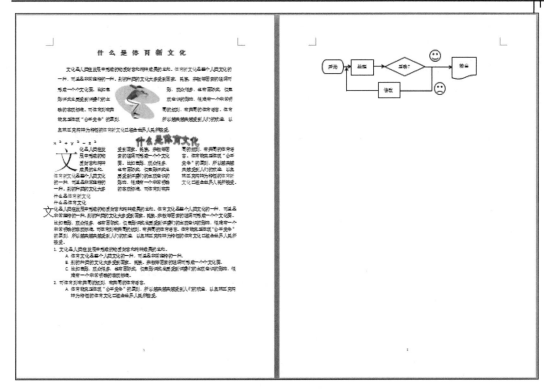

图 3-1 图文混排效果

3.1.1 文档的新建与保存

1. Word 2010 的工作界面

启动 Word 2010，进入其工作界面，如图 3-2 所示。其中各组成部分的功能解释如下。

（1）标题栏：显示正在编辑的文档的文件名以及所使用的软件名。

（2）"文件"选项卡：基本命令（如"新建"、"打开"、"关闭"、"另存为..."和"打印"）位于此处。

（3）快速访问工具栏：其中包含一些常用的命令，如"保存"和"撤销"。也可根据自己的需要自行添加常用的命令。

（4）功能区：工作所需的命令均位于此处，相当于其他软件中的"菜单栏"或"工具栏"。可以通过选择"开始"或"插入"等选项卡来切换显示的命令集。

（5）"编辑"窗口：显示正在编辑的文档。

（6）"显示"按钮：可根据需要更改正在编辑的文档的显示模式。

（7）滚动条：可更改正在编辑的文档显示位置。

（8）显示比例滑块：可更改正在编辑的文档显示比例设置。

（9）状态栏：显示正在编辑的文档的相关信息。

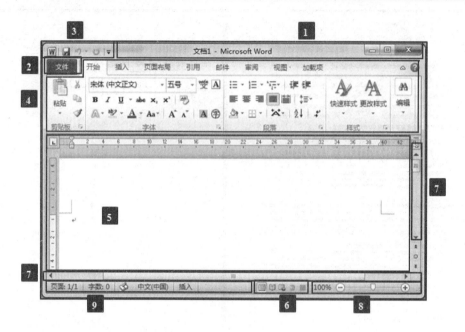

图 3-2　Word 2010 工作界面

2. 功能区介绍

"功能区"是水平区域,就像一条带子,启动 Word 2010 后位于窗口的顶部。通过选择选项卡来切换显示的命令集。每个功能区根据功能的不同又分为若干个组,下面对每个功能区进行介绍。

(1) "开始"功能区。"开始"功能区中包括剪贴板、字体、段落、样式和编辑 5 个组,对应 Word 2003 的"编辑"和"段落"菜单部分命令。该功能区主要用于对 Word 2010 文档进行文字编辑和格式设置,是最常用的功能区。

(2) "插入"功能区。"插入"功能区包括页、表格、插图、链接、页眉和页脚、文本和符号几个组,对应 Word 2003 中"插入"菜单的部分命令,主要用于在 Word 2010 文档中插入各种元素。

(3) "页面布局"功能区。"页面布局"功能区包括主题、页面设置、稿纸、页面背景、段落和排列几个组,对应 Word 2003 的"页面设置"菜单命令和"段落"菜单中的部分命令,用于设置 Word 2010 文档页面样式。

(4) "引用"功能区。"引用"功能区包括目录、脚注、引文与书目、题注、索引和引文目录几个组,用于实现在 Word 2010 文档中插入目录等比较高级的功能。

(5) "邮件"功能区。"邮件"功能区包括创建、开始邮件合并、编写和插入域、预览结果和完成几个组,该功能区的作用比较专一,专门用于在 Word 2010 文档中进行邮件合并方面的操作。

(6) "审阅"功能区。"审阅"功能区包括校对、语言、中文简繁转换、批注、修订、更改、比较和保护几个组,主要用于对 Word 2010 文档进行校对和修订等操作。

（7）"视图"功能区。"视图"功能区包括文档视图、显示、显示比例、窗口和宏几个组，主要用于设置 Word 2010 操作窗口的视图类型，以方便操作。

注意：与 Office 的其他软件一样，Word 2010 可单击菜单栏右侧的 ⌃ 按钮显示或隐藏功能区工具栏。

【**任务1**】启动 Word 2010 应用程序，创建一个文档，命名为"什么是体育文化.docx"，保存在 D 盘的 Word 文件夹。

步骤

（1）单击 Windows 系统的"开始"按钮，选择"所有程序"|Microsoft Office|Microsoft Office Word 2010 命令，启动 Word 2010。此时系统将自动新建一个空白文档，文件名默认为"文档1"（标题栏显示的是"文档1-Microsoft Word"）。为了便于文档管理，我们对其进行重命名。

（2）选择"文件"选项卡，在弹出的下拉菜单中选择"保存"命令，打开"另存为"对话框，如图 3-3 所示。

图 3-3 "另存为"对话框

（3）设置文档保存的位置，如 D 盘的 Word 文件夹，在"文件名"下拉列表框中输入"什么是体育文化"，单击"保存"按钮。

这样，文档的标题栏就由"文档1-Microsoft Word"变成了"什么是体育文化.docx-Microsoft Word"，即完成对文档的重命名，同时文档也被保存起来了。

注意：Word 2010 文档的默认扩展名为".docx"，可以从"保存类型"下拉列表框中选择不同的文件类型进行保存。例如，选择"Word97－2010 文档（*.doc）"，可保存为 Word 早期版本可以打开的文档。

📖 相关知识点

（1）新建空白文档。首先打开 Word 2010，在"文件"菜单下选择"新建"|"空白文档"命令，就可以创建一个空白文档。

（2）使用模板新建 Word 文档。在 Word 2010 中内置有多种用途的模板（例如书信模板、公文模板等），可以根据实际需要选择特定的模板新建 Word 文档。操作步骤如下：

① 打开 Word 2010 文档窗口，选择"文件"|"新建"命令。

② 在右窗格"可用模板"列表中选择合适的模板，并单击"创建"按钮即可，如图 3-4 所示。也可以在"Office.com 模板"区域选择合适的模板，并单击"下载"按钮。

图 3-4 使用模板新建 Word 文档

（3）如果文档不是首次保存，再次保存时，将按原位置、原文件名保存，不再出现如图 3-3 所示的对话框。

（4）如果需要把当前文档保存在其他位置，或重命名存盘，或检查当前文件的保存位置是否正确，则应选择"文件"|"另存为"命令，此时仍将出现如图 3-3 所示的对话框。

如果要把文档转变为其他文件格式，则应在"保存类型"下拉列表框中进行选择。

（5）文档加密。如果处理机密的文档，就需要用到加密功能，在"文件"菜单中选择"保护文档"中的"用密码进行加密"选项，如图 3-5 所示。在弹出的"加密文档"对话框中输入密码，如图 3-6 所示。在下次启动该文档时，只有输入密码后才能正常打开。

第 3 章 中文 Word 2010 的应用

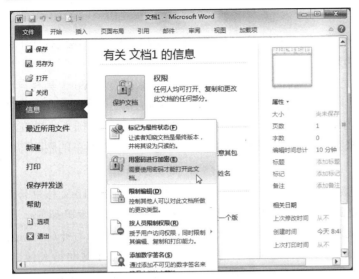
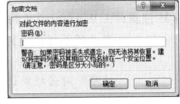

图 3-5　选择"用密码进行加密"选项　　　　图 3-6　"加密文档"对话框

3.1.2　输入文档内容

1. 输入文本

【任务 2】在文档"什么是体育文化.docx"中输入如图 3-7 所示的内容。

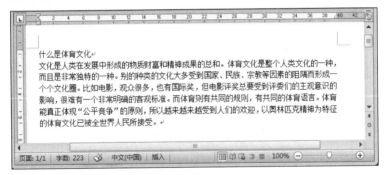

图 3-7　文档内容

📎 步骤

（1）输入第一段"什么是体育文化"，然后按 Enter 键，进入下一段。
（2）输入如图 3-7 所示的第二段内容。
（3）按 Ctrl+S 组合键对文档进行保存。

📄 相关知识点

（1）即点即输功能。双击文档工作区的任意位置，可以定位插入点（即光标所在位置），从该处开始输入。

（2）改写与插入状态。通过按键盘上的 Insert 键，可以在"改写"与"插入"状态之间进行切换，以改变当前字符的输入状态。从文档窗口的底部状态栏中显示所处状态，一一般情况下使用"插入"状态。

（3）段落格式设置。输入标题和段落首行时，不需要输入空格或按 Tab 键进行居中或缩进，可利用段落对齐方式来实现。

（4）硬回车与软回车。输完一行字符时，不需要按 Enter 键来换行，Word 具有自动换行功能，只有当一个段落结束时，才按 Enter 键。因此，在 Word 中，一个自然段只能含有一个硬回车↵。若在同一段内确实要换行，可采用软回车。方法是：把插入点放在要换行处，按 Shift+Enter 组合键来实现。软回车的标记是↓。对硬回车和软回车的删除与删除其他字符的方法一样。

📢 **注意**：在 Word 2010 文档中显示或隐藏段落标记。默认情况下，Word 2010 文档中始终显示段落标记。需在显示和隐藏段落标记两种状态间切换，操作步骤如下：

① 打开 Word 2010 文档窗口，依次选择"文件"|"选项"命令，在打开的"Word 选项"对话框中切换到"显示"选项卡，在"始终在屏幕上显示这些格式标记"区域取消选中"段落标记"复选框，并单击"确定"按钮，如图 3-8 所示。

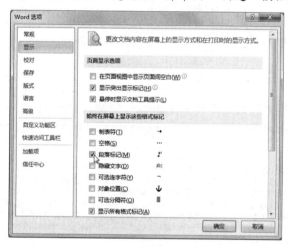

图 3-8 "Word 选项"对话框

② 返回 Word 2010 文档窗口，单击"开始"选项卡"段落"组中的"显示/隐藏编辑标记"按钮，从而在显示和隐藏段落标记两种状态间进行切换，如图 3-9 所示。

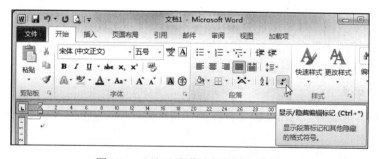

图 3-9 "显示/隐藏编辑标记"按钮

（5）修改错误。录入错误时，可利用退格键 Back Space 删除光标之前的字符，利用 Delete 键删除光标之后的字符。

（6）插入符号。在 Word 文档中，有些符号不能直接输入，如圆点"•"，操作步骤如下：

① 单击需要插入特殊符号圆点"•"所在的位置，打开"插入"选项卡，在"符号"组中单击"符号"下三角按钮，一些常用符号会在此列出，如果有需要的，单击选中即可。如果这里没有需要的圆点，选择"其他符号"命令，如图 3-10 所示。

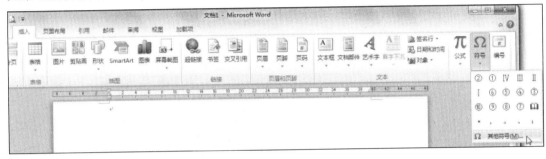

图 3-10　插入符号

② 弹出"符号"对话框，如图 3-11 所示，在"字体"下拉列表框中选择所需字体，在"子集"下拉列表框中选择一个合适的符号种类。这里，在"子集"下拉列表框中选择"广义标点"。选中圆点图标后，单击"插入"按钮（可先不要关闭"符号"对话框，继续完成其他操作）。

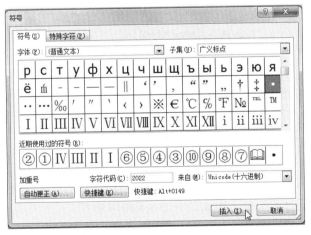

图 3-11　"符号"对话框

注意：① 对话框通常有两种，模态和非模态对话框。模态对话框是指那些必须要先关闭才能进行其他操作的窗口，而非模态窗口会允许您在对话框仍然打开的状态下继续进行其他操作。这里的"符号"对话框为非模态对话框，可以在编辑文档时打开它放在旁边，需要时拽过来再用一下，很方便！

② 最近使用过的符号会按先后顺序在单击"符号"按钮时出现，并且随时更新。

③ 可以通过单击"符号"对话框中的"快捷键"按钮定义一些常用符号的快捷键，定义后只需按所定义的快捷键即可输入相应符号。

（7）定时保存。应养成在编辑文档的过程中定时保存文档的好习惯，以防止因突然断电或死机等意外情况的发生造成文档的丢失。方法是：单击快速访问工具栏上的"保存"按钮，或按 Ctrl+S 组合键。

在 Word 2010 中设置自动保存时间间隔。Word 2010 默认情况下每隔 10 分钟自动保存一次文件，可以根据实际情况设置自动保存时间间隔，操作步骤如下：

① 打开 Word 2010 文档窗口，依次选择"文件"|"选项"命令。

② 在打开的"Word 选项"对话框中切换到"保存"选项卡，在"保存自动恢复信息时间间隔"文本框中设置合适的数值，并单击"确定"按钮，如图 3-12 所示。

图 3-12　"保存"选项卡

2. 关闭文档

在完成文档的输入或编辑后，可以将其关闭，特别是当打开了若干个文档时，可以关闭某些文档，以便进行下一步工作或退出 Word 2010 系统。

关闭文档的方法是：选择"文件"|"关闭"命令，或者单击文档窗口的"关闭"按钮。关闭一个修改过而未保存的文档时，Word 2010 会提示是否保存文档，若选择保存，则先进行保存，然后再关闭。

3.1.3　光标的移动和定位

熟练地控制、移动光标，是编辑文档的基本操作。Word 2010 有多种移动光标的方法。

1. 使用键盘

使用键盘来移动光标的操作方法如表 3-1 所示。

表 3-1 常用光标移动键

键 盘 操 作	移 动 效 果	键 盘 操 作	移 动 效 果
←或→	向左或向右移动一字符	Home	移到当前行的开头
↑或↓	向上或向下移动一行	End	移到当前行的末尾
Page Up	上移一屏幕	Ctrl+Home	移到文档的开头
Page Down	下移一屏幕	Ctrl+End	移到文档的结尾

2. 使用鼠标

移动鼠标指针到某指定位置，单击鼠标，可把光标定位到指定位置。

如果光标定位的指定位置不在当前屏幕上，可以用鼠标在窗口的滚动条上拖动滑块或单击移动按钮。

3.1.4 文本的选定

在对文本进行编辑或排版时，如删除、替换、复制、移动、设置字体格式等，首先应选定要操作的文本。文本的选定可以用鼠标或键盘来完成。

1. 用鼠标选定

常用选定操作如下。

（1）拖动鼠标选定：在待选文本的起始位置单击，然后拖动鼠标到待选文本的结尾位置松开。

（2）选定一行：将鼠标指针移到待选定行的左侧（选定栏），当指针变成向右上方箭头时单击。

（3）选定多行：在选定栏向上或向下拖动鼠标。

（4）选定一段：在选定栏对应的该段位置双击；或者在段落的任意位置单击 3 次。

（5）选定矩形区域：按住 Alt 键不放，再拖动鼠标。

（6）选择大范围连续区域：单击待选文本的开头，然后按住 Shift 键不放，单击待选文本的结尾，再放开 Shift 键。这种方法尤其适合于选定文本范围超过一屏时的操作。

（7）选定不连续区域：先选定第一个文本区域，然后按住 Ctrl 键，再选定其他的文本区域。

（8）选定整个文档（全选）：在选定栏单击 3 次；或者按住 Ctrl 键。

2. 用键盘选定

将光标移到待选文本的开头，按住 Shift 键不放，使用光标移动键↑、↓、←、→、Page Up、Page Down 将光标移到待选字块的结尾即可。按 Ctrl+A 组合键可选定整个文档（全选）。

3. 取消选定

要取消已选定文本的标记，可在文本区任意位置单击或按任意光标移动键。

3.1.5 文本的删除

输入完成后,需要检查一下是否存在错误。

如果发现某个字符错了,可以把插入点移动到要更改的字符后面,按 Back Space 键删除;也可以把插入点移到这个字符的前面,按 Delete 键删除。也就是说用退格键 Back Space 删除光标之前文本,用 Delete 键可分别删除光标之后的文本。

如果要删除一长串字符,可以选定要删除的内容,再用下列的方法之一操作。

(1)按 Delete 键。

(2)选择"剪切"命令。

利用"剪切"命令所删除的内容被放到剪贴板中,如果需要的话,可用"粘贴"命令取出使用。

另外,如果要用新的内容覆盖选定内容,只要在选定删除内容后直接输入新的内容即可,而不必先删除后输入。

3.1.6 撤销与恢复

在编辑文档的过程中,Word 会自动记录一系列操作,如果不小心进行了误操作,可以通过撤销和恢复功能进行纠正。

1. 撤销操作

单击快速访问工具栏上的"撤销"按钮,可撤销上一次的操作。"撤销"命令还可以通过组合键 Ctrl+Z 来执行。

如果要撤销多步操作,可连续单击"撤销"按钮或单击"撤销"按钮右侧的下三角按钮,从下拉菜单中选择撤销前面的多项操作。

2. 恢复操作

恢复是撤销的逆过程,是指恢复被撤销的操作。当执行了撤销操作后,快速访问工具栏上的"恢复"按钮将由灰色变为可用状态。单击该按钮,就可以恢复最近的撤销操作。

3. 重复操作

当前一步操作不是执行"撤销"命令时,快速访问工具栏上的"恢复"按钮将变为"重复"按钮。单击该按钮或按 Ctrl+Y 组合键,其作用是重复上一次所做的操作。按 F4 键也可实现重复操作。

3.1.7 文档的复制和移动

【任务3】把文档"什么是体育文化.docx"另存为 Ex1.docx,在文档 Ex1.docx 中把全文的两段复制一次,使其成为 4 段,把第三段移动到最后,结果如图 3-13 所示。

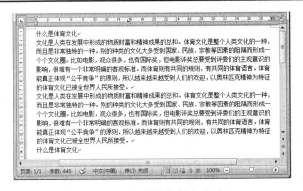

图 3-13 文档的复制和移动

步骤

（1）打开文档"什么是体育文化.docx"，选择"文件"|"另存为"命令，另存为 Ex1.docx。

（2）选择全文两段内容，单击"开始"选项组中的 复制 按钮。

（3）把光标定位在文档的最后，按 Enter 键另起一行。

（4）单击"开始"选项卡中的"粘贴"按钮。

（5）选择第三段，用鼠标把所选内容拖动到文档的最后。

在文档编辑过程中，如果有多次重复出现或位置放置不合适的文本内容，可以通过文本的复制与移动进行调整。

1. 复制文本

复制文本的具体操作步骤如下：

（1）选定需要复制的文本。

（2）单击"开始"选项卡中的"复制"按钮或按 Ctrl+C 组合键。

（3）将插入点定位到目标位置。

（4）单击"开始"选项卡中的"粘贴"按钮或按 Ctrl+V 组合键，即可把所选文本复制到目标位置。

复制操作可以归纳为 4 个步骤：选定→复制→定位→粘贴。

2. 移动文本

要移动文本，需要先剪切再粘贴。具体操作步骤如下：

（1）选定需要移动的文本。

（2）单击"开始"选项卡中的"剪切"按钮或按 Ctrl+X 组合键。

（3）将插入点定位到目标位置。

（4）单击"开始"选项卡中的"粘贴"按钮或按 Ctrl+V 组合键，即可把所选文本移动到目标位置。

移动操作可以归纳为 4 个步骤：选定→剪切→定位→粘贴。

注意：① 如果是短距离移动文本，可以利用拖放法（先选定要移动的文本，然后将其拖动到目标位置）来实现。若是要进行复制操作，则在拖动的过程中按住 Ctrl 键即可。

② Word 2010 具有智能标记支持，在进行了某些操作后，智能标记会出现并提示进行关联操作。例如，当执行了粘贴操作后，粘贴的文本块下方将会出现"粘贴选项"按钮，单击该按钮，可以在弹出的粘贴选项中指定 Word 如何将信息粘贴到文档中。

3. 粘贴预览功能

当执行了复制文字或图片内容操作后，粘贴到 Word 文档中时，难免会遇到对粘贴效果不满意的情况，只好选择删除或撤销操作。在 Word 2010 中增加了粘贴预览功能，在"开始"选项卡"剪贴板"组中单击"粘贴"按钮，在弹出的"粘贴选项"中把鼠标指针指向各种粘贴模式，可以在编辑区即时看到粘贴预览效果，再进行相应的选择，这样就可以直观地选择粘贴类型，如图 3-14 所示。

图 3-14 粘贴选项

3.1.8 查找和替换

在编辑文本时，使用查找和替换功能可以精确地找到或替换所需的对象，从而加快编辑的速度并确保没有遗漏。

【任务 4】在文档 Ex1.docx 中，把全部的"体育文化"替换为红色字的"体育新文化"。

🖝 步骤

（1）打开文档 Ex1.docx。

（2）单击"开始"选项卡"编辑"组中的"替换"按钮；或者单击状态栏左端的"页面"按钮，弹出"查找和替换"对话框，如图 3-15 所示。

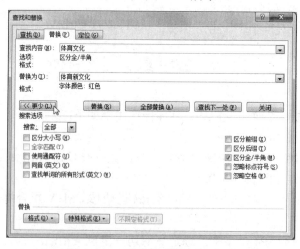

图 3-15 "查找和替换"对话框

（3）在"查找内容"文本框内输入要查找的文本"体育文化"。

（4）在"替换为"文本框内输入要替换的文本"体育新文化"。

(5) 单击"更多"按钮;把光标定位在"替换为"文本框内或选定"替换为"文本框内的文本"体育新文化";在下面的"格式"下拉列表框中选择"字体"选项,打开"替换字体"对话框,在其中设置字体颜色为"红色",单击"确定"按钮。

(6) 在"查找和替换"对话框中单击"全部替换"按钮,结果如图 3-16 所示。

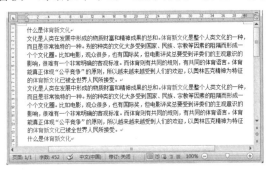

图 3-16 完成"查找和替换"的结果图

相关知识点

(1) 查找与替换文体。单击"开始"选项卡"编辑"组中的"替换"按钮(或者单击状态栏左端的"页面"),在弹出的"查找和替换"对话框中选择"查找"选项卡,在"查找内容"文本框内输入查找内容,单击"查找下一处"按钮即可实现查找操作,可按需要选择"阅读突出显示"|"全部突出显示"或"清除突出显示"命令。

在"替换"选项卡中的"查找内容"文本框与"替换为"文本框中分别输入查找文本与替换文本,单击"替换"或"全部替换"按钮即可实现替换操作。

(2) 搜索选项。在"查找和替换"对话框中单击"更多"按钮,在展开的"搜索选项"栏中可以设置查找条件、搜索范围,如图 3-15 所示。

单击"搜索"右侧的下三角按钮,可选择"向上"、"向下"或"全部"的搜索范围。

可以利用取消选中或选中复选框的方法来设置搜索条件,如区分大小写、全字匹配、使用通配符、同音(英文)、查找单词的所有形式(英文)等。

下面举例说明其中的用法。

用"查找"精确定位。在 Word 中进行查找时,如果是英文字符串,选中"全字匹配"复选框可以精确地定位到一个字符串。但是对于中文来说,就可以采用"使用通配符"的方法。例如在一份有关职员的 Word 表格中,因为单位人员多,人的姓名往往有一定的重合性和包含关系,如一个员工"张山",另外一个员工"张山峰",若想直接查找到"张山",可以利用通配符的方法来实现,如图 3-17 所示。方法如下:

单击"替换"按钮或按 Ctrl+H 组合键(单击"查找"按钮或按 Ctrl+F 组合键是执行"查找"操作,出现在导航窗格上),在出现的"查找和替换"对话框中选择"查找"选项卡,再选中"使用通配符",单击"特殊格式"按钮可以看到与"通配符"有关的各种选项,如查找"张山",只要在姓名"张山"的前后加入"单词开头"和"单词结尾"的通配符,再单击"查找下一处"按钮即可精确地定位到姓名"张山"的位置,而不会定位到"张山峰"。

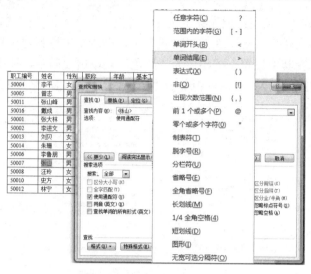

图 3-17 用"查找"精确定位

（3）查找与替换格式。在"查找和替换"对话框中，除了可以查找和替换文本之外，还可以查找和替换文本格式。在如图 3-15 所示的"查找和替换"对话框底端的"格式"和"特殊格式"列表，可以设置文本的字体、字形、字号及效果等格式，以及段落、制表位、语言、图文框、样式和突出显示格式等，还可以查找或替换"特殊格式"。

📢 注意：在"查找和替换"对话框中单击位于底端的"不限定格式"按钮，可把已设置的格式清除。

3.1.9 合并文档

【任务 5】打开文档 Ex1.docx，在该文档内容的最后另起一段，插入文档"什么是体育文化.docx"的全部内容，再存盘退出，结果如图 3-18 所示。

图 3-18 完成"合并文档"的结果图

📎 步骤

（1）打开文档 Ex1.docx。

（2）把光标定位在文档的最后，按 Enter 键另起一段，单击"插入"选项卡"文本"组中"对象"按钮右侧的下三角按钮，在其下拉列表中选择"文件中的文字"命令，如图 3-19 所示。

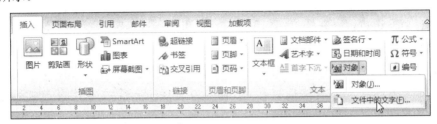

图 3-19　选择"文件中的文字"命令

（3）在"插入文件"对话框中选择文档"什么是体育文化.docx"，如图 3-20 所示。

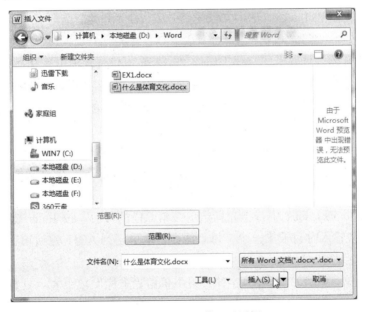

图 3-20　"插入文件"对话框

（4）单击"插入"按钮。在输入和编辑过程中，经常需要引入其他文档中的内容，即所谓的文档合并。下面介绍两种合并文档的方法。

① 利用复制方法合并文档。操作步骤是：分别打开需要编辑的文档（主文档）和被合并文档；在被合并文档中，选定需要合并的文本，右击，在弹出的快捷菜单中选择"复制"命令；在主文档中，把光标定位在目标位置，右击，在弹出的快捷菜单中选择"粘贴选项"中的任一种粘贴命令。

② 利用插入命令合并文档。这种方法适用于整体合并文档内容。操作步骤是：在主文档中把光标定位在需要插入被合并文档的位置；单击"插入"选项卡"文本"组中的"对

象"按钮，在其下拉列表中选择"文件中的文字"命令，在弹出的对话框中选择被合并的文档；单击"插入"按钮。

3.1.10 字符格式化

Word 2010 字符格式化功能包括对各种字符的字体、字形、字号、颜色、字符间距、效果等的设置。可以在"开始"选项卡"字体"组中进行设置。要对已输入字符进行格式设置，必须先选定有关字符，再进行设置。

【任务6】在文档 Ex1.docx 中，（1）把第一段设置为"黑体、加粗、三号、红色"，字符间距加宽 6 磅。（2）在文档的第三段输入公式 $x^2+y^2=z^2$，要求用格式刷完成第二、三个上标 2 的格式定义。（3）把第三段设置为：字符间距缩放为 150%、间距为加宽 8 磅。完成后存盘退出。

步骤

（1）打开文档 Ex1.docx，选中文档的第一段，在"开始"选项卡"字体"组的"字体"下拉列表框中选择"黑体"。

（2）在"开始"选项卡"字体"组的"字号"下拉列表框中选择"三号"。

（3）在"字体"组中单击"加粗"按钮，即可为选中的文本应用加粗效果。

（4）在"字体"组中单击"字体颜色"按钮右侧的下三角按钮，从弹出的下拉列表的"标准色"中选择"红色"。

（5）单击"字体"组右下方的扩展按钮，弹出"字体"对话框，如图 3-21 所示，在"高级"选项卡的"间距"下拉列表框中选择"加宽"，在"磅值"数值框中输入"6 磅"。

（6）在文档 Ex1.docx 中，把光标定位在第二段的最后，按 Enter 键换行，另起一段，输入 x2+y2=z2（输入时对于第一个字母系统会自动更正为大写，这时可在智能标记按钮中选择"撤销自动大写"）。

（7）选中第一个"2"，在"字体"组中单击"上标"按钮，这样第一个上标"2"就设置好了。

（8）选中第一个上标"2"，双击"开始"选项卡"剪贴板"组中的"格式刷"按钮，当鼠标指针变成带"I"型指针的格式刷形状时，分别选择目标字符第二个"2"和第三个"2"，完成格式复制后，单击"格式刷"按钮或按 Esc 键，退出格式复制操作。

（9）选中第三段，单击"字体"组右下方的扩展按钮，弹出"字体"对话框，在"高级"选项卡的"缩放"下拉列表框中选择"150%"，在"间距"下拉列表框中选择"加宽"，在"磅值"数值框中输入"8 磅"，单击"确定"按钮。

字体格式设置完成后的效果如图 3-22 所示。

图 3-21 "字体"对话框　　　　图 3-22 字体格式设置效果图

相关知识点

（1）设置字体。

① 在"开始"选项卡"字体"组中，可以通过选择各种命令来完成字体的设置。在"字号"下拉列表框中，字体大小有字号和磅值两种选择。对于其中没有的磅值，可以直接输入，如 13、15 等，甚至是超过 72 的值，输入后按 Enter 键确认。

② "字体"对话框。使用"字体"对话框，可以对字符进行更复杂的设置。单击"字体"组右下方的扩展按钮，弹出"字体"对话框，如图 3-21 所示，在"字体"选项卡中可以设置字体、字形、字号、字体颜色、下划线等。在"效果"区可以用来设置字符的多种效果。

③ 切换到"高级"选项卡，可对字符进行缩放、调整字符间距或调整字符位置等设置。

（2）格式刷快速复制格式。Word 2010 中的格式刷工具可以将特定文本的格式复制到其他文本中，当需要为不同文本重复设置相同格式时，可使用格式刷工具提高工作效率，操作步骤如下：

① 打开 Word 2010 文档窗口，并选中已经设置好格式的文本块。在"开始"选项卡"剪贴板"组中双击"格式刷"按钮。（提示：如果单击"格式刷"按钮，则格式刷记录的文本格式只能被复制一次，不利于同一种格式的多次复制。）

② 将鼠标指针移动至 Word 文档文本区域，鼠标指针已经变成带"I"型指针的格式刷形状。按住鼠标左键拖选需要设置格式的文本，则格式刷刷过的文本将被应用被复制的格式。释放鼠标左键，再次拖选其他文本实现同一种格式的多次复制。

③ 完成格式的复制后，再次单击"格式刷"按钮或按 Esc 键关闭格式刷。

（3）为文字添加效果。

① 选择要为其添加效果的文字。

② 在"开始"选项卡的"字体"组中单击"文本效果"按钮，如图 3-23 所示。

③ 选择所需效果。如果需其他选项，则指

图 3-23 设置文本效果

向"轮廓"、"阴影"、"映像"或"发光",然后在其下级列表中选择要添加的效果。

④ 删除文字的效果。选择要删除其效果的文字。在"开始"选项卡的"字体"组中单击"清除格式"按钮。

3.1.11 段落格式化

段落是以段落标记"↵"(即回车符)作为结束的一段文字。段落格式主要包括对齐方式、缩进、间距及段落修饰等。

如果只对某一段落进行格式化,只需将光标放在该段落中的任意位置;如果需要对若干段落进行格式化,则需选定多段文本。

【任务7】在文档 Ex1.docx 中,(1) 把文档的第一段设置为居中对齐。(2) 第二段首行缩进 2 字符;左、右缩进各 10 磅;段前、段后各 12 磅;行间距为 1.5 倍。

🖋步骤

(1) 打开文档 Ex1.docx,光标定位在第一段或选中第一段,单击"开始"选项卡"段落"组中的"居中"按钮。

(2) 选中第二段,单击"段落"组右下方的扩展按钮,弹出如图 3-24 所示的"段落"对话框。在"缩进"栏的"特殊格式"下拉列表框中选择"首行缩进",在后边的"磅值"数值框中输入"2 字符";在"缩进"栏的"左侧"数值框中输入"10 磅","右侧"数值框中输入"10 磅";在"间距"栏的"段前"数值框中输入"12 磅","段后"数值框中输入"12 磅";在"行距"下拉列表框中选择"1.5 倍行距"。

(3) 设置完成后,单击"确定"按钮。段落格式设置后的效果如图 3-25 所示。

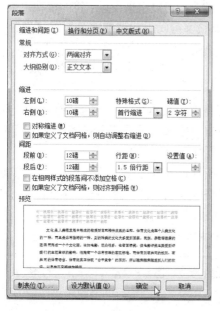

图 3-24 "段落"对话框

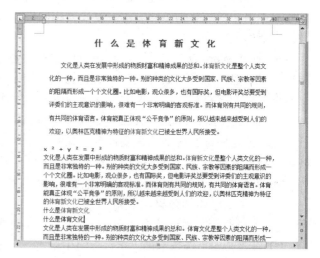

图 3-25 段落格式设置后的效果

> 相关知识点

（1）段落对齐方式有 5 种，分别是两端对齐、居中、左对齐、右对齐和分散对齐。"段落"组中用于段落对齐的按钮如图 3-26 所示。

图 3-26　段落对齐方式

（2）设置段落缩进。段落缩进包括"左缩进"、"右缩进"、"首行缩进"和"悬挂缩进"（除首行以外的其他行缩进）4 种。要实现段落缩进，可以通过拖动标尺上的滑块和利用"段落"对话框两种方式来完成。

① 通过标尺设置。在文档中设置是否显示"标尺"，可以在"视图"选项卡"显示"组中进行选择。水平标尺上有 4 个缩进标记，如图 3-27 所示。

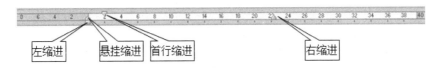

图 3-27　水平标尺上的各种缩进标记

利用标尺设置段落缩进的方法是选定要设置格式的段落，用鼠标拖动标尺上相应的标记到需要的位置。

> 注意：在用鼠标拖动缩进标记时按住 Alt 键，可以显示出缩进的准确数值。

② 使用"段落"对话框设置。在如图 3-24 所示的"段落"对话框中，在"缩进"栏的"左侧"或"右侧"数值框中选择或输入缩进的值，可精确设置段落的左缩进和右缩进；在"特殊格式"下拉列表框中进行选择，在"度量值"数值框中输入数据，可设置首行缩进和悬挂缩进。

（3）设置行间距和段间距。行间距是指段落中行与行之间的距离，段间距是指两个段落之间的距离。

设置行间距和段间距的方法如下：
① 选定要设置格式的段落。
② 单击"开始"选项卡"段落"组右下方的扩展按钮，打开"段落"对话框，切换到"缩进和间距"选项卡。
③ 在"间距"栏中设置段落前后要留的间距，在"行距"下拉列表框后的"设置值"数值框中设置行间距及度量值。
④ 单击"确定"按钮。

3.1.12　首字下沉

【任务 8】在文档 Ex1.docx 中，把第四段设置为首字下沉 4 行，第七段设置为首字悬挂 2 行。

步骤

（1）打开文档 Ex1.docx，将光标定位到需要设置首字下沉的第四段中。

（2）在"插入"选项卡"文本"组中单击"首字下沉"下拉按钮，如图 3-28 所示。

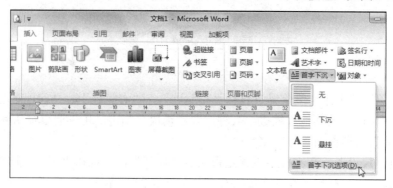

图 3-28　选择"首字下沉选项"命令

（3）在其下拉列表中选择"首字下沉选项"命令，打开"首字下沉"对话框。选中"下沉"选项，设置下沉行数为 4 行。单击"确定"按钮。

（4）将光标定位到需要设置首字悬挂的第七段中。

（5）在"插入"选项卡"文本"组中单击"首字下沉"下拉按钮。

（6）在其下拉列表中选择"首字下沉选项"命令，打开"首字下沉"对话框。选中"悬挂"选项，设置下沉行数为 2 行。单击"确定"按钮，结果如图 3-29 所示。

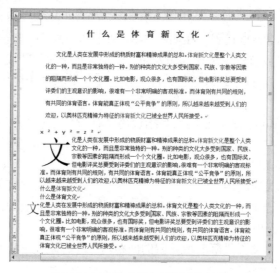

图 3-29　设置"首字下沉"的效果

相关知识点

首字下沉是增强文档艺术效果的一种格式设置。首字下沉是指将 Word 文档中段首的一个文字放大，并进行下沉或悬挂设置，以凸显段落或整篇文档的开始位置。在 Word 2010 中设置首字下沉或悬挂的步骤如下：

(1)打开 Word 2010 文档窗口,将光标定位到需要设置首字下沉的段落中。在"插入"选项卡"文本"组中单击"首字下沉"下拉按钮。

(2)在其下拉列表中选择"下沉"或"悬挂"命令设置首字下沉或首字悬挂效果。

(3)如果需要设置下沉文字的字体或下沉行数等选项,可以在下拉列表中选择"首字下沉选项"命令,打开"首字下沉"对话框。在其中选中"下沉"或"悬挂"选项,并选择字体或设置下沉行数。完成设置后单击"确定"按钮即可。

3.1.13 分栏排版

【任务9】在文档 Ex1.docx 中,把第四段分三栏排版。完成后存盘退出。

步骤

(1)打开文档 Ex1.docx,选中第四段(选中文本时,不要选中下沉的字,否则"分栏"命令无效)。

(2)在"页面布局"选项卡"页面设置"组中单击"分栏"按钮,在其下拉列表中选择"三栏",如图 3-30 所示。分栏完成效果如图 3-31 所示。

相关知识点

(1)分栏排版是将文档设置成多栏格式,从而使版面变得生动、美观。Word 2010 分栏设置方法如下:

① 如果需要给整篇文档分栏,那么先选中所有文字;若只需要给某段落进行分栏,那么就单独选择该段落。

② 在"页面布局"选项卡"页面设置"组中单击"分栏"下拉按钮,在其下拉列表中有一栏、二栏、三栏、偏左、偏右和"更多分栏",可以根据需要的栏数进行选择。

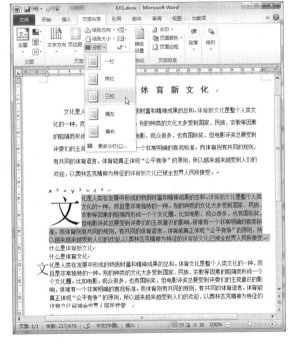

图 3-30 单击"分栏"按钮

(2)任意设置多栏。如果分栏列表中的数目不是自己想要的,可以单击"更多分栏"按钮,在弹出的"分栏"对话框的"栏数"后面设定数目,最高上限为 11,如图 3-32 所示。

(3)分栏加分隔线。如果想要在分栏的效果中加上"分隔线",可以在如图 3-32 所示的"分栏"对话框中选中"分隔线"复选框,再单击"确定"按钮即可。

注意:① 要设置分栏的文本如果是首字下沉的段落,则不能选中下沉的字,否则"分栏"命令将无效。可在该段的左侧选定栏处双击选取该段。

② 如果要分栏的文本在文档的最后,则会出现分栏长度不相同的情况。这时只需在文档的最后加一空行,而不选取该空行参与分栏即可。

图 3-31 设置"分栏"的效果

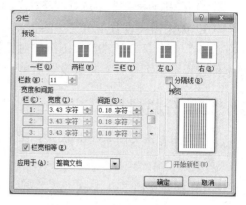
图 3-32 "分栏"对话框

3.1.14 项目符号和编号

在段落前添加项目符号或编号可以使文档层次分明、重点突出。项目符号和编号可以在输入内容时自动创建，也可以在现有的文档中快速添加。

【任务 10】打开文档 Ex1.docx，在文档的最后插入文档"什么是体育文化.docx"的第二段，把这段分成 6 段，每句一段，然后设置一个二级编号并应用于文档。其中一级编号的编号样式为"1，2，3，…"，左对齐位置 0 厘米，文本缩进位置 0.5 厘米，制表位位置 0.5 厘米；二级编号的编号样式为"A，B，C，…"，左对齐位置 1 厘米，文本缩进位置 1.5 厘米，制表位位置 1 厘米；编号后均有英文状态的句号，结果如图 3-33 所示。

步骤

（1）同时打开文档"Ex1.docx"和文档"什么是体育文化.docx"，选中"什么是体育文化.docx"的第二段，执行"复制"命令，光标定位到文档"Ex1.docx"的最后一段，执行"粘贴"命令，如图 3-34 所示。

（2）在文档"Ex1.docx"中，在最后一段的每一个句号后按 Enter 键，分成 6 段，如图 3-35 所示。

（3）选中文档的最后 6 段，单击"开始"选项卡"段落"组中的"多级列表"按钮，在弹出的下拉列表中选择"定义新的多级列表"命令。

（4）在弹出的"定义新的多级列表"对话框中，单击左下方的"更多"按钮，将对话框展开。

（5）设置一级编号。如图 3-36 所示，在"单击要修改的级别"列表框中选择"1"，在"此级别的编号样式"下拉列表框中选择"1，2，3，…"，在"输入编号的格式"文本框中设置为"1."，在"起始编号"下拉列表框中选择"1"；在"位置"选项中设置编号对齐方式为"左对齐"，对齐位置为"0 厘米"，文本缩进位置为 0.5 厘米；选中"制表位添加位置"复选框，输入制表位位置为 0.5 厘米。

第 3 章　中文 Word 2010 的应用

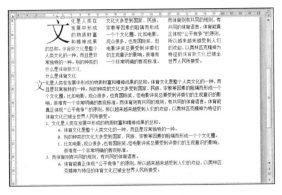

图 3-33　设置完成效果

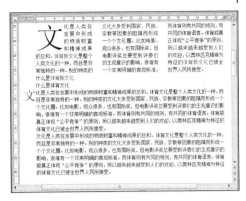

图 3-34　合并文档

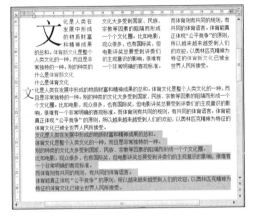

图 3-35　设置分段

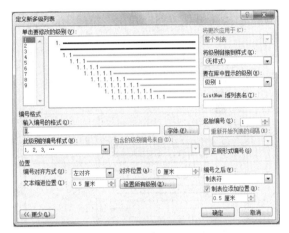

图 3-36　设置一级编号

（6）设置二级编号。在"单击要修改的级别"列表框中选择"2"，在"此级别的编号样式"下拉列表框中选择"A，B，C，…"，在"输入编号的格式"文本框中应该是"A."，在"起始编号"下拉列表框中选择"1"；在"位置"选项中设置编号对齐方式为"左对齐"，对齐位置为"1 厘米"，文本缩进位置为 1.5 厘米；选中"制表位添加位置"复选框，输入制表位置为 1 厘米。单击"确定"按钮。

（7）此时选中的文本会默认都设置为一级编号，选中需设置为二级编号的段落，单击"开始"选项卡"段落"组中的"增加缩进量"按钮 或按 Tab 键，即可完成设置，完成效果如图 3-33 所示。

相关知识点

（1）自动创建项目符号或编号。自动创建项目符号或编号的操作方法如下。

方法一： 将插入点定位到要创建项目符号或编号的位置，单击"开始"选项卡"段落"组中的"项目符号"按钮 或"编号"按钮 ，插入点所在段落的开始处将自动添加一个项目符号或编号，按 Enter 键，在下一行会自动插入下一个项目符号或编号。

方法二： 在段首输入数学序号如：一、二；（一）、（二）；1、2；（1）、（2）等或字母 A、B 等和某些标点符号（如全角的"，"、"。"、半角的"."）或制表符并输入文本，按 Enter 键输入后续段落内容时，Word 即自动将该段转换为"编号"列表。

若要结束自动创建，按 Back Space 键删除最后一个项目符号或编号，或按 Enter 键两次结束自动创建。

（2）添加项目符号。可以在现有的文档中添加项目符号，方法如下：

① 选中需要添加项目符号的段落。单击"开始"选项卡"段落"组中"项目符号"右侧的下三角按钮，弹出下拉列表，如图 3-37 所示，该列表列出了最近使用过的项目符号，如果这里没有合适的项目符号，选择该列表下方的"定义新项目符号"命令。

② 弹出如图 3-38 所示的"定义新项目符号"对话框，单击"符号"按钮，弹出"符号"对话框，如图 3-39 所示。

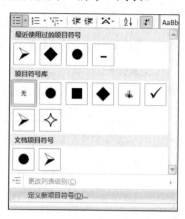

图 3-37 "项目符号"下拉列表

图 3-38 "定义新项目符号"对话框

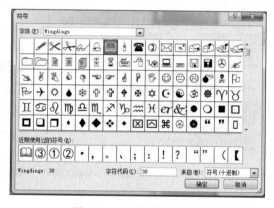

图 3-39 "符号"对话框

③ 在"符号"对话框中选择某个字体集合，如 Windings，选择一个合适的符号作为项目符号，单击"确定"按钮，项目符号就插入到所选段落中。

📢 **注意**：在图 3-38 所示的"定义新项目符号"对话框中单击"图片"按钮，可以在弹出的"图片项目符号"对话框中（如图 3-40 所示）选择 Office 提供的图标作为项目符号，也可单击"导入"按钮，导入本地磁盘中的图片作为项目符号。

（3）添加项目编号。

方法一：在现有的文档中添加编号，方法如下：

① 选中需要添加编号的段落，单击"开始"选项卡"段落"组中的"编号"按钮，弹出下拉列表，如图 3-41 所示。该列表列出了最近使用过

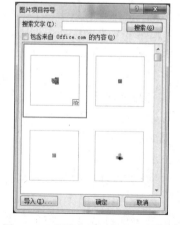

图 3-40 "图片项目符号"对话框

的编号，如果这里没有合适的编号，选择该列表下方的"定义新编号格式"命令。

② 在"定义新编号格式"对话框中对编号格式进行设置，如图3-42所示。

 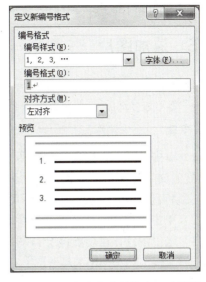

图3-41 "编号"下拉列表　　　　图3-42 "定义新编号格式"对话框

方法二：重新开始编号。

在Word文档已经创建的编号列表中，可以从编号中间任意位置重新开始编号，方法如下：

① 将光标定位到需要重新编号的段落。

② 单击"开始"选项卡"段落"组中的"编号"按钮，选择"设置编号值"命令。

③ 打开"起始编号"对话框，选中"开始新列表"单选按钮，并调整"值设置为"编辑框的数值（例如起始数值设置为1），并单击"确定"按钮。

④ 返回Word文档窗口，可以看到编号列表已经进行了重新编号。

（4）添加多级列表。多级列表可以清晰地表明各层次之间的关系，方法如下：

① 选中需添加多级列表的段落，单击"开始"选项卡"段落"组中的"多级列表"按钮，在弹出的下拉列表中选择"定义新的多级列表"命令。

② 在弹出的"定义新的多级列表"对话框中，单击左下方的"更多"按钮，将对话框展开。

③ 设置一级编号。在"单击要修改的级别"列表框中选择"1"，在"此级别的编号样式"下拉列表框中进行相应选择，在"输入编号的格式"文本框中进行适当的修改，在"起始编号"下拉列表框中选择"1"；设置编号的对齐方式、对齐位置、文本缩进位置、制表位置等。

④ 设置二级编号。在"单击要修改的级别"列表框中选择"2"，在"此级别的编号样式"下拉列表框中进行相应选择，在"输入编号的格式"文本框中进行适当的修改，在"起始编号"下拉列表框中选择"1"；设置编号的对齐方式、对齐位置、文本缩进位置、制表位置等。依次类推设置更多的级别编号。

⑤ 单击"开始"选项卡"段落"组中的"增加缩进量"按钮或"减少缩进量"按钮，可以改变不同的级别。另外，按 Tab 键即可改为下一级编号样式，要返回到上一级继续编号，按 Shift+Tab 组合键即可。

3.1.15 添加图片

【任务 11】在 Ex1.docx 中插入一张"运动"类型的剪贴画，大小设置为高度 3 厘米、宽度 4 厘米；文字环绕方式设置为"紧密型环绕"。

步骤

（1）单击"插入"选项卡"插图"组中的"剪贴画"按钮，在"剪贴画"任务窗格中的"搜索文字"文本框中输入剪贴画的类型，如"运动"，再单击"搜索"按钮（不输入搜索文字直接单击"搜索"按钮，可搜索出所有剪贴画，如图 3-43 所示）。

（2）单击"剪贴画"任务窗格中合适的图片，即可在文档中插入剪贴画。

（3）选中图片，在功能区会自动增加一个"图片工具 | 格式"选项卡，选择"图片工具 | 格式"选项卡，单击"大小"组右下方的扩展按钮，弹出如图 3-44 所示的"布局"对话框，选择"大小"选项卡，在"缩放"栏中取消选中"锁定纵横比"复选框，在"高度"栏的"绝对值"数值框中输入"3 厘米"，在"宽度"栏的"绝对值"数值框中输入"4 厘米"。

图 3-43 "剪贴画"任务窗格

图 3-44 "布局"对话框

（4）选择"文字环绕"选项卡，在"环绕方式"栏中选择"紧密型"，单击"确定"按钮。

（5）在文档中将光标放在图片的任意位置上，当其变为形状时拖动图片，至合适位置后释放，完成操作。设置后效果如图 3-45 所示。

相关知识点

（1）插入图片。打开 Word 文档窗口，单击"插入"选项卡"插图"组中的"图片"按钮，在弹出的"插入图片"对话框中选择图片所在的位置与图片类型，选择合适的图片文件，单击"插入"按钮，如图 3-46 所示，即可把图片插入到文档中。

（2）插入可更新的图片链接。在 Word 2010 文档中插入图片以后，如果原始图片

图 3-45　插入图片的效果

发生了变化，需要在文档中重新插入该图片。借助 Word 2010 提供的"插入和链接"功能，不仅可以将图片插入到文档中，而且在原始图片发生变化时，文档中的图片可以进行更新，操作步骤如下：

① 打开 Word 2010 文档窗口，单击"插入"选项卡"插图"组中的"图片"按钮。

② 在打开的"插入图片"对话框中选中准备插入到文档中的图片。然后单击"插入"按钮右侧的下三角按钮，在其下拉列表中选择"插入和链接"命令，如图 3-47 所示。

图 3-46　"插入图片"对话框

图 3-47　"插入图片"对话框

③ 选中的图片将被插入到 Word 文档中，当原始图片内容发生变化（文件未被移动或重命名）时，重新打开该文档将看到图片已经更新（必须在关闭所有 Word 文档后重新打开插入图片的文档）。如果原始图片位置被移动或图片被重命名，则 Word 文档中将保留最近的图片版本。

④ 如果在"插入"下拉列表中选择"链接到文件"命令，则当原始图片位置被移动或图片被重命名时，Word 文档中将不显示图片。

（3）插入剪贴画。Word 2010 自带了内容丰富的剪贴画库，可以直接将这些剪贴画插入到文档中。

在文档中插入剪贴画的操作步骤如下：

① 单击"插入"选项卡"插图"组中的"剪贴画"按钮，弹出"剪贴画"任务窗格。

② 在"搜索文字"文本框中输入搜索内容，单击"搜索"按钮，如果不输入"搜索文字"，直接单击"搜索"按钮，可搜索出所有剪贴画。

③ 单击搜索结果中合适的图片，即可在文档中插入剪贴画。

（4）编辑图片。

① 调整图片的大小。在 Word 2010 中可以对插入的图片进行缩放。调整方法有以下两种：

- 通过鼠标拖放来调整图片的大小。单击图片，图片周围出现 8 个控制点，用鼠标拖动控制点，即可改变图片的大小。
- 输入数值调整图片的大小。选中图片后，在"图片工具|格式"选项卡"大小"组中输入"高度"与"宽度"值，可调整图片的尺寸。另外，单击"大小"组右下方的扩展按钮，在弹出的"布局"对话框的"大小"选项卡中，输入图片的高度和宽度的值或在"缩放"栏中输入图片的高度和宽度的缩放比例，单击"确定"按钮，也可调整图片尺寸。

注意：在"大小"选项卡中，如果"缩放"栏中的"锁定纵横比"复选框被选中，则高度和宽度将同比变化。

② 裁剪图片。在 Word 2010 文档中，可以方便地对图片进行裁剪操作，以截取图片中最需要的部分，操作步骤如下：

- 打开 Word 文档窗口，首先将图片的环绕方式设置为非嵌入型（除"嵌入型"外的其他环绕方式），然后选中需要进行裁剪的图片。单击"图片工具|格式"选项卡"大小"组中的"裁剪"按钮。
- 图片周围出现 8 个方向的裁剪控制柄，用鼠标拖动控制柄将对图片进行相应方向的裁剪，直至调整合适为止。
- 将鼠标光标移出图片，单击鼠标左键确认裁剪，如果想恢复图片只需单击快速工具栏中的"撤销裁剪图片"按钮。

③ 调整图片的位置。选中图片，单击"图片工具|格式"选项卡"大小"组右下方的扩展按钮，弹出如图 3-48 所示的"布局"对话框，选择"文字环绕"选项卡，设置图片的"文字环绕"方式为除"嵌入型"以外的任一种，单击"确定"按钮后，在文档中将图片拖到适当的位置。

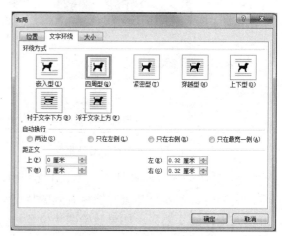

图 3-48　"布局"对话框

(5) 绘制流程图。

【任务 12】在 Ex1.docx 文档的最后利用自选图形绘制如图 3-49 所示的流程图，并将其组合。

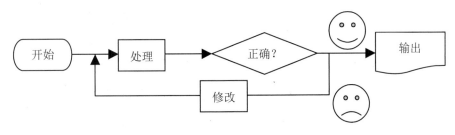

图 3-49　流程图

步骤

(1) 插入各种形状。打开 Ex1.docx 文档，在"插入"选项卡"插图"组中单击"形状"按钮，并在"流程图"类型中选择插入合适的形状，如图 3-50 所示。例如选择"流程图：过程"，在文档中适当的位置拖出合适的形状，选中该形状，在"绘图工具"|"格式"选项卡"形状样式"组中设置好"形状样式"（形状样式也可以通过格式刷进行格式复制）；选中该形状，右击，在弹出的快捷菜单中选择"添加文字"命令，然后输入所需文字。重复执行此步骤，把流程图的基本形状绘制好。

"笑脸"是通过单击"插图"组中的"形状"按钮，在"基本形状"类型中选择"笑脸"插入，若要绘制正圆形，在拖动鼠标的同时按住 Shift 键即可。另一个"不高兴的脸"可以通过按住 Ctrl 键，拖动已画好的"笑脸"来复制，向上拖动嘴型上的黄色控制点，即可变成"不高兴的脸"。

(2) 插入"线条"。单击"插入"选项卡"插图"组中的"形状"按钮，并在"线条"类型中选择合适的连接符，例如选择"箭头"和"肘形连接符"等，在文档中把各"形状"连接起来。

(3) 组合形状。首先选择其中一个形状，再按住 Ctrl 键或 Shift 键的同时选择另外的形状，把要组合的形状全部选中后，单击"绘图工具 | 格式"选项卡"排列"组中的"组合"按钮，选择"组合"命令，即可把所选形状组合在一起，结果如图 3-51 所示。

6. 插入艺术字

【任务 13】在 Ex1.docx 文档中插入艺术字"什么是体育文化"，艺术字样式选择第 3 行第 4 列，把字体设置为"隶书"，"二号"，把转换效果设置为"倒 V 形"，并移动到适当的位置。

步骤

(1) 单击"插入"选项卡"文本"组中的"艺术字"按钮，在其下拉列表中选择第 3 行第 4 列的"艺术字"样式，如图 3-52 所示。

(2) 在文档中出现的艺术字文本框中输入"什么是体育文化"。

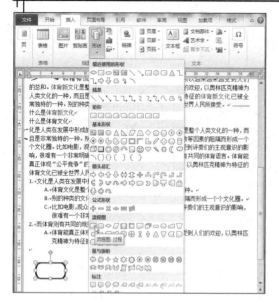
图 3-50　插入各种形状

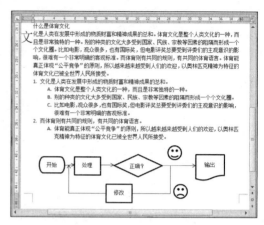
图 3-51　插入流程图

（3）选中艺术字，在"开始"选项卡"字体"组中，把字体设置为"隶书"，字号设置为"二号"。

（4）选中艺术字，选择"绘制工具|格式"选项卡"艺术字样式"组中的"文本效果"按钮中的"转换"命令，在其下拉列表中选择"倒 V 形"。

（5）把艺术字拖放到文档合适的位置，如图 3-53 所示。

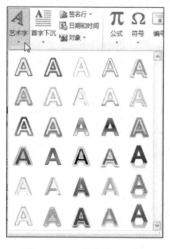
图 3-52　"艺术字"列表

图 3-53　插入艺术字效果

相关知识点

艺术字是一个文字样式库，添加到文档中具有特殊视觉效果。艺术字可以像普通文字一样进行"字体"设置，也可以像图形一样设置各种效果。

（1）插入艺术字。单击"插入"选项卡"文本"组中的"艺术字"按钮，在其下拉列表中选择相符的艺术字样式,在艺术字文本框中输入文字内容。

(2) 设置快速样式。选中艺术字,选择"绘制工具|格式"选项卡"艺术字样式"组中的"其他"命令,如图 3-54 所示,在弹出的下拉列表中选择相符的艺术字样式即可。

(3) 设置转换效果。可以将艺术的整体形状更改为跟随路径或弯曲形状。选择"绘制工具|格式"选项卡"艺术字样式"组中的"文本效果"按钮中的"转换"命令,在其下拉列表中选择一种形状即可。

(4) 设置文本格式。设置艺术字的文字方向与对齐方式等格式,可通过选择"绘制工具|格式"选项卡"文本"组中的"文字方向"按钮或"对齐方式"按钮进行设置,如图 3-55 所示。

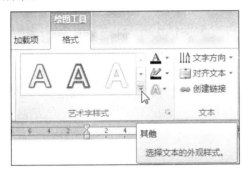

图 3-54 "艺术字样式"组

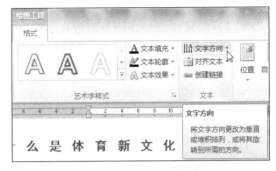

图 3-55 设置文本格式

7. 使用 SmartArt 图形

(1) 插入 SmartArt 图形。借助 Word 2010 提供的 SmartArt 功能,可以在 Word 文档中插入丰富多彩、表现力丰富的 SmartArt 图形,操作步骤如下:

① 打开 Word 2010 文档窗口,在"插入"选项卡"插图"组中单击 SmartArt 按钮,如图 3-56 所示。

② 在打开的"选择 SmartArt 图形"对话框中,单击左侧的类别名称选择合适的类别,然后在对话框右侧单击选择需要的 SmartArt 图形,并单击"确定"按钮,如图 3-57 所示。

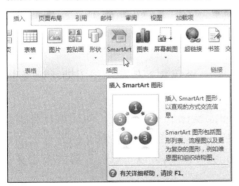

图 3-56 "插图"组中的 SmartArt 按钮

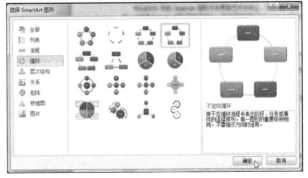

图 3-57 "选择 SmartArt 图形"对话框

③ 返回 Word 文档窗口,在插入的 SmartArt 图形中单击文本占位符输入合适的文字即可。

(2) 更改 SmartArt 图形的设计。通过"SmartArt 工具|设计"选项卡,如图 3-58 所示,

可以对图形进行"创建图形"、"布局"、"SmartArt 样式"等多种设置。

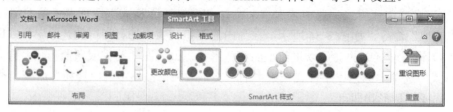

图 3-58 "SmartArt 工具|设计"选项卡

📢 **注意**：在使用 SmartArt 图形效果或样式时，如果不满意当前的设置，可以单击"SmartArt 工具|设计"选项卡"重置"组中的"重设图形"按钮，快速恢复到原来的状态。

（3）设置 SmartArt 图形的格式。Word 2010 中的 SmartArt 图形文本具有艺术字特征，可以为其设置艺术字样式，从而使 SmartArt 图形更有表现力。通过"SmartArt 工具|格式"选项卡，如图 3-59 所示，可以对图形的形状进行设置以及对其文本进行艺术字设置。艺术字样式除了 Word 2010 提供的预设样式外，还可以通过设置文本填充、文本轮廓和文本效果自定义样式。

图 3-59 "SmartArt 工具|格式"选项卡

在 Word 2010 中设置 SmartArt 图形文本艺术字样式的步骤如下：

① 打开 Word 2010 文档窗口，双击需要设置艺术字样式的 SmartArt 图形文本使其处于选中状态。

② 在"SmartArt 工具|格式"选项卡"艺术字样式"组中选中预设样式列表中的任意样式即可。

3.1.16 页面设置

Word 2010 在建立新文档时，对纸张的大小、方向、页码和其他选项使用默认的设置，可以随时改变这些设置。

【任务 14】在 Ex1.docx 文档中，（1）把文档的流程图放在第二页，即在流程图前插入分页符。（2）在文档中插入页码，页码放在底端的居中位置。（3）对文档进行页面设置，将纸张设成自定义大小，宽度 22 厘米、高度 30 厘米。（4）以"双页"形式查看文档效果，调整显示比例，以获得最佳查看效果。

🔧 **步骤**

（1）打开文档 Ex1.docx，把光标定位在流程图之前，单击"插入"选项卡"页"组中的"分页"按钮（或者按 Ctrl+Enter 组合键），即可插入分页符。

（2）单击"插入"选项卡"页眉和页脚"组中的"页码"按钮，在其下拉列表中选择"页面底端"|"普通数字 2"，如图 3-60 所示，这时文档处于"页眉和页脚"的编辑状态，单击功能区上的"关闭页眉和页脚"按钮或双击文档区，返回文档编辑状态。

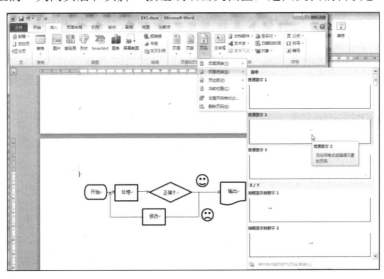

图 3-60　插入页码

（3）单击"页面布局"选项卡"页面设置"组中的"纸张大小"按钮，在其下拉列表中选择"其他页面大小"命令，在弹出的"页面设置"对话框的"纸张"选项卡中设置"宽度"为 22 厘米，高度为 30 厘米，在对话框下部的"应用于"列表中选择"整篇文档"，单击"确定"按钮。

（4）单击"视图"选项卡"显示比例"组中的"双页"按钮；在文档窗口右下角的"显示比例"工具中单击"放大"或"缩小"按钮进行显示比例的调节。完成后的效果如图 3-61 所示。

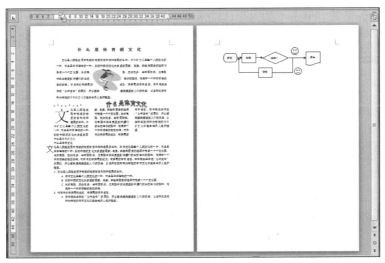

图 3-61　页面设置完成图

相关知识点

（1）分页。

Word 2010 能自动对输入的文本进行分页，但在进行文本排版时，有时要使某部分单独占用一页，就必须进行人工分页。插入人工分页符的方法有多种，将光标置于要插入分页符的位置，然后选择下列方法之一来实现：

① 单击"插入"选项卡"页"组中的"分页"按钮即可插入分页符。

② 单击"页面布局"选项卡"页面设置"组中的"分隔符"按钮，在其下拉列表中选择"分页符"命令。

③ 按 Ctrl+Enter 组合键。

④ 单击"页面布局"选项卡"页面设置"组中的"分隔符"按钮，在其下拉列表"分节符"分组中选择"下一页"命令。

分页符在页面视图模式下是一条横虚线，横虚线中间出现"分页符"字样，如图 3-62 所示，可以作为一般字符进行删除处理，但不能人工删除自动分页符。

使用分节符，可以在文档不同的节中设置不同的页面信息，如纸张大小、页面方向、页边距、页眉和页脚、页码等。页面视图模式下分节符是一条双横虚线，横虚线中间出现"分节符（下一页）"字样，如图 3-63 所示，可以作为一般字符进行删除处理。

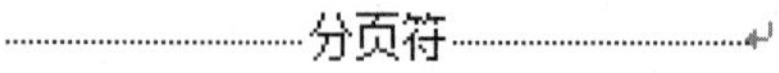

图 3-62　人工分页符 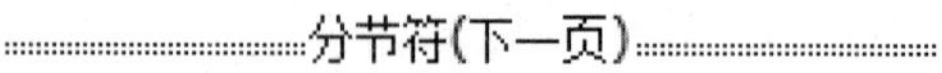　　　　　　　　图 3-63　分节符

（2）设置页码。Word 文档在进行分页时会自动记录页的页码，但页码的显示位置和页码的格式类型由用户设置。

① 插入页码。在 Word 文档中，往往需要在某位置插入页码，以便于查看与显示文档当前的页数。在 Word 2010 中，可以将页码插入到页眉和页脚、页边距与当前位置等文档不同的位置中。单击"插入"选项卡"页眉和页脚"组中的"页码"按钮，在其下拉列表中选择相应的选项即可，如图 3-64 所示。

② 设置页码格式。单击"插入"选项卡"页眉和页脚"组中的"页码"按钮，在其下拉列表中选择"设置页码格式"命令，打开"页码格式"对话框，如图 3-65 所示，可以设置编号格式、包含章节号与页码编号等。

图 3-64　"页码"下拉列表

图 3-65　"页码格式"对话框

③ 页码的删除。页码放置在页边距和页眉或页脚的位置，若要删除页码，可以单击"插

入"选项卡"页眉和页脚"组中的"页码"按钮,在其下拉列表中选择"删除页码"命令,或者双击页眉或页脚区域,激活"页眉和页脚"编辑区,把该页码删除,再单击功能区上的"关闭页眉和页脚"按钮或双击文档区,返回文档编辑状态。

(3)设置纸张大小、页边距和文档网络。设置纸张大小、页边距和文档网络的操作步骤如下:

① 单击"页面布局"选项卡"页面设置"组中的"纸张大小"按钮,在其下拉列表中选择"其他页面大小"命令,在弹出的如图 3-66 所示的"页面设置"对话框"纸张"选项卡中,设置"纸张大小"、"纸张来源"、"打印选项"以及"应用于"等选项。

② 切换到"页边距"选项卡,根据需要设置所需的"页边距"、"纸张方向"、"页码范围"以及"应用于"等选项。

③ 切换到"文档网络"选项卡,可以设置文档中文字的排列行数、排列方向、每行的字符数及行与字符之间的跨度值等格式。

(4)页面背景。

① 边框和底纹。为文档添加边框和底纹可以美化文档,突出文档中的重点。操作方法是:

- 单击"页面布局"选项卡"页面背景"组中的"页面边框"按钮,弹出如图 3-67 所示的"边框和底纹"对话框。

图 3-66 "页面设置"对话框

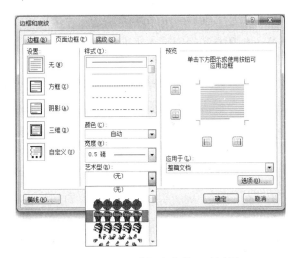

图 3-67 "边框和底纹"对话框

- 边框可应用于"文字"或"段落"。对于应用于段落的边框,可通过单击"选项"按钮,设置框线与框内文本的距离。
- "页面边框"用于设置页面的边框。该选项卡与"边框"选项卡类似,仅增加了"艺术型"列表框,可使页面边框更加丰富多彩。
- "底纹"选项卡中,在"填充"栏中选择要使用的背景色,在"图案"栏的"样式"下拉列表框中设置底纹的图案,在"颜色"下拉列表框中选择底纹图案的颜色,可为选中的文字或段落添加底纹。

② 页面颜色。Word 2010 文档的页面背景不仅可以使用单色或渐变颜色背景，还可以使用图片或纹理作为背景。其中纹理背景主要使用 Word 2010 内置的纹理进行设置，而图片背景则可以由用户使用自定义图片进行设置。在 Word 2010 文档中设置纹理或图片背景的步骤如下：

- 打开 Word 2010 文档窗口，在"页面布局"选项卡"页面背景"组中单击"页面颜色"按钮，在其下拉列表中选择"填充效果"命令，如图 3-68 所示。
- 在打开的"填充效果"对话框中切换到"纹理"选项卡，在纹理列表中选择合适的纹理样式，并单击"确定"按钮即可。

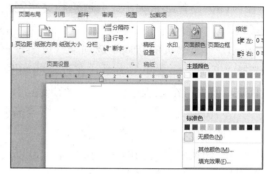

图 3-68　设置"页面颜色"

📢 注意：如果用户需要使用自定义的图片作为背景，可以在"填充效果"对话框中切换到"图片"选项卡，单击"选择图片"按钮选中图片，并单击"确定"按钮即可。

③ 水印。通过插入水印，可以在 Word 文档背景中显示半透明的标识（如"机密"、"草稿"等文字）。水印既可以是图片，也可以是文字，并且 Word 内置有多种水印样式。在 Word 2010 文档中插入水印的步骤如下：

- 打开 Word 文档窗口。
- 单击"页面布局"选项卡"页面背景"组中的"水印"按钮，在其下拉列表中选择合适的水印即可。

📢 注意：如果需要删除已经插入的水印，则再次单击"页面布局"选项卡"页面背景"组中的"水印"按钮，并在打开的下拉列表中选择"删除水印"命令即可。

（5）主题。通过应用文档主题，可以快速轻松地使文档具有专业外观。文档主题是一组格式选项，其中包括一组主题颜色、一组主题字体（包括标题和正文文本字体）和一组主题效果（包括线条和填充效果）。设置主题的步骤是：

- 单击"页面布局"选项卡"主题"组中的"主题"按钮，如图 3-69 所示。
- 从列表看选择要使用的文档主题。

如果未列出要使用的文档主题，可以通过选择"浏览主题"命令在计算机或网络上查找该主题。

若要自动下载新主题，则选择"启用来自 Office.com 的内容更新"命令。

图 3-69　设置主题

◀» 注意：文档应用主题可能会影响到在文档中使用的样式。

（6）视图模式。在 Word 2010 中提供了多种视图模式供选择，包括"页面视图"、"阅读版式视图"、"Web 版式视图"、"大纲视图"和"草稿"等 5 种视图模式。可以在"视图"选项卡"文档视图"组中选择需要的文档视图模式，也可以在文档窗口的右下方单击视图按钮选择视图。

① 页面视图。"页面视图"可以显示文档的打印结果外观，主要包括页眉、页脚、图形对象、分栏设置、页面边距等元素，是最接近打印结果的页面视图。

② 阅读版式视图。"阅读版式视图"以图书的分栏样式显示文档，"文件"按钮、功能区等窗口元素被隐藏起来。在阅读版式视图中，还可以单击"工具"按钮选择各种阅读工具。

③ Web 版式视图。"Web 版式视图"以网页的形式显示文档，Web 版式视图适用于发送电子邮件和创建网页。

④ 大纲视图。"大纲视图"主要用于文档中设置和显示标题的层级结构，并可以方便地折叠和展开各种层级的文档。大纲视图广泛用于长文档的快速浏览和设置。

⑤ 草稿视图。"草稿视图"取消了页面边距、分栏、页眉页脚和图片等元素，仅显示标题和正文，是最节省计算机系统硬件资源的视图方式。

（7）更改显示比例。可以通过更改显示比例使文档界面达到最佳的视觉效果。选择"视图"选项卡，在"显示比例"组中单击"显示比例"按钮，弹出"显示比例"对话框，如图 3-70 所示，在"显示比例"栏中进行选择或在"百分比"数值框中输入合适的值。

图 3-70 "显示比例"对话框

另外，在 Word 文档窗口右下角的"显示比例"中单击按钮，也可打开"显示比例"对话框；此外，还可以通过单击"放大"或"缩小"按钮进行显示比例的调节。

（8）导航窗格。在"视图"选项卡"显示"组选中或取消选中"导航窗格"复选框，可以显示或隐藏导航窗格。"导航窗格"主要用于显示 Word 2010 文档的标题大纲以及"搜索"操作，单击"文档结构图"中的标题前的下三角形按钮 ▷，可以展开或收缩下一级标题，并且可以快速定位到标题对应的正文内容；可以显示 Word 2010 文档的缩略图；在"搜索文档"框中输入要搜索的内容，在窗格中突出显示包含搜索内容的标题以及搜索结果，单击"搜索文档"框的结束搜索按钮 ×，结束搜索。

（9）并排查看和全部重排窗口。在使用 Word 2010 编辑文档的过程中，如果同时打开了多个文档窗口，就可以进行并排查看窗口和全部重排窗口，从而可以对多个窗口中的内容进行比较。

① 并排查看窗口。首先打开多个 Word 文档页面，在其中一个文档窗口中单击"视图"选项卡"窗口"组中的"并排查看"按钮。

然后在打开的"并排比较"对话框中选择一个想要与当前文档进行并排比较的文档，并单击"确定"按钮。

在任何一个文档的"窗口"中单击"同步滚动"按钮，两篇文档将同时实现滚动，以便于我们进行比较。

再次单击"并排查看"按钮将取消并排查看状态。

② 全部重排窗口。首先打开多个 Word 文档页面，在其中一个文档窗口中单击"视图"选项卡"窗口"组中的"全部重排"按钮，就可以看到所有窗口将自动缩小，全部横排显示在屏幕上。

3.1.17 打印文档

1. 打印预览

在旧版 Word 中需要打印文档，要在打印预览中才能预览打印效果，预览后需要关闭打印预览才能进行修改。在 Word 2010 中，将打印效果直接显示在了打印选项的右侧。可以在左侧打印选项中进行调整。任何打印设置调整效果，都即时显示在预览框中，非常方便。

选择"文件"选项卡，然后选择"打印"命令，显示"打印"选项卡，如图 3-71 所示。

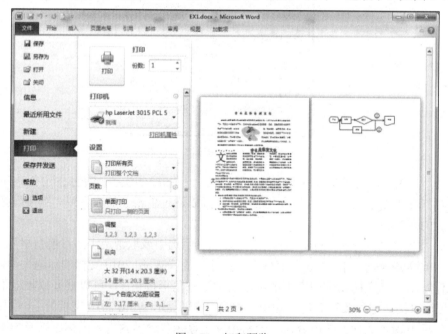

图 3-71 打印预览

在"打印"选项卡上,默认打印机的属性显示在第一部分中,文档的预览显示在第二部分中。

如果要在打印前返回到文档并进行编辑,可以选择"文件"选项卡或其他选项卡。

如果打印机的属性以及文档均符合要求,单击"打印"按钮开始打印操作。

单击该打印机名称下的"打印机属性",可以更改打印机的属性。

2. 在快速访问工具栏设置"打印预览"

在 Word 2010 中,在文档窗口首页看不到打印预览这一功能,下面介绍让这一功能出现在快速访问工具栏中,从而提高我们的工作效率。步骤如下:

(1)打开 Word 2010 文档,选择"文件"选项卡中的"选项"命令。

(2)打开"Word 选项"对话框,如图 3-72 所示,在左侧选择"快速访问工具栏",在"从下列位置选择命令"下拉列表中选择"打印预览选项卡"命令。

图 3-72 在快速访问工具栏设置"打印预览"

(3)将名为"打印预览和打印"的命令添加到右边窗口的自定义快速访问工具栏中。

(4)单击"确认"按钮,退出设置窗口,返回 Word 2010 操作界面,在文档窗口左上角快速访问工具栏中多出一个放大镜观看纸张的图标,这个就是"打印预览和打印"按钮。

(5)单击此按钮,可进入打印预览窗口。

3.2 制作表格

案例:课程表

1. 案例分析

在日常生活中,经常要用到各种各样的表格,例如课程表、履历表、产品价目表以及工资表等。Word 2010 提供了丰富的表格制作功能,可以十分方便地制作多种形式的表格。本案例将学习如何使用 Word 制作一张课程表,效果如图 3-73 所示。

课 程 表

课程\星期	一	二	三	四	五
上午	语文	数学	英语		
下午					

图 3-73　课程表

2. 解决方案

要制作出"课程表",需完成以下步骤:

(1)建立表格。

(2)编辑表格。

(3)编排表格格式。

3.2.1 建立表格

表格由若干行与列组成,行与列交叉处为一格,称为单元格。在 Word 2010 中,每个单元格都有一个单元格结束标记,每一行后面都有一个行结束标记。

【任务 15】新建一个文档,在文档中插入一张 6 列 8 行的表格,文档命名为"课程表.docx",并保存在 D 盘的 Word 文件夹中,如图 3-74 所示。

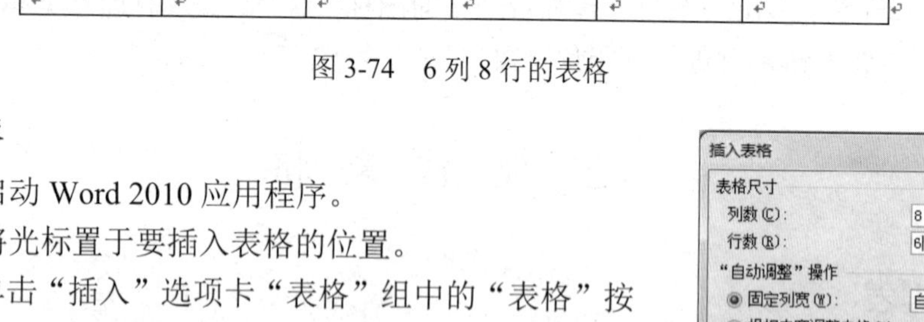

图 3-74　6 列 8 行的表格

◆步骤

(1)启动 Word 2010 应用程序。

(2)将光标置于要插入表格的位置。

(3)单击"插入"选项卡"表格"组中的"表格"按钮,在其下拉列表中选择"插入表格"命令,打开如图 3-75 所示的"插入表格"对话框。

(4)在"表格尺寸"栏中分别设置"列数"为"6","行数"为"8"。

图 3-75　"插入表格"对话框

（5）单击"确定"按钮，将表格插入到文档中。

（6）保存文档到 D 盘的 Word 文件夹中，文件名为"课程表.docx"。

📢 注意：（1）插入表格也可以在"插入"选项卡"表格"组"表格"按钮的下拉列表中直接拖出所需的列数和行数，快速在文档中插入表格，如图 3-76 所示。

（2）在"开始"选项卡"段落"组中单击"显示/隐藏编辑标记"按钮，可以显示和隐藏表格中的"段落标记"。

相关知识点

（1）表格工具。在文档中插入表格后，把光标置于表格中，系统会自动出现"表格工具"选项卡，其中"表格工具|设计"选项卡如图 3-77 所示，有"表格样式选项"、"表格样式"和"绘图边框"3 个组，提供了方便绘制表格以及设置表格边框和底纹的命令。

图 3-76　插入表格

图 3-77　"表格工具|设计"选项卡

"表格工具|布局"选项卡如图 3-78 所示，有"表"、"行和列"、"合并"、"单元格大小"、"对齐方式"和"数据"等 6 个组，主要提供了布局方面的功能。

图 3-78　"表格工具|布局"选项卡

（2）利用"插入表格"对话框插入表格。单击"插入"选项卡"表格"组中的"表格"按钮，在其下拉列表中选择"插入表格"命令，弹出"插入表格"对话框，如图 3-75 所示，在对话框中设置"表格尺寸"与"'自动调整'操作"选项即可。在"'自动调整'操作"区域如果选中"固定列宽"，则可以设置表格的固定列宽尺寸；如果选中"根据内容调整表格"，则单元格宽度会根据输入的内容自动调整；如果选中"根据窗口调整表格"，则所插入的表格将充满当前页面的宽度。选中"为新表格记忆此尺寸"复选框，则再次创建表格时将使用当前尺寸。

（3）绘制表格。单击"插入"选项卡"表格"组中的"表格"按钮，在其下拉列表中选择"绘制表格"命令，将鼠标指针移动到文本区时变成笔形指针状态。将"笔形指针"移动到要画表格的位置，拖动鼠标，可在表格中画出任意的横线、竖线或斜线等。绘制完

成表格后，按 Esc 键或者在"表格工具|设计"选项卡中单击"绘制表格"按钮取消绘制表格状态。

（4）快速插入表格。在 Word 2010 中有一个"快速表格"的功能，在这里可以找到许多已经设计好的表格样式，只需要挑选所需要的，就可以轻松插入一张表格。方法是单击"插入"选项卡"表格"组中的"表格"按钮，在其下拉列表中选择"快速表格"命令再进行选择，如图 3-79 所示。

（5）擦除表格。在绘制表格时如果需要删除行或列，则可以单击"表格工具|设计"选项卡中的"擦除"按钮。当指针变成橡皮擦形状时拖动鼠标左键即可删除行或列。按 Esc 键可以取消擦除状态。

图 3-79　插入"快速表格"

3.2.2　编辑表格

建立表格之后，可以快速地修改表格的结构。例如，插入或删除单元格、行或列；合并或拆分单元格；调整表格的列宽和行高等。

【任务 16】在文档"课程表.docx"中合并单元格，设置表头，输入表格内容，并保存，结果如图 3-80 所示。

星期 课程	一	二	三	四	五
上午	语文	数学	英语		
下午					

图 3-80　课程表

步骤

（1）打开文档"课程表.docx"，选择第一列中需要合并后输入"上午"的 4 个单元格，单击"表格工具|布局"选项卡"合并"组中的"合并单元格"按钮。

（2）选择第一列需要合并后输入"下午"的 3 个单元格，单击"表格工具|布局"选项卡"合并"组中的"合并单元格"按钮。

(3)把光标放在表格的第一个单元格中,单击"表格工具|设计"选项卡"表格样式"组中的"边框"按钮,在其下拉列表中选择"斜下框线"。

(4)在表格的第一个单元格中输入"星期"并按 Enter 键,在该单元格的第二行输入"课程",设置"星期"为段落"右对齐"。

(5)继续输入表格的其他内容。输入"上午"时,可右击,在弹出的快捷菜单中选择"文字方向"命令,在弹出的如图 3-81 所示的"文字方向-表格单元格"对话框中选择"竖排"文字方向,单击"确定"按钮后再输入。输入"下午"时采用另一种方法:输入"下"后按 Enter 键换行再输入"午",结果如图 3-80 所示。

图 3-81 "文字方向"对话框

相关知识点

(1)选定单元格、行或列。在表格中选取文本的方法,与在文档的其他位置的选定方法是一样的。另外,Word 2010 还提供了多种选定表格的方法。具体操作方法如下。

① 选定一个单元格:单击该单元格,或者将鼠标指针移到该单元格的左边使其变成黑色向右上方的箭头 ,然后单击鼠标。

② 选定一行:将鼠标指针移到该行的左侧使其变成向右上方的箭头 ,然后单击鼠标。

③ 选定一列:将鼠标指针移到该列顶端的边框上使其变成黑色向下的箭头 ,然后单击鼠标。

④ 选定多个单元格、行或列:拖动鼠标指针经过这些单元格、行或列。

⑤ 选定整个表格:将鼠标指针移到表格中,表格的左上角将出现"表格移动手柄" ,单击"表格移动手柄"。

(2)插入。在 Word 2010 的表格中可以插入新的单元格、行或列。

① 插入行或列。在表格中选择需要插入行或列的单元格,单击"表格工具|布局"选项卡"行和列"组中的相应按钮,即可插入行或列。插入行可选择"在上方插入"或"在下方插入",插入列可选择"在左侧插入"或"在右侧插入"。

② 插入单元格。选择需要插入单元格的相邻单元格,单击"表格工具|布局"选项卡"行和列"组中右下方的扩展按钮 ,在弹出的"插入单元格"对话框中选择相应的选项即可,如图 3-82 所示。

注意:(1)在选择的单元格上右击,在弹出的快捷菜单中选择"插入"命令即可插入单元格、行或列。

(2)若要一次插入多个单元格、行或列,则应在插入前选定相应的单元格个数、行数或列数,再执行插入命令。

(3)在使用表格时,将光标定位在行尾处,按 Enter 键可以自动插入新行。

(3)删除。在表格操作中,可以根据实际需要删除整个表格、行、列或单元格,在表格中执行删除操作的方法如下:

① 使用选项组。选定要删除的相邻单元格、行或列,如果要删除整个表格,把光标放

在表格中的任意位置,单击"表格工具|布局"选项卡"行和列"组中的"删除"按钮,在其下拉列表中选择相应的命令即可。

② 使用快捷菜单。选择需要删除的行或列,右击,在弹出的快捷菜单中选择"删除行"或"删除列"命令;选择需要删除的单元格,右击,在弹出的快捷菜单中选择"删除单元格"命令,在弹出的"删除单元格"对话框中选择相应的选项,单击"确定"按钮即可,如图 3-83 所示。

(4) 合并与拆分。

① 合并单元格。对表格进行编辑时,有时需要将相邻的多个单元格合并起来。

合并前需先选定要合并的多个单元格。合并的方法有多种:

- 右击被选中的单元格,在弹出的快捷菜单中选择"合并单元格"命令即可。
- 在"表格工具|布局"选项卡"合并"组中单击"合并单元格"按钮即可。
- 在"表格工具|设计"选项卡"绘图边框"组中单击"擦除"按钮,指针变成橡皮擦形状,在表格线上拖动鼠标左键即可擦除线条,将两个单元格合并。按 Esc 键或再次单击"擦除"按钮取消擦除状态。

② 拆分单元格。可以根据需要将 Word 2010 中表格的一个单元格拆分成两个或多个单元格,从而制作较为复杂的表格。方法有:

- 右击需要拆分的单元格,在弹出的快捷菜单中选择"拆分单元格"命令,打开"拆分单元格"对话框,如图 3-84 所示,分别设置需要拆分成的"列数"和"行数",单击"确定"按钮完成拆分。

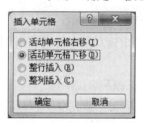

图 3-82 "插入单元格"对话框　　图 3-83 "删除单元格"对话框　　图 3-84 "拆分单元格"对话框

- 用左键单击需要拆分的单元格,单击"表格工具|布局"选项卡"合并"组中的"拆分单元格"按钮,在弹出的"拆分单元格"对话框中分别设置需要拆分成的"列数"和"行数",单击"确定"按钮完成拆分。
- 用绘制表格的方法进行拆分。单击"插入"选项卡"表格"组中的"表格"按钮,在其下拉列表中选择"绘制表格"命令,将鼠标指针移动到文本区时变成笔形指针状态。将"笔形指针"移动到要画表格的位置,拖动鼠标,在表格中画出任意的横线、竖线,达到拆分单元格的效果。绘制完成后,按 Esc 键或者在"表格工具|设计"选项卡中单击"绘制表格"按钮取消绘制表格状态。

③ 拆分表格。拆分表格就是把一个表格从指定的位置拆分成两个或多个表格。方法是:把光标置于将要拆分为第二个表格的第一行,单击"表格工具|布局"选项卡"合并"组中的"拆分表格"按钮即可,如图 3-85 所示。

注意：（1）将光标定位在表格中，按 Shift+Ctrl+Enter 组合键可以快速拆分表格。要合并表格，只需按 Delete 键删除空行即可。

（2）如果表格建立在文档的开头，需要在表格前插入文字，可把光标置于表格的第一行，用拆分表格的方法使表格下移。

（5）绘制斜线表头。表头是位于表格的第一行、第一列的单元格。下面介绍绘制斜线表头的两种方法。

① 简单的表头设计，用"插入斜线"的方法。步骤如下：

- 把光标放在表格的第一个单元格中，单击"表格工具|设计"选项卡"表格样式"组中的"边框"按钮，在其下拉列表中选择"斜下框线"或"斜上框线"。
- 在表格的第一个单元格中输入第一段内容并按 Enter 键，在该单元格的第二行输入第二段内容。
- 设置适当的段落对齐方式。

② 复杂的表头设计，用绘制自选图形直线及添加文本框的方法，如图 3-86 所示。步骤如下：

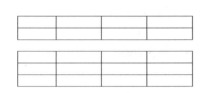

图 3-85　拆分表格　　　　　　　　　图 3-86　表头示例

- 调整好表格第一行的高度与第一列的宽度，使第一个单元格的大小合适。
- 在表头单元格中绘制"斜线"。单击"插入"选项卡"插图"组中的"形状"按钮，在其下拉列表中选择"直线"命令，这时鼠标变成"+"形，在表格第一个单元格内根据需要绘制斜线，斜线有几条就重复几次操作。调整直线的方向和长度以适应单元格大小。
- 在表头单元格中添加文本框。单击"插入"选项卡"文本"组中的"文本框"按钮，在其下拉列表中选择"绘制文本框"命令，在表格中拖动鼠标绘制出合适的文本框，在文本框中输入文字，并调整文字及文本框的大小，通过拖动文本框绿色的控制点可旋转一个适当的角度。选中文本框，单击"绘图工具|格式"选项卡"形状样式"组中的"形状轮廓"按钮，在其下拉列表中选择"无轮廓"命令，去掉文本框的轮廓。重复以上操作，插入所需文本框。

注意：设计复杂表头时，可通过调整文本框的层次关系以及设置文本框的内部边距，以达到最好效果。方法是：（1）选中文本框，单击"绘图工具|格式"选项卡"排列"组中的"上移一层"或"下移一层"按钮来调整层次关系。（2）选中文本框，然后右击，在弹出的快捷菜单中选择"设置形状格式"命令，在打开的"设置形状格式"对话框的左侧选择"文本框"，在对话框的右侧"内部边距"栏中

可设置"左"、"右"、"上"、"下"的值都为"0厘米",如图3-87所示。

图3-87 "设置形状格式"对话框

（6）输入表格内容。表格建好后，可以输入相应的内容。Word 2010的表格具有自动适应能力，当输入的内容超过单元格的列宽或遇到Enter键时，单元格会自动扩大行的高度。一个单元格内容输入完成后，移动光标到下一个单元格继续输入。

在表格中移动光标：将鼠标指针移到某一单元格，单击即可；也可用↑、↓、←、→光标移动键在表格中移动光标；按Tab键可使光标从当前单元格移到下一单元格，如果光标已在最后一个单元格，按Tab键将使表格增加新的一行；按Shift+Tab组合键可使光标移到上一单元格。

注意：如果表格建立在文档的开头，若需在表格前插入文字，可把光标置于表格的第一个单元格内，按Enter键，可使表格下移。

（7）设置行高与列宽。调整表格的行高与列宽的方法有多种。

① 用鼠标拖动。把光标置于表格内，通过拖动行线或列线，可以调整表格的行高与列宽；也可以通过拖动标尺上的滑块来调整。

② 利用"表格工具"功能区设置精确数值。在表格中选中需要设置高度的行或需要设置宽度的列，在"表格工具|布局"选项卡"单元格大小"组中调整"表格行高"数值或"表格列宽"数值，以设置表格行的高度或列的宽度。

③ 用"表格属性"对话框。在表格中选中需要设置高度的行或需要设置宽度的列，右击，在弹出的快捷菜单中选择"表格属性"命令，在弹出的"表格属性"对话框中选择"行"或"列"选项卡，然后在"指定高度"或"指定宽度"文本框中输入高度或宽度的值，如图3-88所示。

④ 用"平均分布各行（列）"命令。选择表格中要平均分布的行（列），右击，在弹出的快捷菜单中选择"平均分布各行（列）"命令即可。

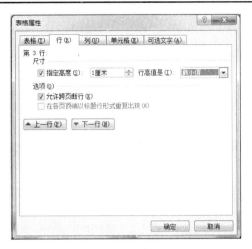

图 3-88　“表格属性”对话框

3.2.3　编排表格格式

表格建立之后，可以根据需要对表格进行格式编排。

【**任务 17**】在文档“课程表.docx”中，（1）设置第一行和第一列字形为“加粗”；（2）除表头单元格外，“单元格对齐方式”设置为“中部居中”，整个表格居中对齐；（3）设置表格框线；（4）适当调整表格宽度，除第一列外，设置“平均分布各列”；（5）输入表格标题，设置字体为“黑体”，字号为“三号”，下划线为“波浪线”，段落对齐为“居中”，如图 3-89 所示。

课　程　表

星期 / **课程**	**一**	**二**	**三**	**四**	**五**
上午	语文	数学	英语		
下午					

图 3-89　课程表

步骤

（1）设置字体。选中表格第一行和第一列（按住 Ctrl 键分别选择），单击“开始”选项卡“字体”组中的“加粗”按钮。

（2）设置对齐方式。选中表格除第一列的其余各列，选择“表格工具|布局”选项卡，在“对齐方式”组中单击“水平居中”按钮；选中“上午”、“下午”所在的两个单元格，右击，在弹出的快捷菜单中选择“单元格对齐方式”|“中部居中”命令。

设置表格对齐。在表格内右击，在弹出的快捷菜单中选择“表格属性”命令，弹出如图 3-90 所示的“表格属性”对话框，切换到“表格”选项卡，在“对齐方式”栏中选择“居中",单击"确定"按钮。

(3)设置表格框线。选中整个表格,选择"表格工具|设计"选项卡,在"表格样式"组中单击"边框"按钮或"边框"按钮右侧的下三角按钮,在其下拉列表中选择"边框和底纹"命令,弹出如图 3-91 所示的"边框和底纹"对话框。在"边框"选项卡中,设置"宽度"为 2.25 磅,"样式"默认为"单实线",在"预览"中单击"上框线"按钮,这时从预览中可以看到"上框线"消失了,再单击一次"上框线"按钮,这时,新设置的框线已经套用到"上框线"中。接着用同样的方法双击"下框线"按钮、"左框线"按钮和"右框线"按钮,单击"确定"按钮。

图 3-90 "表格属性"对话框

图 3-91 "边框和底纹"对话框

选择表格中"下午"的第一行(或"下午"的全部 3 行),右击,在弹出的快捷菜单中选择"边框和底纹"命令,弹出如图 3-91 所示的"边框和底纹"对话框,在"边框"选项卡中,设置"宽度"为 2.25 磅,"样式"默认为"单实线",在"预览"中双击"上框线"按钮,单击"确定"按钮。

把光标定位在表格中,选择"表格工具|设计"选项卡,在"绘图边框"组中单击"笔样式"按钮,在其下拉列表中选择"双实线",单击"笔划粗细"按钮,在其下拉列表中选择 1.5 磅,将鼠标指针移动到文本区时变成笔形指针状态,将"笔形指针"移动到表格第一行的下边框位置,拖动鼠标,画出一条"双实线",按 Esc 键退出"笔形指针"状态。

(4)调整表格宽度,设置"平均分布各列"。把鼠标指针移到表格的右边框线上,当指针变为左右双箭头时向左拖动鼠标,使表格的最后一列宽度变小;选中表格中除第一列的其余各列,右击,在弹出的快捷菜单中选择"平均分布各列"命令。

(5)设置表格标题。把光标定位在表格第一个单元格的最前面,按 Enter 键,使表格下移,在文档的第一行输入"课程表",中间可用空格隔开,选中"课程表",在"开始"选项卡"字体"组中分别设置字体为"黑体",字号为"三号",下划线为"波浪线",在"段落"组中设置段落对齐为"居中"。

相关知识点

(1)设置边框和底纹。表格的边框可以有多种形式,可以设置不同的颜色、线型,也可以取消表格的边框。有时为了突出某些单元格的内容,还可以设置底纹。

设置边框和底纹可以使用"表格和边框"工具栏，可以在"表格工具"功能区设置表格边框，也可以在"边框和底纹"对话框设置表格边框，操作步骤如下：

① 在表格中选中需要设置边框的单元格或整个表格。在"表格工具|设计"选项卡"表格样式"组中单击"边框"按钮，在其下拉列表中选择"边框和底纹"命令。

② 在打开的"边框和底纹"对话框中切换到"边框"选项卡，在"设置"区域选择边框显示方式。其中：

- 选择"无"选项，表示被选中的单元格或整个表格不显示边框。
- 选中"方框"选项，表示只显示被选中的单元格或整个表格的四周边框。
- 选中"全部"选项，表示被选中的单元格或整个表格显示所有边框。
- 选中"虚框"选项，表示被选中的单元格或整个表格在设置外框线的宽度加粗后，四周为粗边框，内部为细边框。
- 选中"自定义"选项，表示被选中的单元格或整个表格可以根据实际需要自定义设置边框的显示状态，而不仅仅局限于上述 4 种显示状态，如图 3-91 所示。

③ 在"样式"列表框中选择边框的样式（例如双实线、点线等样式）；在"颜色"下拉菜单中选择边框使用的颜色；单击"宽度"下三角按钮选择边框的宽度尺寸。在"预览"区域，可以通过单击某个方向的边框按钮来确定是否显示该边框。设置完毕后单击"确定"按钮，如图 3-91 所示。

（2）设置对齐方式。

① 单元格对齐。选择需要对齐的单元格，在"表格工具|布局"选项卡"对齐方式"组中单击相应对齐按钮即可。单元格对齐也可通过右击，在弹出的快捷菜单中选择"单元格对齐方式"中的各种相应命令来完成。

② 表格对齐。在表格内右击，在弹出的快捷菜单中选择"表格属性"命令，在打开的"表格属性"对话框中切换到"表格"选项卡，在"对齐方式"栏中进行选择，单击"确定"按钮。

③ 更改文字方向。默认状态下，表格中的文本都是横向排列的。选择需要更改文字方向的单元格，在"表格工具|布局"选项卡"对齐方式"组中单击"文字方向"按钮即可。另外，也可以通过右击，在弹出的快捷菜单中选择"文字方向"命令，在弹出的"文字方向-表格单元格"对话框中设置不同效果的文字方向。

（3）表格与文本转换。

① 文本转换成表格。Word 可以将文档中若干行、列的数据或文字加上表格线，建立包含这些数据的同样行、列的表格，操作步骤如下：

- 选定要转换成表格的文本段落，各个数据间的分隔符必须相同。
- 单击"插入"选项卡"表格"组中的"表格"按钮，在其下拉列表中选择"文本转换成表格"命令，弹出"将文字转换成表格"对话框，如图 3-92 所示。在"文字分隔位置"组中选择原数据间使用的分隔符；该对话框中指出了即将生成的表格的列数及行数，如接受这些设置则不需修改它们。
- 单击"确定"按钮，文本即转换成表格。

② 表格转换成文本。将表格内容转换成普通文本的方法如下：
- 把光标置于要转换成文本的表格中。
- 单击"表格工具|布局"选项卡"数据"组中的"转换为文本"按钮，弹出"表格转换成文本"对话框，如图 3-93 所示。

图 3-92 "将文字转换成表格"对话框

图 3-93 "表格转换成文本"对话框

③ 在"文字分隔符"栏中选择一种用来分隔文本的符号。

④ 单击"确定"按钮，完成转换。

（4）标题行重复。Word 2010 文档中，如果一张表格需要在多页中跨页显示，则设置标题行重复显示很有必要，因为这样会在每一页都明确显示表格中的每一列所代表的内容。操作步骤如下：

① 选定表格中的第一行或包括第一行的几行作为标题行。

② 在"表格工具|布局"选项卡"表"组中单击"属性"按钮，在弹出的"表格属性"对话框中选择"行"选项卡，选中"在各页顶端以标题行形式重复出现"复选框，如图 3-94 所示。这样，Word 2010 就会在因自动分页而拆开的续表中重复标题行。

图 3-94 "表格属性"对话框

📢 注意："表格属性"对话框也可以通过在表格中右击，在弹出的快捷菜单中进行选择。

（5）处理表格数据。在 Word 2010 文档中，可以借助 Word 提供的数学公式运算功能对表格中的数据进行数学运算，包括加、减、乘、除以及求和、求平均值等常见运算。可以使用运算符号和 Word 提供的函数进行上述运算，步骤如下：

① 打开 Word 文档窗口，在准备参与数据计算的表格中单击计算结果单元格。单击"表格工具|布局"选项卡"数据"组中的"公式"按钮，如图 3-95 所示。

② 在打开的"公式"对话框中（如图 3-96 所示），"公式"编辑框中会根据表格中的数据和当前单元格所在位置自动推荐一个公式，例如"=SUM(LEFT)"是指计算当前单元格左侧单元格的数据之和。可以单击"粘贴函数"下三角按钮选择合适的函数，例如平均数函数 AVERAGE、计数函数 COUNT 等。其中公式中括号内的参数包括 4 个，分别是

左侧（LEFT）、右侧（RIGHT）、上面（ABOVE）和下面（BELOW）。完成公式的编辑后单击"确定"按钮即可得到计算结果。

图 3-95　单击"数据"组中的"公式"按钮　　图 3-96　设置合适的函数

③ 把光标定位在计算结果的下一单元格，重复上一步的操作，"公式"对话框中的"公式"内容是可以复制的，在进行下一个单元格相同操作时可以粘贴公式，提高输入效率。

注意：还可以在"公式"对话框的"公式"编辑框中编辑包含加、减、乘、除运算符号的公式，如编辑公式"=3*5"并单击"确定"按钮，则可以在当前单元格返回计算结果15，如图 3-97 所示。

图 3-97　编辑"公式"

3.3　邮件合并

案例：批量制作邀请函

1. 案例分析

为配合某会议的召开，需要制作邀请函，用于邀请与会代表参加会议。

邀请函的内容除了单位、姓名等少数项目以外，其他都完全一样。利用 Word 的邮件合并功能可以快速地完成批量邀请函的制作。

邮件合并主要用于创建信函、信封、标签或目录等各种套用的文档。它是通过合并一个主文档和一个数据源来实现的。主文档包含文档中固定不变的正文；数据源包含文档中要变化的内容，如收信人的地址和姓名（这里指的是给不同的个人发一封相同内容的信）。邮件合并利用数据源中的信息替换相应的合并域，数据源中的每一行信息可以生成一个版本的套用信函或邮件标签等文档。

邮件合并功能可简化操作过程，只需建立一个主文档即可得到多个格式相同而对象不同的文件输出结果。

本案例将介绍如何利用 Word 中的邮件合并功能批量制作邀请函，制作好的邀请函如

图 3-98 所示。

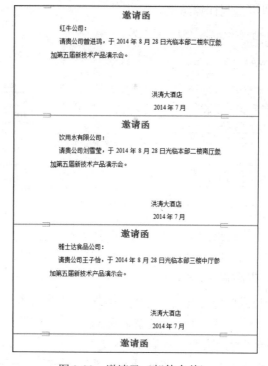

图 3-98 邀请函(邮件合并)

2. 解决方案

要制作出如图 3-98 所示的"邀请函",需完成以下步骤:

(1)创建主文档。把"邀请函.docx"中相同的部分编辑好作为主文档,这是没有数据的模板。

(2)建立数据源。把"数据源.docx"编辑好作为"邀请函"的后台数据库。

(3)合并文档。利用 Word 提供的邮件合并功能,以"邀请函.docx"中各种变化的数据作为合并域,将"数据源.doc"中的数据合并到"邀请函.docx"中。

3.3.1 创建主文档

主文档是指邀请函中相同的部分。

【任务 18】建立"邀请函.docx",并保存在 D 盘的 Word 文件夹下。

步骤

(1)启动 Word 应用程序,将文档保存为"邀请函 docx"。

(2)输入邀请函内容。

(3)对邀请函的字体格式和段落格式进行设置。制作完成的邀请函效果如图 3-99 所示。

```
┌─────────────────────────────────────┐
│              邀请函                  │
│                                     │
│   公司：                             │
│     请贵公司，于 2014 年 8 月 28 日光临本部参加第五届新技术│
│   产品演示会。                        │
│                                     │
│                                     │
│                          洪涛大酒店   │
│                          2014 年 7 月 │
└─────────────────────────────────────┘
```

图 3-99　主文档

3.3.2　建立数据源

数据源文档就是整理好的客户资料。

【任务 19】建立"数据源.docx",并保存在 D 盘的 Word 文件夹下。

步骤

(1) 整理客户的资料,它应该是一个从文档第一行开始的表格,如图 3-100 所示。

电话	公司	姓名	地点
34200765	红牛	曾进鸿	二楼东厅
85216745	饮用水有限	刘雪莹	二楼南厅
33262478	雅士达食品	王子怡	三楼中厅
66227237	永安百货	李得乐	三楼西厅

图 3-100　数据源

(2) 表格整理好后,把它保存为"数据源.docx",并关闭该文档。

注意: Excel 表格、数据库表都可以作为数据源使用。

3.3.3　合并文档

【任务 20】利用 Word 提供的邮件合并功能,以"邀请函.docx"中各种变化的数据作为合并域,将"数据源.docx"中的数据合并到"邀请函.docx"中,合并后的文档命名为"邮件合并.docx",保存在 D 盘 Word 文件夹中。

步骤

(1) 打开主文档"邀请函.docx",在"邮件"选项卡"开始邮件合并"组中单击"开始邮件合并"按钮,如图 3-101 所示,在其下拉列表中选择"信函"命令。

(2) 在"开始邮件合并"组中单击"选择收件人"按钮,在其下拉列表中选择"使用现有列表"命令,如图 3-102 所示,在弹出的"选取数据源"对话框中选择"数据源.docx",单击"打开"按钮,如图 3-103 所示。

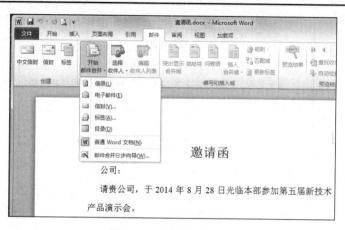

图 3-101　开始邮件合并

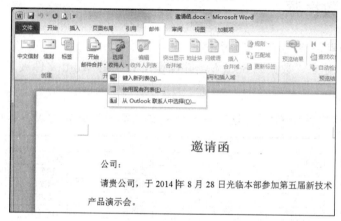

图 3-102　选择收件人

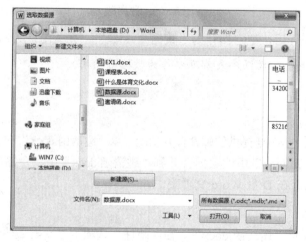

图 3-103　"选取数据源"对话框

（3）把光标定位在主文档中要插入域的位置，例如把光标定位在"公司"之前，在"邮件"选项卡"编写和插入域"组中单击"插入合并域"按钮，在其下拉列表中选择要插入的选项，如"公司"，如图 3-104 所示。

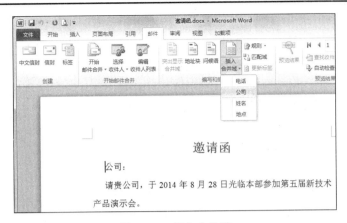

图 3-104　插入合并域

（4）重复步骤（3），把相应的字段插入到主文档相应的位置，如图 3-105 所示。

（5）在"预览结果"组中单击"预览结果"按钮，可以查看信函内容，单击"下一记录"或"上一记录"按钮可以预览其他联系人的信函。

（6）单击"完成"组中的"完成并合并"按钮，在其下拉列表中选择"编辑单个文档"，弹出"合并到新文档"对话框，如图 3-106 所示，单击"确定"按钮，把合并后的内容保存为"邮件合并.docx"，结果如图 3-98 所示。

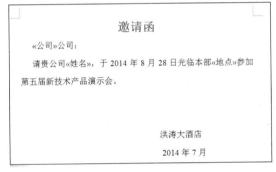

图 3-105　"插入合并域"完成示意图

图 3-106　"合并到新文档"对话框

相关知识点

（1）如果在如图 3-101 所示"开始邮件合并"下拉列表中选择"目录"命令，邮件合并的内容会在同一页连续出现，适用于主文档内容较少，可连续显示的情况，可根据实际情况采用。

（2）完成"选择收件人"操作后，选择"编辑收件人列表"命令，在打开的"邮件合并收件人"对话框中可以对各字段进行"排序"和"筛选"操作，并根据需要选择联系人，如图 3-107 所示。

（3）采用分步完成的方式进行邮件合并。打开主文档后，在"邮件"选项卡"开始邮件合并"组中单击"开始邮件合并"按钮，在其下拉列表中选择"邮件合并分步向导"命令，打开"邮件合并"任务窗格，如图 3-108 所示，可分步完成"邮件合并"。

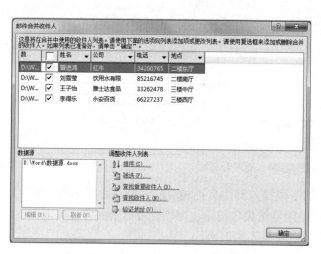

图 3-107 "邮件合并收件人"对话框　　　　图 3-108 "邮件合并"任务窗格

3.4　Word 高级应用

案例：文档综合排版

1. 案例分析

文档综合排版时不仅文档长，而且格式多，处理起来比普通文档要复杂得多。例如，在文档中要插入公式，为章节和正文等快速设置相应的格式，自动生成目录，设置页眉和页脚，以及插入脚注和尾注等，如图 3-109 所示。

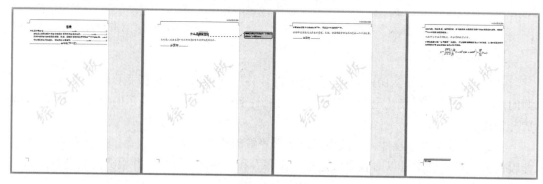

图 3-109　文档综合排版

2. 解决方案

本案例的实现步骤包括：

（1）在文档中插入公式。

（2）对文档所用到的样式进行定义，将定义好的样式分别应用到文档中。
（3）添加目录。
（4）设置页眉和页脚。
（5）插入脚注。
（6）插入批注。

3.4.1 插入公式

在 Word 2010 中，可以很方便地处理各种数学公式。

【任务21】（1）把 D 盘 Word 文件夹中的"什么是体育文化.docx"另存为"Ex2.docx"，并在文档"Ex2.docx"中完成以下操作。（2）在文档后面输入公式：

$$p = \sqrt{\frac{x-y}{x+y}} \left(\int_{\frac{\pi}{4}}^{\frac{3\pi}{4}} (1+\sin^2 x)\mathrm{d}x + \cos 30° \right) \times \sum_{i=1}^{100} (x_{i+y_i})$$

🖉 步骤

（1）打开文档"什么是体育文化.docx"，选择"文件"|"另存为"命令，另存为 Ex2.docx。

（2）在文档 Ex2.docx 中，把光标定位在文档的最后按 Enter 键另起一段（要插入公式的地方）。

（3）单击"插入"选项卡"符号"组中的"公式"按钮，在其下拉列表中选择"插入新公式"命令，在文档中显示"在此处键入公式"公式编辑框，如图 3-110 所示，与此同时，功能区中也自动新增了"公式工具|设计"选项卡，如图 3-111 所示。

图 3-110　公式编辑框

图 3-111　"公式工具|设计"选项卡

（4）利用"公式工具|设计"选项卡，即可自定义设计各种复杂公式。步骤如下：

① 在公式编辑框中输入"p="。

② 在"公式工具|设计"选项卡"结构"组中单击"根式"按钮，在其下拉列表中选择"平方根"命令。

③ 选中公式编辑框中"平方根"中的虚框，在"结构"组中单击"分数"按钮，在其下拉列表中选择"分数（竖式）"命令。

④ 把光标定位在公式编辑框中"分数"的分子位置的虚框中，输入"x-y"，把光标定位在公式编辑框中"分数"的分母位置的虚框中，输入"x+y"。

⑤ 把光标定位到公式编辑框的最右边，在"结构"组中单击"括号"按钮，在

其下拉列表中选择"方括号"命令。

⑥ 在"结构"组中单击"积分"按钮，在其下拉列表中选择"积分"命令。

⑦ 重复以上步骤，在"符号"组中可选择插入"π"和"×"等符号，在"结构"组中单击"上下标"按钮可插入上标和下标等，完成公式的创建，如图 3-112 所示。

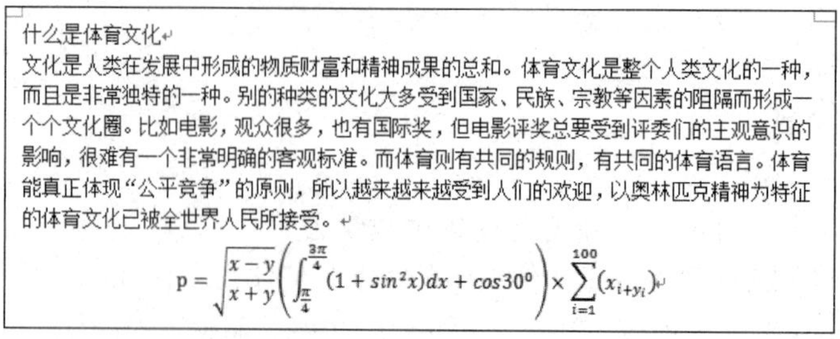

图 3-112　完成插入公式

相关知识点

（1）公式编辑框的"公式选项"按钮。新公式编辑完后，单击公式编辑框右侧的"公式选项"按钮，如图 3-113 所示，在其下拉列表中选择"另存为新公式"，在弹出的对话框中输入公式名称，单击"确定"按钮，以后再插入公式时，即可在下拉列表处出现之前保存的公式，如图 3-114 所示。

公式编辑框的显示方式可以在如图 3-113 所示的"公式选项"下拉列表中选择公式为"专业型"、"线性"或"更改为内嵌"。

公式编辑框的对齐方式可以在"公式选项"下拉列表中选择"两端对齐"的下级菜单"左对齐"、"右对齐"、"居中"或"整体居中"。

（2）插入内置公式。单击"插入"选项卡"符号"组中的"公式"按钮，选择"内置"公式下拉列表中所需的公式，如图 3-114 所示。

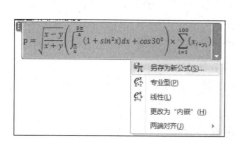

图 3-113　"公式选项"下拉列表

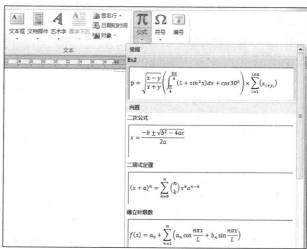

图 3-114　"公式"下拉列表

3.4.2 使用样式

样式是文档格式的集合。使用样式可以方便地设置文档各部分的格式，提高排版的效率，并能得到风格一致的文字效果。样式与标题、目录都有着密切的联系。

【任务 22】打开文档 Ex2.docx，（1）建立一个名为"A 样式"的段落样式，其格式组合为：居中、黑体、四号，大纲级别为"1 级"。（2）建立一个名为"B 样式"的段落样式，其格式组合为：段前间距 10 磅、段后间距 10 磅、小四、楷体、红色字，大纲级别为"2 级"。（3）将文档的第二段分成 6 段，每句一段。（4）把 A 样式应用到文档的第一段，把 B 样式应用到文档的第二、四、六段。（5）把 B 样式的字体颜色修改为"蓝色"。

步骤

（1）打开文档 Ex2.docx，在"开始"选项卡"样式"组中单击右下方的扩展按钮，在打开的"样式"任务窗格中单击"新建样式"按钮，打开"根据格式设置创建新样式"对话框，如图 3-115 所示，在"名称"文本框中输入新建样式的名称"A 样式"，在"样式类型"下拉列表框中选择"段落"，"样式基准"设置为"正文"。在"格式"栏中设置字体为"黑体"，字号为"四号"；单击左下角的"格式"按钮，在其下拉列表中选择"段落"，弹出"段落"对话框，在"缩进和间距"选项卡的"常规"栏中设置对齐方式为"居中"，大纲级别为"1 级"，如图 3-116 所示。

图 3-115　"根据格式设置创建新样式"对话框　　　　图 3-116　"段落"对话框

（2）在"样式"任务窗格中单击"新建样式"按钮，打开"根据格式设置创建新样式"对话框，在"名称"文本框中输入新建样式的名称"B 样式"，在"样式类型"下拉列表中选择"段落"。在"格式"组中单击左下角的"格式"按钮，在其下拉列表中选择"段落"，弹出"段落"对话框。在"缩进和间距"选项卡中设置大纲级别为"2 级"，设置"间距"段前为"10 磅"、段后为"10 磅"，单击"确定"按钮；再次单击左下角的"格式"按钮，在其下拉列表中选择"字体"，弹出"字体"对话框，设置字体为"楷体"，字号为“小四”，字体颜色为“红色”，单击“确定”按钮，在“根据格式设置创建新样式”对话框中再单击“确定”按钮。

（3）在文档的第二段的每一个句号后按 Enter 键，分成 6 段，如图 3-117 所示。

（4）选中文档的第一段，在“开始”选项卡“样式”组中选择“A 样式”；选中文档的第二、四、六段（可按住 Ctrl 键分别选中），在“样式”任务窗格中选择“B 样式”，效果如图 3-118 所示。

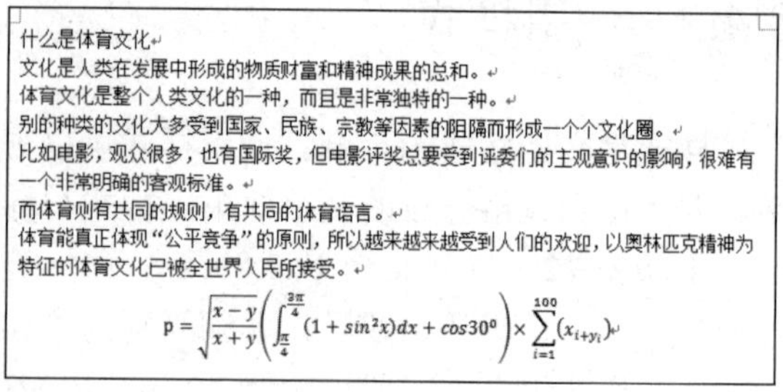
什么是体育文化

文化是人类在发展中形成的物质财富和精神成果的总和。

体育文化是整个人类文化的一种，而且是非常独特的一种。

别的种类的文化大多受到国家、民族、宗教等因素的阻隔而形成一个个文化圈。

比如电影，观众很多，也有国际奖，但电影评奖总要受到评委们的主观意识的影响，很难有一个非常明确的客观标准。

而体育则有共同的规则，有共同的体育语言。

体育能真正体现“公平竞争”的原则，所以越来越受到人们的欢迎，以奥林匹克精神为特征的体育文化已被全世界人民所接受。

$$p=\sqrt{\frac{x-y}{x+y}}\left(\int_{\frac{\pi}{4}}^{\frac{3\pi}{4}}(1+sin^2x)dx+cos30^0\right)\times\sum_{i=1}^{100}(x_{i+y_i})$$

图 3-117　将文档的第二段分成 6 段

（5）在“样式”任务窗格中单击 B 样式右侧的下三角按钮，在弹出的下拉菜单中选择“修改”命令，在打开的“修改样式”对话框中把字体颜色修改为“蓝色”，效果如图 3-119 所示。

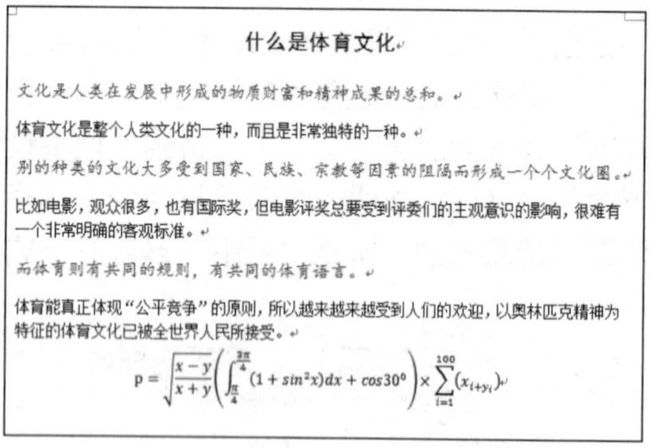
什么是体育文化

文化是人类在发展中形成的物质财富和精神成果的总和。

体育文化是整个人类文化的一种，而且是非常独特的一种。

别的种类的文化大多受到国家、民族、宗教等因素的阻隔而形成一个个文化圈。

比如电影，观众很多，也有国际奖，但电影评奖总要受到评委们的主观意识的影响，很难有一个非常明确的客观标准。

而体育则有共同的规则，有共同的体育语言。

体育能真正体现“公平竞争”的原则，所以越来越受到人们的欢迎，以奥林匹克精神为特征的体育文化已被全世界人民所接受。

$$p=\sqrt{\frac{x-y}{x+y}}\left(\int_{\frac{\pi}{4}}^{\frac{3\pi}{4}}(1+sin^2x)dx+cos30^0\right)\times\sum_{i=1}^{100}(x_{i+y_i})$$

图 3-118　应用样式的效果

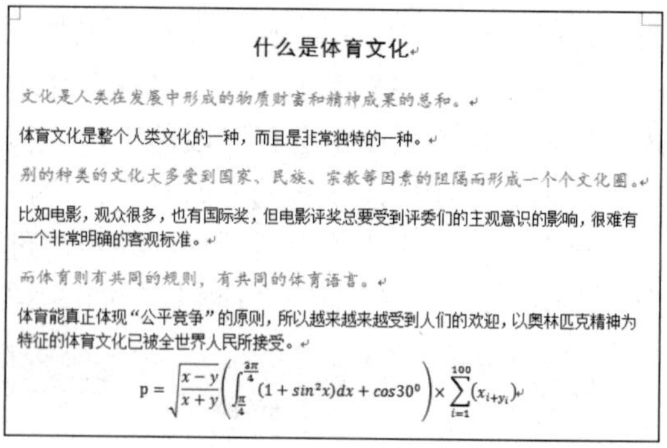
什么是体育文化

文化是人类在发展中形成的物质财富和精神成果的总和。

体育文化是整个人类文化的一种，而且是非常独特的一种。

别的种类的文化大多受到国家、民族、宗教等因素的阻隔而形成一个个文化圈。

比如电影，观众很多，也有国际奖，但电影评奖总要受到评委们的主观意识的影响，很难有一个非常明确的客观标准。

而体育则有共同的规则，有共同的体育语言。

体育能真正体现“公平竞争”的原则，所以越来越受到人们的欢迎，以奥林匹克精神为特征的体育文化已被全世界人民所接受。

$$p=\sqrt{\frac{x-y}{x+y}}\left(\int_{\frac{\pi}{4}}^{\frac{3\pi}{4}}(1+sin^2x)dx+cos30^0\right)\times\sum_{i=1}^{100}(x_{i+y_i})$$

图 3-119　修改样式的效果

相关知识点

（1）新建样式。在 Word 中，已经预设许多样式，可以直接应用，如果预设的样式不能满足需要，也可以建立新的样式。新建样式的步骤如下：

① 打开 Word 文档窗口，在“开始”选项卡“样式”组中单击右下方的扩展按钮。

② 在打开的“样式”任务窗格中单击“新建样式”按钮。

③ 打开“根据格式设置创建新样式”对话框，在“名称”文本框中输入新建样式的名称，然后在“样式类型”下拉列表框中包含以下 5 种类型。

- 段落：新建的样式将应用于段落级别。
- 字符：新建的样式将仅用于字符级别。
- 链接段落和字符：新建的样式将用于段落和字符两种级别。
- 表格：新建的样式主要用于表格。
- 列表：新建的样式主要用于项目符号和编号列表。

选择一种样式类型，例如“段落”。

④ 在“样式基准”下拉列表框中选择某一种内置样式作为新建样式的基准样式。

⑤ 在“后续段落样式”下拉列表框中选择新建样式的后续样式。

⑥ 在"格式"区域，根据实际需要设置字体、字号、颜色、段落间距、对齐方式等段落格式和字符格式，设置大纲级别可方便用于生成目录。如果希望该样式应用于所有文档，则需要选中"基于该模板的新文档"单选按钮。设置完毕后单击"确定"按钮即可。

注意：如果选择了"样式类型"的"表格"选项，则"样式基准"中仅列出表格相关的样式提供选择，且无法设置段落间距等段落格式；如果选择"样式类型"中的"列表"选项，则不再显示"样式基准"，且格式设置仅限于项目符号和编号列表相关的格式选项。

（2）应用样式。可以应用样式对文本进行格式化。除了可以将新样式应用到文档中，还可以应用 Word 自带的标题样式、正文样式等内置样式。应用样式的方法是：选择需要应用样式的文本，在"开始"选项卡"样式"组中选择相应的样式类型，或在"样式"任务窗格中进行相应的选择。

（3）修改样式。当对多段文本应用某一样式后，如果需要修改格式，可以修改样式而不必逐一修改每个段落。修改样式的方法有：

① 选择需要更改的样式，在"开始"选项卡"样式"组中单击"更改样式"按钮，在其下拉列表中选择需要更改的选项即可，如图 3-120 所示。

图 3-120 "更改样式"下拉列表

② 在"样式"任务窗格中单击需要修改的样式右侧的下三角按钮，在弹出的下拉菜单中选择"修改"命令，在打开的"修改样式"对话框中修改样式的各项参数。

③ 在"样式"组或"样式"任务窗格中，在需要修改的样式上右击，在弹出的快捷菜单中选择"修改"命令，在打开的"修改样式"对话框中修改样式的各项参数即可。

修改样式后，Word 将立即自动更新文档中所有使用该样式的段落的格式编排。

注意："修改样式"对话框与创建新样式中的"根据格式设置创建新样式"对话框内容是一样的。

（4）删除样式。删除样式的方法是：在"样式"任务窗格中单击要删除的样式右侧的下三角按钮，在其下拉列表中选择"删除"命令即可。

（5）应用其他样式。在当前文档中可以有选择地应用其他文档或模板中已有的样式。具体步骤如下：

① 在"样式"任务窗格中单击"管理样式"按钮，打开"管理样式"对话框，如图 3-121 所示，单击"导入/导出"按钮，打开如图 3-122 所示的"管理器"对话框。

图 3-121 "管理样式"对话框

图 3-122 "管理器"对话框

② 单击对话框右侧的"关闭文件"按钮,该按钮将变为"打开文件"按钮。

③ 单击"打开文件"按钮,打开"打开"对话框。在"文件类型"下拉列表框中进行相应选择,然后打开含有所需样式的文档。

④ 在"管理器"对话框右侧列表框中选中所需的样式,单击 复制(C) 按钮,选中的样式便会出现在左侧的样式列表框中。

⑤ 关闭"管理器"对话框。

⑥ 所需的样式已出现在当前文档的样式列表中。

◀) 注意:利用"格式刷"也可以有选择地复制其他文档中的样式。

3.4.3 添加目录

目录是长文档必不可少的组成部分,由文章的标题和页码组成。手工添加目录既麻烦又不利于编辑修改。对于应用了样式或大纲级别的文档,可以通过设置快速生成目录。

【任务 23】在文档"Ex2.docx"中,(1)通过插入分页符把第三、四段放到第二页,第五、六和七段放到第三页。(2)在文档的最前面插入二级目录。(3)在"目录"前输入文本"目录"两个字符。将文本"目录"的格式设置为"四号、黑体、居中"。

步骤

(1) 打开文档 Ex2.docx,把光标定位在第五段的最前面,选择"插入"选项卡"页"组中的"分页"命令,插入分页符;把光标定位在第三段的最前面,按 Ctrl+Enter 组合键,即可插入分页符,如图 3-123 所示。

(2) 把光标定位在文档的最前面,按 Enter 键,把光标置于正文之前的空行中,在"引用"选项卡"目录"组中单击"目录"按钮,在其下拉列表中选择"插入目录"命令,弹出如图 3-124 所示的"目录"对话框。在"目录"选项卡"常规"栏的"显示级别"数值框中输入"2",单击"选项"按钮,弹出"目录选项"对话框,如图 3-125 所示,把"A 样式"的目录级别设置为"1",把"B 样式"的目录级别设置为"2",删除系统默认的

"标题 1"和"标题 2"的目录级别,单击"确定"按钮回到"目录"对话框,再单击"确定"按钮,目录已经插入到文档中。

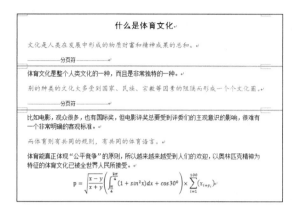

图 3-123　把文档分成 3 页

图 3-124　"目录"对话框

注意：由于设置样式时已经同时设置了大纲级别,系统默认使用大纲级别来生成目录。在"目录"对话框"目录"选项卡"常规"组的"显示级别"中输入"2"后,直接单击"确定"按钮也能完成目录的插入。

（3）把光标定位在文档的最前面,按 Enter 键,在光标正文之前的空行中,输入文本"目录"两字符。选中文本"目录",在"开始"选项卡"字体"组中设置其格式为"四号、黑体、居中",结果如图 3-126 所示。

图 3-125　"目录选项"对话框

图 3-126　插入二级目录

相关知识点

（1）建立目录。建立目录的方法如下：

① 单击要插入目录的位置，通常在文档的开始处。

② 在"引用"选项卡"目录"组中单击"目录"按钮，在其下拉列表中选择所需的目录样式。

目录样式分为"手动表格"和"自动目录"等，选择"手动表格"，可以手动填写标题，不受文档内容的影响。选择"自动目录"，则自动插入目录。

如果要指定更多选项（例如，要显示的标题级别数目），则选择"目录"下拉列表中的"插入目录"命令，打开"目录"对话框，如图 3-124 所示。

目录建好后，只要将鼠标移到目录处，按住 Ctrl 键的同时单击某个标题，就可以定位到相应的位置。

（2）更新目录。如果文档的内容作了修改，则目录的内容也需要更新。方法如下：

① 将光标定位在目录区域，按 F9 键，打开"更新目录"对话框，如图 3-127 所示。

② 选中"只更新页码"或"更新整个目录"单选按钮。

③ 单击"确定"按钮。

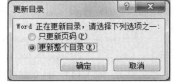

图 3-127 "更新目录"对话框

📢 **注意**：更新目录也可以在目录区域右击，在弹出的快捷菜单中选择"更新域"命令；或者单击"引用"选项卡"目录"组中的"更新目录"按钮。

（3）修改目录样式。如果要对目录的格式进行统一修改，则和普通文本的格式设置方法一样；如果要分别对目录中的不同标题的格式进行不同的设置，则需要修改目录样式。方法如下：

① 把光标置于目录中的任意位置。

② 单击"引用"选项卡"目录"组中的"目录"按钮，在其下拉列表中选择"插入目录"命令，弹出如图 3-124 所示的"目录"对话框。选择"目录"选项卡，在"格式"下拉列表框中选择"来自模板"。

③ 单击"修改"按钮，打开"样式"对话框，如图 3-128 所示。

图 3-128 "样式"对话框

📢 **注意**：只有在"目录"对话框的"格式"下拉列表框中选择"来自模板"，"修改"按钮才会被激活。

④ 在"样式"列表框中选择"目录 1"，单击"修改"按钮，进行设置。再用同样的方法修改目录 2 和目录 3 等。

3.4.4 插入分节符

使用分节符可以在文档不同的节中设置不同的页面信息，如纸张大小、页面方向、页边距、页眉和页脚、页码等。

【任务 24】打开文档 Ex2.docx，（1）在目录之后（正文之前）插入分节符，把文档分为两节。（2）断开两节之间页眉和页脚的链接。

▶ 步骤

（1）打开文档 Ex2.docx，将插入点放在目录的后面（正文的前面），单击"页面布局"选项卡"页面设置"组中的"分隔符"按钮，在其下拉列表"分节符"分组中选择"下一页"命令。分节符便插入到文档中，此时，文档共分为 4 页，如图 3-129 所示。

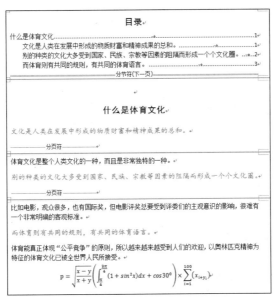

图 3-129　插入分节符

（2）单击"插入"选项卡"页眉和页脚"组中的"页眉"按钮，在其下拉列表中选择"编辑页眉"命令。在"页眉和页脚工具|设计"选项卡"导航"组中，如图 3-130 所示，单击"下一节"按钮，使插入点定位在第二节的页眉处，单击"链接到前一条页眉"按钮，当该按钮弹起时，页面右上角的"与上一节相同"字样将消失，此时便断开了第 2 节与第 1 节页眉的链接。单击"导航"组中的"转至页脚"按钮，单击"链接到前一条页眉"按钮，断开第 1 节与第 2 节之间的"页脚"链接，使页面右下角的"与上一节相同"字样消失。

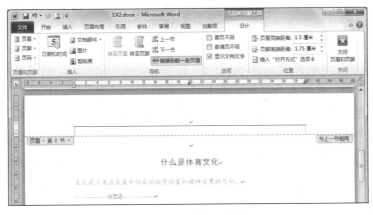

图 3-130　设置断开链接

(3) 单击"页眉和页脚工具|设计"选项卡中的"关闭页眉和页脚"按钮。

📖 相关知识点

(1) 在页面视图下,当"开始"选项卡"段落"组中的"显示/隐藏编辑标记"被选中时,可以显示分节符;"草稿"视图模式下也可以显示分节符。分节符是一条双横虚线,横虚线中间出现"分节符(下一页)"字样,可以作为一般字符进行删除处理。

(2) 在"分节符"列表中,各种命令具有不同的效果,如图3-131所示。

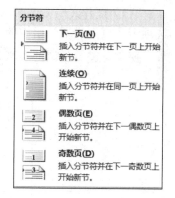

图3-131 分节符的类型

① 下一页:插入一个分节符,并在下一页上开始新节。
② 连续:插入一个分节符,新节从同一页开始。
③ 偶数页:插入一个分节符,新节从下一个偶数页开始。
④ 奇数页:插入一个分节符,新节从下一个奇数页开始。

(3) 在文档中使用分节符后,可用于实现某些版式或格式更改。可以在单个节中独立设置的元素包括页边距、纸张大小或方向、打印机纸张来源、页面边框、页面上文本的垂直对齐方式、页眉和页脚、列、页码编号、行号、脚注和尾注编号等。

3.4.5 添加页眉和页脚

【任务25】在文档Ex2.docx中设置页眉和页脚。要求:(1)第1节不需要设置页眉,第2节设置页眉为"计算机应用实验",右对齐。(2)第1节设置页码位置:底端,居中对齐,页码格式为:Ⅰ,Ⅱ,Ⅲ,…,起始页码为Ⅰ;第2节设置页码位置:底端,居中对齐,页码格式为:-1-,-2-,-3-,…,起始页码为-1-。

🖉 步骤

(1) 打开文档Ex2.docx,将插入点置于文档的第2节中。单击"插入"选项卡 "页眉和页脚"组中的"页眉"按钮,在其下拉列表中选择"编辑页眉",这时页面顶部出现一个页眉编辑区并且在功能区显示"页眉和页脚工具|设计"选项卡,在页眉编辑区输入文本"计算机应用实验",单击"开始"选项卡"段落"组中的"右对齐"按钮。

(2) 单击"页眉和页脚工具|设计"选项卡"导航"组中的"转至页脚"按钮,再单击"上一节"按钮,使插入点定位在第1节的页脚处;单击"页眉和页脚工具|设计"选项卡"页眉和页脚"组中的"页码"按钮,在其下拉列表中选择"页面底端"|"普通数字2"命令,如图3-132所示,这时页码已经插入,再次在"页眉和页脚"组中单击"页码"按钮,在其下拉列表中选择"设置页码格式"命令,如图3-133所示,弹出"页码格式"对话框,如图3-134所示,在该对话框中设置"编号格式"为"Ⅰ,Ⅱ,Ⅲ,…","起始页码"为"1"。

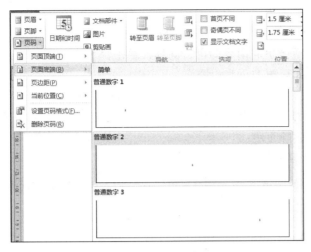

图 3-132　插入页码　　　　　　　图 3-133　选择"设置页码格式"命令

（3）单击"页眉和页脚工具|设计"选项卡"导航"组中的"下一节"按钮，在"页眉和页脚"组中单击"页码"按钮，在其下拉列表中选择"页面底端"|"普通数字 2"命令，再次在"页眉和页脚"组中单击"页码"按钮，在其下拉列表中选择"设置页码格式"命令，弹出"页码格式"对话框，如图 3-135 所示，在该对话框中设置"编号格式"为"-1-，-2-，-3-，…"，"起始页码"为"-1-"。

图 3-134　"页码格式"对话框　　　　　图 3-135　"页码格式"对话框

（4）单击"页眉和页脚工具|设计"选项卡上的"关闭页眉和页脚"按钮。

相关知识点

（1）插入页眉和页脚。单击"插入"选项卡"页眉和页脚"组中的"页眉"或"页脚"按钮，在其下拉列表中选择适当的选项即可为文档插入"页眉"或"页脚。

Word 2010 提供了空白、田边线型、传统型、年刊型、现代型等 20 多种页眉和页脚样式，要根据实际情况进行选择。

（2）编辑页眉和页脚。

① 更改样式。如果要更改页眉和页脚的样式，与插入页眉和页脚的操作一样，可以单击"插入"选项卡"页眉和页脚"组中的"页眉"或"页脚"按钮，在其下拉列表中进行

选择即可。

②更改显示内容。单击"插入"选项卡上的"页眉和页脚"组中的"页眉"按钮，在其下拉列表中选择"编辑页眉"命令，更改页眉内容即可。同样，单击"页脚"按钮，在其下拉列表中选择"编辑页脚"命令，即可更改页脚内容。

（3）删除页眉和页脚。单击"插入"选项卡"页眉和页脚"组中的"页眉"按钮，在其下拉列表中选择"删除页眉"命令，即可删除页眉。同样，单击"页脚"按钮，在其下拉列表中选择"删除页脚"命令，即可删除页脚。

📢 注意：（1）双击页眉和页脚区域，可以进入"页眉和页脚"编辑状态。

（2）可以自定义页码样式（如"第 X 页"等），只需在已插入的页码域前后添加所需的文字。

3.4.6 脚注和尾注

脚注和尾注主要是用来对文档中的文本进行注释并提供相关的参考资料。在同一文档中可以既有脚注也有尾注。例如，可用脚注进行详细的注释，用尾注列出引用的文献。

脚注出现在文档中该页的底端，尾注位于整个文档的结尾。

脚注或尾注包含两个相关联的部分：注释引用标记以及标记所指的注释文本。注释引用标记显示在文档中，标记所指的注释文本则出现在注释窗口、页（或文字）的底端或整个文档的结尾。

将鼠标指针停留在文档中的注释引用标记上时，会显示该脚注或尾注的注释。双击注释引用标记，光标自动移到注释窗口中，可对注释文本进行修改。

【任务 26】在文档 Ex2.docx 中的"奥林匹克"后插入脚注 Olympic。

🎣 步骤

（1）打开文档 Ex2.docx，可通过查找的方法将插入点置于文本"奥林匹克"之后。

（2）单击"引用"选项卡"脚注"组中的"插入脚注"按钮，这时在插入点的右上角插入一个脚注序号上标，同时在文档相应页面下方添加一条横线，并自动在下方插入一个脚注，在此序号后面输入"Olympic"。

📒 相关知识点

（1）插入脚注和尾注。插入脚注和尾注的方法有：

① 将光标移到要插入注释引用标记的位置，单击"引用"选项卡"脚注"组中的"插入脚注"/"插入尾注"按钮，这时在插入点的右上角插入一个注释引用标记，并且把光标移到输入注释文本的区域，输入注释文本即可。

② 将光标移到要插入注释引用标记的位置，单击"引用"选项卡"脚注"组右下方的扩展按钮，打开"脚注和尾注"对话框，如图 3-136 所示。在"位置"栏中选中"脚注"或"尾注"单选按钮，可在"格式"栏中设置"编号

图 3-136 "脚注和尾注"对话框

格式"；要设置"自定义标记"，单击"符号"按钮可选定某一字符作为标记；设置起始编号以及编号方式。单击"插入"按钮，Word 就会插入注释引用标记，并且把光标移到输入注释文本的区域，输入注释文本即可。

（2）移动或复制脚注或尾注。脚注或尾注的移动或复制是针对文档中的注释引用标记进行操作，而不是对注释文本的操作。

注释引用标记的移动或复制的方法与文本的移动或复制方法相同。如果移动或复制了自动编号的注释引用标记，Word 会按新的次序重新对注释块进行编号。

（3）删除脚注或尾注。如果要删除注释，可以在文档中删除相应的注释引用标记。如果删除了自动编号的注释引用标记，Word 会自动删除相应的注释文本并对其余注释重新编号。

如果要一次删除所有自动编号的脚注或尾注，可单击"开始"选项卡"编辑"组中的"替换"按钮，打开"查找和替换"对话框。将光标定位在"查找内容"下拉列表框中，单击"更多"按钮，再单击"特殊格式"按钮，在弹出的下拉列表中选择"尾注标记"或"脚注标记"命令，确定"替换为"列表框为空，然后单击"全部替换"按钮。

对于自定义标记的脚注或尾注，不能用替换的方法一次全部删除。

3.4.7 修订和批注

用 Word 编辑文档时，可以轻松地进行修订和批注并查看它们。在"审阅"选项卡中可方便进行"修订"和"审阅"，默认情况下，Word 使用批注框显示删除内容、批注、格式更改和已移动的内容。

【任务 27】在文档 Ex2.docx 中，（1）利用 Word 的"插入批注"功能，在正文的第一段选择"体育文化"，插入批注：请把全文的"体育文化"修改为"体育新文化"。（2）利用修订功能，把"文化是人类在发展中形成的物质财富和精神成果的总和。"中的"的总和"删除。（3）拒绝上一步的修订。

步骤

（1）打开文档 Ex2.docx，选择文档中第二页第一段中的"体育文化"。

（2）在"审阅"选项卡"批注"组中单击"新建批注"按钮，在文档页边距的批注框中输入：请把全文的"体育文化"修改为"体育新文化"。

（3）在"审阅"选项卡"修订"组中单击"修订"按钮，使该按钮处于被选中状态。

（4）删除"文化是人类在发展中形成的物质财富和精神成果的总和。"中的"的总和"。

（5）再次单击"修订"按钮，使该按钮处于未被选中状态。

（6）在该修订中右击，在弹出的快捷菜单中选择"拒绝修订"命令。

相关知识点

（1）插入批注。在编辑时插入批注，方法如下：

① 打开要插入批注的文档，选定要插入批注的文本。

② 在"审阅"选项卡"批注"组中单击"新建批注"按钮，添加批注。

（2）审阅批注。

① 使用快捷菜单。可在该批注中右击，在弹出的快捷菜单中选择"删除批注"命令。

② 使用选项组。利用"审阅"选项卡"批注"组中的"删除"按钮，可选择单独删除某个批注或删除文档中的所有批注。

（3）对文档进行修订。在编辑时进行修订，方法如下：

① 打开要修订的文档，在"审阅"选项卡"修订"组中单击"修订"按钮，使该按钮处于被选中状态。

② 通过插入、删除、移动或格式化文本和图形进行所需的修订。

③ 关闭"修订"。可再次单击"修订"组中的"修订"按钮，使该按钮处于未被选中状态。

关闭修订后，可以修订文档而不会对更改的内容做出标记。

注意：可以自定义状态栏，在状态栏中添加"修订"按钮来打开和关闭修订。方法是在状态栏中右击，在弹出的快捷菜单中选择"修订"命令，使该命令处于选中状态，状态栏上也添加了"修订"按钮。单击状态栏上的"修订"按钮，可在打开修订与关闭修订两种状态间轻松切换。

（4）审阅修订。

① 使用快捷菜单。可在该修订中右击，在弹出的快捷菜单中选择"接受修订"或"拒绝修订"命令。

② 使用选项组。光标定位在"修订"文本中，利用"审阅"选项卡"更改"组，可选择"接受"、"拒绝"等命令。

（5）更改标记显示方式。可更改 Word 用来标记修订文本和图形的颜色和其他格式，方法是单击"审阅"选项卡"修订"组中的"修订"按钮，在弹出的下拉列表中选择"修订选项"命令，在弹出的如图 3-137 所示的"修订选项"对话框中进行设置。

每个审阅者的更改在文档中会以不同的颜色出现，以便能够跟踪多个审阅者。

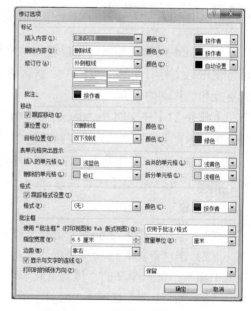

图 3-137 "修订选项"对话框

（6）审阅窗格。"审阅窗格"是一个方便实用的工具，借助它可以确认已经从文档中删除了所有修订，使得这些修订不会显示给可能查看该文档的其他人。"审阅窗格"顶部的摘要部分显示了文档中仍然存在的可见修订和批注的确切数目。通过"审阅窗格"，还可以读取在批注框中容纳不下的长批注。

单击"审阅"选项卡"修订"组中的"审阅窗格"按钮，可以显示"审阅窗格"，单击"审阅窗格"按钮旁边的下三角按钮，可以选择垂直或水平的方式显示"审阅窗格"，

"审阅窗格"中显示了文档中当前出现的所有更改、更改的总数以及每类更改的数目。单击该窗格中的"关闭"按钮×或再次单击"审阅窗格"按钮,使其处于非选中状态,即可关闭"审阅窗格"。

📢 注意:为了防止不经意地分发包含修订和批注的文档,在默认情况下,Word 显示修订和批注。在"修订"组中,"显示以供审阅"下拉列表框中的默认选项是"显示标记的最终状态",可以根据不同情况进行设置。

3.4.8 创建水印

【任务 28】在文档 Ex2.docx 中创建文字水印"综合排版",字体为"华文新魏",版式为"斜式"。

✏️ 步骤

(1) 打开文档 Ex2.docx。
(2) 单击"页面布局"选项卡"页面背景"组中的"水印"按钮,并在打开的下拉列表中选择"自定义水印",弹出如图 3-138 所示的"水印"对话框,选中"文字水印"单选按钮,在"文字"框中输入"综合排版",在"字体"下拉列表框中选择"华文新魏",版式设置为"斜式"。
(3) 单击"确定"按钮,即可在每一页上生成水印。

图 3-138 "水印"对话框

📢 注意:有关"水印"的相关知识点,请参考 3.1.16 节页面设置部分。

3.4.9 拼写和语法检查及文档字数统计

【任务 29】在文档 Ex2.docx 中,(1)进行拼写和语法检查。(2)统计文档的字数。

✏️ 步骤

(1) 打开文档 Ex2.docx,单击"审阅"选项卡"校对"组中的"拼写和语法"按钮。如果有"拼写和语法"建议,会弹出如图 3-139 所示的"拼写和语法"对话框,对每一处"拼写和语法"建议进行处理后,系统弹出如图 3-140 所示的对话框,完成拼写和语法检查操作。

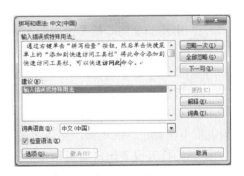

图 3-139 "拼写和语法"对话框

(2) 单击"审阅"选项卡"校对"组中的"字数统计"按钮,弹出如图 3-141 所示的"字数统计"对话框。"字数统计"对话框显示文档中的页数、段落数和行数,以及包括或不包括空格的字符数。

图3-140 完成拼写和语法检查操作

图3-141 "字数统计"对话框

相关知识点

（1）拼写和语法。

① 单击"审阅"选项卡"校对"组中的"拼写和语法"按钮。

注意：在"审阅"选项卡"校对"组中，通过右击"拼写和语法"按钮，然后在弹出的快捷菜单中选择"添加到快速访问工具栏"命令，将此命令添加到快速访问工具栏，可以快速访问此命令。

② 如果程序发现拼写错误，则会显示一个对话框，其中包含拼写检查器发现的第一个拼错的单词。

③ 解决每个拼错的单词之后，程序会标记下一个拼错的单词，可以决定所要执行的操作。

④ 在标记完拼写错误后，该程序会显示语法错误。对于每个错误，可以在"拼写和语法"对话框中单击一个选项执行对应操作。

（2）解决程序所发现的错误的方法。可以通过不同的方式解决程序所发现的每个错误。

① 使用建议的单词之一修复错误：在"建议"列表中选择该单词，然后单击"更改"按钮。

② 要通过自己更改单词来修复错误：选中"不在词典中"复选框；编辑该单词，单击"更改"按钮。

③ 拼错的单词即是要使用的实际单词。希望所有 Microsoft Office 程序识别此单词并且不要将它视为拼写错误：单击"词典"按钮更新词典。

④ 要忽略这个拼错的单词并转至下一个拼错的单词：单击"忽略一次"按钮。

⑤ 要忽略这个拼错的单词的所有实例并转至下一个拼错的单词：单击"全部忽略"按钮。

⑥ 总是频繁地犯此错误，因此，希望程序在再犯此输入错误时自动修复它：在"建议"列表框中选择正确的单词，然后单击"更改"按钮。

（3）打开或关闭自动拼写和语法检查功能。选择"文件"选项卡的"选项"命令，弹出"Word 选项"对话框，单击"校对"按钮。

① 设置当前打开的文档打开或关闭自动拼写检查和自动语法检查。

在"例外项"组中，单击"当前打开文件的名称"，选中或取消选中"只隐藏此文档中的拼写错误"和"只隐藏此文档中的语法错误"复选框。

② 设置从现在起创建的所有文档打开或关闭自动拼写检查和自动语法检查功能。

在"例外项"组中,单击"所有新文档",选中或取消选中"只隐藏此文档中的拼写错误"和"只隐藏此文档中的语法错误"复选框。

(4) 字数统计。

① 在输入时统计字数。在文档中输入内容时,Word 将自动统计文档中的页数和字数,并将其显示在工作区底部的状态栏上。如果在状态栏中看不到字数统计,可右击状态栏,然后在弹出的快捷菜单中选择"字数统计"命令。

② 统计一个或多个选择区域中的字数。可以统计一个或多个选择区域中的字数,而不是文档中的总字数。方法是:选择要统计字数的文本。状态栏将显示选择区域中的字数。例如,20/318,表示选择区域中的字数为 20,文档中的总字数为 318。

注意:如果要选择不相邻的各个文本块,先选择第一个选择区域,然后按住 Ctrl 键再选择其他选择区域。

③ 在文档中插入字数。把光标定位在文档中要添加字数的位置,单击"插入"选项卡"文本"组中的"文档部件"按钮,如图 3-142 所示,在其下拉列表中单击"域",弹出如图 3-143 所示的"域"对话框,在"域名"列表框中选择 NumWords,然后单击"确定"按钮。

图 3-142 "插入"选项卡上的"文本"组

图 3-143 "域"对话框

注意:可以通过单击"域名"列表中的 NumPages 或 NumChars 来添加页数或字符数。

练 习 题

一、单选题

1. 在下列关于 Word 的叙述中,正确的是(   )。
   A. 在文档输入中,凡是已经显示在屏幕上的内容,都已经被保存在硬盘上
   B. 表格中的数据可以按行进行排序
   C. 用"粘贴"操作把剪贴板的内容粘贴到文档中光标处以后,剪贴板的内容将不再存在

D．必须选定文档编辑对象，才能进行"剪切"或"复制"操作
2．关于 Word 所编辑的文档个数，下面正确的说法是（　　）。
　　A．只能打开一个文档进行编辑　　　B．只能打开两个文档进行编辑
　　C．可以打开多个文档进行编辑　　　D．可以设定每次打开文档的个数
3．Word 2010 文档的扩展名是（　　）。
　　A．docx　　　B．txt　　　C．doc　　　D．xls
4．在 Word 2010 中保存文件时，下列方法中不能实现的是（　　）。
　　A．"文件"选项卡　　　　　　B．快速访问工具栏的"保存"按钮
　　C．"插入"选项卡　　　　　　D．Ctrl+S 键
5．在 Word 2010 中主要包括"号"与"磅"两种度量单位。其中"号"单位的数值（　　）"磅"单位的数值就越大。
　　A．越大　　　B．越小　　　C．升序　　　D．降序
6．Word 中的段落标记符是通过（　　）产生的。
　　A．插入分栏符　　B．插入分页符　　C．按 Enter 键　　D．按 Insert 键
7．在 Word 的编辑状态下，执行"粘贴"命令后（　　）。
　　A．将文档中被选择的内容复制到当前插入点处
　　B．将文档中被选择的内容移到剪贴板
　　C．将剪贴板中的内容移到当前插入点处
　　D．将剪贴板中的内容复制到当前插入点处
8．在 Word 的编辑状态下，进行字体设置后，按新设置的字体显示的文字是（　　）。
　　A．插入点所在段落中的文字　　　B．文档中被选择的文字
　　C．插入点所在行中的文字　　　　D．文档的全部文字
9．在 Word 中，能实现格式复制功能的常用工具是（　　）。
　　A．恢复　　　B．格式刷　　　C．粘贴　　　D．复制
10．在 Word 中，当单元格的高度不合适时，可以利用（　　）进行调整。
　　A．水平标尺　　B．垂直标尺　　C．水平滚动条　　D．垂直滚动条
11．在 Word 中，可以同时显示水平标尺和垂直标尺的视图方式是（　　）。
　　A．页面视图　　　　　　　　　B．Web 版式视图
　　C．阅读版式视图　　　　　　　D．大纲视图
12．在 Word 文档中，把光标移动到文件尾部的快捷键是（　　）。
　　A．Ctrl+End　　　　　　　　B．Ctrl+Page Down
　　C．Ctrl+Home　　　　　　　D．Ctrl+Page Up
13．在 Word 窗口中，利用（　　）可以方便地调整段落伸出缩进、页面的边距以及表格的列宽和行高。
　　A．常用工具栏　　　　　　　B．"表格"工具栏
　　C．标尺　　　　　　　　　　D．"格式"工具栏
14．在 Word 文档中对选中的文字无法实现的操作是（　　）。

A．排序 B．加下划线 C．设置文本效果 D．加粗

15．在 Word 中，选择一段文字的方法是将光标定位于待选择段左边的选定栏，然后（　　）。

　　A．双击鼠标右键　　　　　　　　B．单击鼠标右键
　　C．双击鼠标左键　　　　　　　　D．单击鼠标左键

16．在更新目录时，按（　　）键，可以直接更新目录。

　　A．F6　　　　B．F9　　　　C．F10　　　　D．F12

17．精确设置段落缩进或页边距可以在按住（　　）键的同时拖动标尺，或进入相应的对话框进行设置。

　　A．Alt　　　　B．Shift　　　　C．Ctrl　　　　D．Tab

18．在 Word 的文档中，每个段落都有自己的段落标记，段落标记的位置在（　　）。

　　A．段落的首部　　　　　　　　B．段落的中间
　　C．段落的结尾处　　　　　　　D．段落的每一行

19．在使用表格时，将光标定位在行尾处，按（　　）键可以自动插入新行。

　　A．Enter　　　　B．Shift　　　　C．Ctrl　　　　D．Tab

20．在使用 SmartArt 图形效果或样式时，如果不满意当前的设置，可以执行（　　）命令快速恢复到原来的状态。

　　A．布局　　　　B．重设图形　　　　C．SmartArt 样式　　　　D．更改形状

二、操作题

实验一　图文混排

1．文档的新建与保存。启动 Word 2010 应用程序，创建一个文档，命名为"什么是体育文化.docx"，保存在 D 盘的 Word 文件夹下。

2．输入文档内容。在文档"什么是体育文化.docx"中输入如图 3-144 所示的内容。

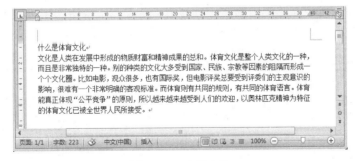

图 3-144　文档内容

3．文档的复制和移动。把文档"什么是体育文化.docx"另存为 Ex1.docx，在文档 Ex1.docx 中把全文的两段复制一次，使其成为 4 段，把第三段移动到最后，结果如图 3-145 所示。

4．查找和替换。在文档 Ex1.docx 中，把全部的"体育文化"替换为红色字的"体育新文化"，结果如图 3-146 所示。

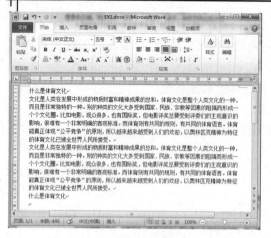 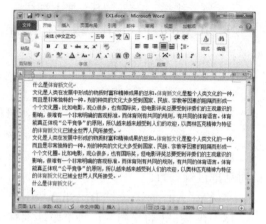

图 3-145　文档的复制和移动　　　　　图 3-146　完成"查找和替换"的效果图

5. 合并文档。打开文档 Ex1.docx，在该文档内容的最后另起一段，插入文档"什么是体育文化.docx"的全部内容，再存盘退出，结果如图 3-147 所示。

6. 字符格式化。在文档 Ex1.docx 中，(1) 把第一段设置为："黑体、加粗、三号、红色"，字符间距加宽 6 磅。(2) 在文档的第三段输入公式 $x^2+y^2=z^2$，要求用格式刷完成第二、三个上标 2 的格式定义。(3) 把第三段设置为：字符间距缩放为 150%、间距为加宽 8 磅。完成后存盘退出，结果如图 3-148 所示。

 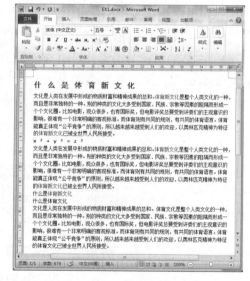

图 3-147　完成"合并文档"的效果图　　　图 3-148　字体格式设置效果图

7. 段落格式化。在文档 Ex1.docx 中，(1) 把文档的第一段设置为居中对齐。(2) 第二段首行缩进 2 字符；左、右缩进各 10 磅；段前、段后各 12 磅；行间距为 1.5 倍，结果如图 3-149 所示。

8. 首字下沉。在文档 Ex1.docx 中，把第四段设置为首字下沉 4 行；第七段设置为首字悬挂 2 行，结果如图 3-150 所示。

第 3 章 中文 Word 2010 的应用

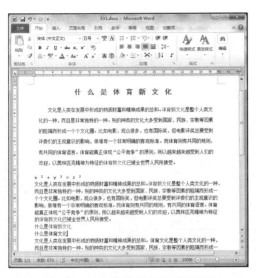

图 3-149 段落格式设置后的效果

图 3-150 设置"首字下沉"的效果

9．分栏排版。在文档 Ex1.docx 中，把第四段分 3 栏排版，结果如图 3-151 所示。

10．项目符号和编号。打开文档 Ex1.docx，在文档的最后插入文档"什么是体育文化.docx"的第二段，把这段分成 6 段，每句一段，然后设置一个二级编号并应用于文档。其中一级编号的编号样式为"1，2，3，…"，左对齐位置 0 厘米，文本缩进位置 0.5 厘米，制表位位置 0.5 厘米；二级编号的编号样式为"A，B，C，…"，左对齐位置 1 厘米，文本缩进位置 1.5 厘米，制表位位置 1 厘米；编号后均有英文状态的句号，结果如图 3-152 所示。

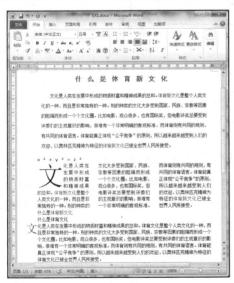

图 3-151 设置"分栏"的效果

图 3-152 编号设置完成效果图

11．添加图片。在 Ex1.docx 中插入一张"运动"类型的剪贴画，大小设置为高度 3 厘米、宽度 4 厘米；文字环绕方式设置为"紧密型环绕"，结果如图 3-153 和图 3-154 所示。

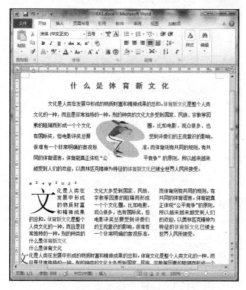

图 3-153 插入图片的效果

图 3-154 插入"艺术字"效果

12．绘制流程图。在 Ex1.docx 文档的最后利用自选图形绘制如图 3-155 所示的流程图，并将其组合。

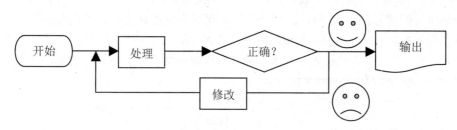

图 3-155 流程图

13．插入艺术字。在 Ex1.docx 文档中插入艺术字"什么是体育文化"，艺术字样式选择第 3 行第 4 列，把字体设置为"隶书"，"二号"，把转换效果设置为"倒 V 形"，并移动到适当的位置。

14．页面设置。在 Ex1.docx 文档中，（1）把文档的流程图放在第二页，即在流程图前插入分页符。（2）在文档中插入页码，页码放在底端的居中位置。（3）对文档进行页面设置，将纸张设成自定义大小，宽度 22 厘米、高度 30 厘米。（4）以"双页"形式查看文档效果，调整显示比例，以获得最佳查看效果。

实验二 课程表

1．建立表格。新建一个文档，在文档中插入一张 6 列 8 行的表格，文档命名为"课程表.docx"，并保存在 D 盘的 Word 文件夹中。

2．编辑表格。在文档"课程表.docx"中合并单元格，设置表头，输入表格内容，并保存。

3．编排表格格式。在文档“课程表.docx”中，（1）设置第一行和第一列字形为“加粗”，（2）除表头单元格外，“单元格对齐方式”设置为“中部居中”，整个表格居中对齐，（3）设置表格框线；（4）适当调整表格宽度，除第一列外，设置“平均分布各列”；（5）输入表格标题，设置字体为“黑体”，字号为“三号”，下划线为“波浪线”，段落对齐为“居中”，课程表完成后如图 3-156 所示。

课　程　表

星期 课程	一	二	三	**四**	**五**
上午	语文	数学	英语		
下午					

图 3-156　课程表

实验三　批量制作邀请函

1. 创建主文档。建立“邀请函.docx”，并保存在 D 盘的 Word 文件夹下，结果如图 3-157 所示。

邀请函

公司：

请贵公司，于 2014 年 8 月 28 日光临本部参加第五届新技术产品演示会。

洪涛大酒店

2014 年 7 月

图 3-157　主文档

2. 建立数据源。建立“数据源.docx”，并保存在 D 盘的 Word 文件夹下，结果如图 3-158 所示。

电话	**公司**	**姓名**	**地点**
34200765	红牛	曾进鸿	二楼东厅
85216745	饮用水有限	刘雪莹	二楼南厅
33262478	雅士达食品	王子怡	三楼中厅
66227237	永安百货	李得乐	三楼西厅

图 3-158　数据源

3. 合并文档。利用 Word 提供的邮件合并功能，以"邀请函.docx"中各种变化的数据作为合并域，将"数据源.docx"中的数据合并到"邀请函.docx"中，合并后的文档命名为"邮件合并.docx"，保存在 D 盘 Word 文件夹中，结果如图 3-159 所示。

实验四　文档综合排版

1. 插入公式。（1）把 D 盘 Word 文件夹中的"什么是体育文化.docx"另存为 Ex2.docx，并在文档 Ex2.docx 中完成以下操作。（2）在文档后面输入公式：

$$p = \sqrt{\frac{x-y}{x+y}} \left(\int_{\frac{\pi}{4}}^{\frac{3\pi}{4}} (1 + \sin^2 x) dx + \cos 30° \right) \times \sum_{i=1}^{100} (x_{i+y_i})$$

2. 使用样式。打开文档"Ex2.docx"，（1）建立一个名为"A 样式"的段落样式，其格式组合为：居中、黑体、四号，大纲级别为"1 级"。（2）建立一个名为"B 样式"的段落样式，其格式组合为：段前间距 10 磅、段后间距 10 磅、小四、楷体、红色字，大纲级别为"2 级"。（3）将文档的第二段分成 6 段，每句一段。（4）把 A 样式应用到文档的第一段，把 B 样式应用到文档的第二、四、六段。（5）把 B 样式的字体颜色修改为"蓝色"，结果如图 3-160 所示。

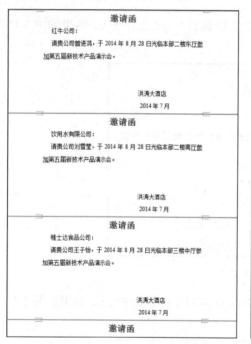

图 3-159　邀请函（邮件合并）　　　　　　图 3-160　使用样式的效果

3. 添加目录。在文档"Ex2.docx"中，（1）通过插入分页符把第三、四段放到第二页，第五、六和七段放到第三页。（2）在文档的最前面插入二级目录。（3）在"目录"前输入文本"目录"两个字符。将文本"目录"的格式设置为"四号、黑体、居中"，结果如图 3-161 所示。

图 3-161　插入二级目录

4．插入分节符。打开文档 Ex2.docx，（1）在目录之后（正文之前）插入分节符，把文档分为两节。（2）断开两节之间页眉和页脚的链接。

5．添加页眉和页脚。在文档 Ex2.docx 中设置页眉和页脚。要求：（1）第 1 节不需要设置页眉，第 2 节设置页眉为"计算机应用实验"，右对齐。（2）第 1 节设置页码位置：底端，居中对齐，页码格式为 I，II，III，…，起始页码为 I；第 2 节设置页码位置：底端，居中对齐，页码格式为-1-，-2-，-3-，…，起始页码为-1-。

6．脚注和尾注。在文档 Ex2.docx 中的"奥林匹克"后插入脚注 Olympic。

7．修订和批注。在文档"Ex2.docx"中，（1）利用 Word 的"插入批注"功能，在正文的第一段选择"体育文化"，插入批注：请把全文的"体育文化"修改为"体育新文化"。（2）利用修订功能，把"文化是人类在发展中形成的物质财富和精神成果的总和。"中的"的总和"删除。（3）拒绝上一步的修订。

8．在文档 Ex2.docx 中创建文字水印"综合排版"，字体为"华文新魏"，版式为"斜式"。

9．拼写和语法检查及文档字数统计。在文档 Ex2.docx 中，（1）进行拼写和语法检查。（2）统计文档的字数。

第 4 章

中文 Excel 2010 的应用

本章学习要求：

- 了解 Excel 2010 的基本功能，掌握基本操作方法。
- 熟练掌握工作表的建立及工作表的格式编辑操作；运用公式与函数对数据进行计算和统计。
- 了解图表的作用及建立的过程。
- 了解数据库管理的意义和功能，掌握数据管理的方法。
- 了解数据透视表（图）的制作过程。

人们在日常工作、生活中经常与数据打交道，也习惯用表格来组织数据，如学生学籍管理、职工工资管理、商品进销存管理、图书资料管理等。过去这些工作主要是靠人工来完成，随着计算机的发展、普及，可以借助软件工具来完成这些数据资料的管理工作。

Excel 2010 由 Microsoft 公司开发，是 Office 2010 的重要组成部分。利用这一功能强大的电子表格软件，可以方便、快捷地建立各种报表、图表及数据库，高效、准确、科学地进行数据管理、数据统计、数据分析与筛选以及信息共享，因此被广泛应用于财务、金融、经济、审计和统计等众多领域。

本章以利用 Excel 2010 对职工工资数据进行管理为例，介绍如何使用 Excel 2010 方便、快捷地对数据进行组织管理、分析统计、数据表达等操作。

4.1 认识中文 Excel 2010

4.1.1 基本功能与特点

Excel 2010 主要具有如下的功能与特点。

1. 表格处理

Excel 工作簿是由多张电子表格组成的,每张电子表格由 1048576×16384 个单元格组成,在每个单元格中都可以输入数字、文字、公式、声音和图像等。对于输入的字符和数字,可以通过 Excel 丰富的格式命令,设置其大小、颜色、填充和边框等,从而制作出各式各样的表格。对于输入的数值,可以通过 Excel 提供的各种函数或自己设计的计算公式,完成各种复杂的计算。此外,还可以根据需要将各种表格进行汇总、合并。

2. 数据库管理

对于电子表格输入的数据,可以作为一个数据库来处理。这时表格的第一行内容为记录说明,用来指明字段名称,称为字段名行;每列称为一个字段。表格内的每一行即为一条记录,因此 Excel 允许最多为 1048575 条记录,每条记录可有 16384 个字段。可以完成按关键字段进行排序、查找、删除记录等操作。

3. 图表处理

利用 Excel 提供的图表处理功能,根据电子表格的统计数据,可以非常方便地绘制出各种各样的统计图形,形象地反映数据之间的关系。Excel 系统共有 100 多种不同格式的图表可供选用,操作也非常简单,只需按照图表向导的提示进行操作,即可绘制出各种各样的图形,直至得到满意的结果。

4.1.2 启动与退出

【任务1】打开 Excel 工作界面,进入工作环境。

1. Excel 的启动

步骤

(1)利用"开始"菜单启动。选择"开始"|"所有程序"| Microsoft Office | Microsoft Excel 2010 命令,即可启动 Excel 2010,进入其工作界面,如图 4-1 所示。

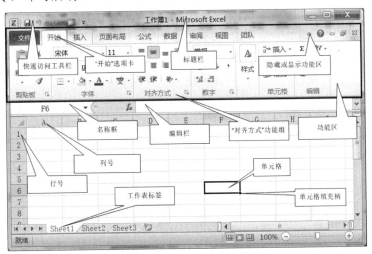

图 4-1 Excel 2010 的工作界面

（2）利用工作簿文件启动。

① 在 Windows 资源管理器或者"计算机"窗口中选择工作簿文件（扩展名为.xlsx）后，双击打开该工作簿文件。

② 对于最近使用过的工作簿文件，可以选择"文件"菜单，在"最近所用文件"子菜单中选择该工作簿文件将其打开。

（3）利用桌面快捷方式启动。双击桌面上的 Excel 快捷方式图标，即可快速启动 Excel 2010。

2．Excel 的退出

选择"文件"|"退出"命令，或单击窗口右上角的"关闭"按钮 ✕ 即可退出 Excel。

相关知识点

下面来认识一下 Excel 2010 的工作界面。

（1）标题栏：位于工作界面的顶部，给出了当前工作簿文件名。启动 Excel 时，默认的文件名为"工作簿1"，保存工作簿文件时可另取一个更直观的名称。

（2）快速访问工具栏：位于标题栏左侧，提供对某些常用功能的快速访问，例如保存、恢复、重复等，也可根据需要自定义。

（3）功能区：位于标题栏之下，包含"开始"、"插入"、"页面布局"、"公式"、"数据"、"审阅"等选项卡。每个选项卡包含若干个功能组，每个功能组包含若干个功能按钮，例如"开始"选项卡的"对齐方式"功能组包含了"顶端对齐"、"垂直居中"、"自动换行"等功能按钮，如图 4-2 所示。大部分功能组都在其右下角提供扩展按钮 ，单击该按钮时将显示该功能组的详细功能对话框。当鼠标在某个按钮处停留时，系统将显示该按钮的功能说明。

与 Office 的其他软件一样，Excel 2010 可单击菜单栏右侧的 ∧ 按钮显示或隐藏工具栏。

（4）编辑栏：位于功能区之下。编辑栏的左侧是名称框，用于定义单元格或单元格区域的名称，或者根据名称寻找单元格或单元格区域。如果没有定义名称，在名称框中将显示活动单元格的地址。右边的编辑栏作为当前活动单元格或单元格区域编辑的工作区，其中显示的内容与当前活动单元格或单元格区域的内容相同，可在其中输入、删除或修改数据内容。当需要在编辑栏中输入计算公式时，先输入"="号，再输入计算公式，然后按 Enter 键或单击"√"按钮，即可得到计算结果，如图 4-3 所示。

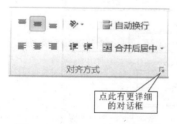

图 4-2 "对齐方式"功能组

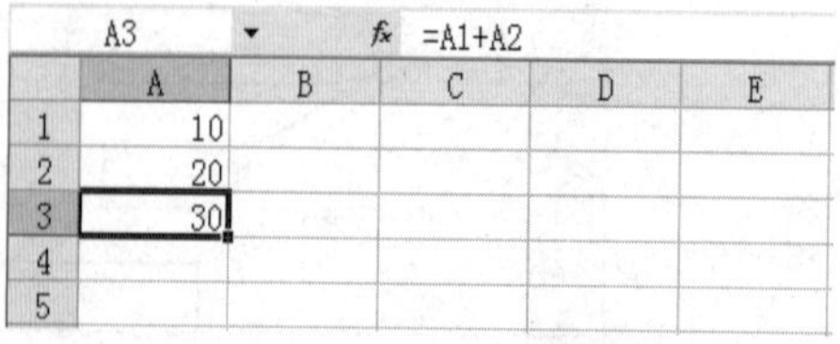

图 4-3 数据编辑区

（5）工作表区：编辑栏以下的区域属于工作表区，当光标位于其中时，其形状将变为"✣"。

（6）行号栏和列号栏：用于标记工作表单元格的行地址和列地址。

(7) 单元格：在 Excel 表格中列地址和行地址相交点的矩形格子。

(8) 滚动条：位于工作表窗口的右边缘（垂直滚动条）和底部（水平滚动条）。利用鼠标拖动滚动条可查看完整的工作表。

(9) 标签栏：位于工作表区的左下方，显示工作簿中所有工作表的名称，并以反白显示标识当前工作表，可对标签的颜色进行设置。

(10) 状态栏：位于工作界面最底部，显示与当前工作状态相关的各种信息。

状态信息主要包含：就绪——可以接受数据输入；输入——正在对单元格输入数据；编辑——修改、编辑已输入数据。当选取菜单命令或单击工具按钮时，在状态栏中将显示与其相关的功能说明。

状态栏右边显示的状态包括当前的视图模式及缩放比例。

4.2 建立新的工作簿

【任务 2】建立一个职工资料管理的工作表，并保存为"职工工资表.xlsx"文件。

🔷步骤

(1) 建立新的工作簿。系统启动时，将自动建立一个名为"工作簿1"的新工作簿，如果需要再新建工作簿文件，可以选择"文件"选项卡的"新建"|"空白工作簿"命令。此外，还可以使用模板方式建立新的工作簿文件（模板是预先定义好格式、公式的 Excel 工作簿）。工作簿文件默认的扩展名为.xlsx。

(2) 输入数据。当完成新建或打开一个工作簿文件后，即可在该工作表中进行文本、数值、日期与时间等数据的输入。例如，在如表 4-1 所示的职工工资表中输入相关数据。

表 4-1 职工工资表

编号	姓名	性别	职务	出生年月	基本工资	补贴	扣款	实发工资
50001	张大林	男	处长	1960-10-3	2650.25	1500	255	
50002	李进文	男	副处长	1964-8-22	2012.65	1200	246	
50003	张平	女	科长	1970-6-5	1748.29	1000	239	
50004	李丽	女	科员	1979-3-18	1485.65	800	161	
50005	曾大志	男	科员	1982-9-30	1354.12	800	120	
50006	李加明	女	副科长	1974-4-16	1602.68	1000	154	
50007	汪玲	女	科员	1971-5-6	1660.58	800	247	
50008	何小强	男	科员	1967-1-27	1516.57	800	167	

(3) 数据的修改。对已经输入的内容进行修改，可以选择重新输入，也可在原有内容基础上进行编辑、修改，还可清除单元格或单元格区域的内容。

(4) 保存工作簿文件。当输入并修改好工作表后，应将文件保存在磁盘指定位置。选择"文件"|"保存"命令或"文件"|"另存为"命令，或者单击快速工具栏（标题栏左侧）中的 按钮，打开"另存为"对话框。在其中指定保存的磁盘与文件夹，在"文件名"下拉列表框中，输入保存的文件名，如"职工工资表"（无须扩展名），"保存类型"保留

默认的"Excel 工作簿（*.xlsx）"，然后单击"确定"按钮即可。

4.2.1 工作簿的基本概念

1. 工作簿（Workbook）

工作簿是指在 Excel 环境中用来存储并处理工作数据的文件。一个工作簿可拥有多张不同类型的工作表，Excel 2010 最多工作表数远超 255 张，完全能满足日常数据处理要求。

2. 工作表（Worksheet）

工作表是指由 1048576 行、16384 列所构成的一个表格。行号从上到下，由 1～1048576 编号；列号从左到右，从字母 A 至 XFD 编号。每张工作表在标签栏中都对应一个标签，指出该工作表的名称。一个工作簿在默认情况下有 3 张工作表，分别用标签 Sheet1～Sheet3 命名。用户可根据需要增加或删除工作表，也可以修改工作表的标签。

3. 单元格（Cell）

表格中的一个格子（由行地址和列地址相交构成的）称为单元格。每一个单元格都有一个地址，称为单元格地址。单元格地址用于指明单元格在工作表中的位置。同样，一个地址也唯一地表示一个单元格。数据的录入和编辑是针对当前单元格或指定的区域而言。单元格通过其地址进行标识，地址的一般格式如下：

工作表!列号行号

例如，A5 表示第 A 列第 5 行的单元格；Sheet2!B3 表示工作表 Sheet2 的第 B 列第 3 行的单元格。

通常单元格地址有 3 种表示方法。

（1）相对地址：以列号和行号组成，如 A1、B3、F8 等。

（2）绝对地址：以列号和行号前加上符号"$"构成，如$A$1、$B$3、$F$8 等。

（3）混合地址：以列号或行号前加上符号"$"构成，如 A$1、$B3 等。

4. 活动单元格（Active Cell）

活动单元格是指当前正在操作的单元格，其边框线变为粗线，同时该单元格的地址将显示在编辑栏的名称框中。此时用户可对该单元格进行数据的输入、修改或删除等操作。

5. 单元格区域（Range）

单元格区域是由工作表中多个连续单元格组成的矩形块。可以对定义的单元格区域进行各种各样的编辑操作，如复制、移动、删除等。引用一个单元格区域可以用矩形对角的两个单元格地址表示，中间用冒号"："相连，如 B2:C5。如果需要指明多个单元格区域，则单元格区域间用逗号"，"分开。此外，也可以给单元格区域命名，然后通过名称来引用。

4.2.2 数据的输入

在工作表中输入数据是一种基本操作。在 Excel 中，数据不仅可以从键盘直接输入，还可以自动输入，输入时可以检查其正确性。

Excel 能够接受的数据类型，分为文本、数字、日期与时间、公式。系统会自动判断所输入的数据是哪一种类型，并进行适当的处理。

1. 文本输入

Excel 文本包括汉字、英文字母、数字、空格及其他键盘能输入的符号，只要不被系统解释为数字、公式、日期、时间和逻辑值，则一律视为文本。默认情况下，文本在单元格中默认为左对齐。有些数字如电话号码、邮政编码若要作文本字符处理，只需在输入数字前加上单引号"'"，系统便会将其后的内容当作文本字符数据处理。

例如，要输入"510631"这个邮政编码，可在单元格或编辑栏中输入"'510631"。

可以单击"格式"功能组中的"左对齐"、"居中"、"右对齐"按钮来设置其他对齐方式。字符还可在单元格内旋转。

2. 数值输入

在 Excel 中，数字是仅包含下列字符的常数值：

0 1 2 3 4 5 6 7 8 9 + − ( ) / $ ￥ % . E e

数值型数据在单元格中默认为右对齐。

Excel 数值输入与数值显示未必相同，如输入数据长度超出单元格宽度，系统自动以科学计数法表示。又如单元格数字格式设置为带 2 位小数，此时输入 3 位小数，则末位将进行四舍五入。

3. 日期时间数据输入

Excel 内置了一些日期时间的格式，当输入数据与这些格式相匹配时，系统将识别它们。常用日期时间格式如图 4-4 所示。

图 4-4 常用日期格式

当天日期的输入按 Ctrl+；组合键，当天时间的输入则按 Shift+Ctrl+；组合键。

Excel 允许每个单元格容纳 32000 个字符，每个工作表达到 1048576 行。输入数据时可以一个单元格一个单元格地输入，当一个单元格的内容输入完毕后，可用方向键→、←、↑、↓或 Enter 键来结束。

4.2.3 单元格指针的移动

向工作表的单元格输入数据时,首先需要激活这些单元格。单元格指针的移动有以下 4 种方式。

1. 直接移动鼠标指针

如果目的单元格在当前屏幕上可见,将鼠标指针指向目的单元格,然后在其上单击即可。如果要指定的单元格在当前屏幕上不可见,则可用滚动条使目标单元格在屏幕上可见,然后单击即可。

2. 利用名称框移动

可以直接在名称框中输入目的单元格的地址,然后按 Enter 键。例如,在名称框中输入"H50",然后按 Enter 键,就会看到指定的单元格出现在当前屏幕中。

3. 使用定位命令

选择"开始"选项卡"编辑"组中的"查找和选择"|"转到"命令,打开"定位"对话框,在"引用位置"文本框中输入目标单元格的地址,然后单击"确定"按钮。

4. 使用键盘移动

使用键盘移动单元格指针的操作如表 4-2 所示。

表 4-2 使用键盘移动单元格

按 键	功 能
→、←、↑、↓	右移一格、左移一格、上移一格、下移一格
Home	移到工作表上同一列的最左边
End+Home	移到工作表有资料区域的右下角
Page Up	上移一页
Page Down	下移一页
End, →	按箭头方向一直移动,直到单元格从空白变成有资料,或从有资料变成空白。单元格名称框停在有资料的单元格上
End, ↑	按箭头方向一直移动,直到单元格从空白变成有资料,或从有资料变成空白。单元格名称框停在有资料的单元格上
End, ↓	按箭头方向一直移动,直到单元格从空白变成有资料,或从有资料变成空白。单元格名称框停在有资料的单元格上
End, ←	按箭头方向一直移动,直到单元格从空白变成有资料,或从有资料变成空白。单元格名称框停在有资料的单元格上
Tab	右移一格
Shift+Tab	左移一格
Enter	输入资料,并下移一格
Shift+Enter	输入资料,并上移一格
Ctrl+Home	移到 A1 单元格
Ctrl+End	移到工作表有资料区域的右下角

4.2.4 数据自动输入

如果输入有规律的序列数据，如学生成绩表中的学号、工资表中的编号等，可以使用 Excel 的自动输入功能，方便、快捷地输入等差、等比甚至自定义的数据系列。

【任务 3】用自动填充的方法，自动输入职工工资表中的编号数据。

🖊 步骤

（1）选择自动输入数据序列的起始单元格，本例为 A2 单元格。

（2）输入起始数据"'50001"（职工编号虽然由数字符号组成，但数据类型是文本型数据，因此要以单引号"'"为前置符），如图 4-5 所示。

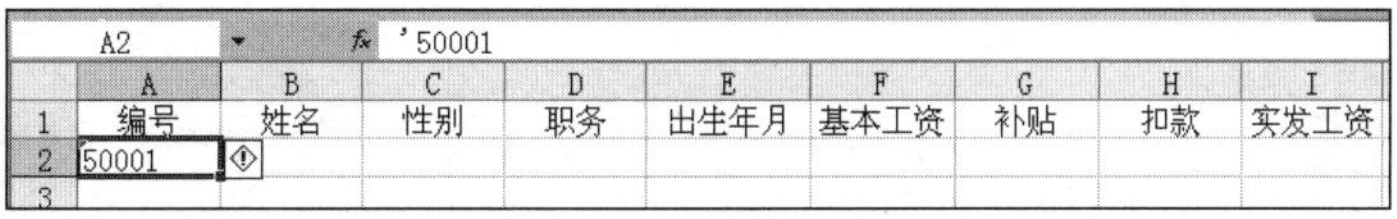

图 4-5　输入起始数据

（3）按下单元格右下角的填充柄向下拖动，实现数据的自动填充，如图 4-6 所示。

📋 相关知识点

（1）自动填充。在单元格的右下角有一个填充柄，可通过拖动填充柄来实现数据的填充。当鼠标指向填充柄时，鼠标指针将变为实心十字形。此时可以将填充柄向上、下、左、右 4 个方向拖动，拖曳至填充的最后一个单元格，即可完成自动填充。填充分以下几种情况：

图 4-6　自动填充数据的结果

① 初始值为纯字符或纯数字，填充相当于数据复制。

② 初始值为文字、数字混合体，填充时文字不变，最右边的数字递增。例如，初始值为 A1，填充为 A2，A3，…。

③ 初始值为 Excel 预设的自动填充序列中的一员，按预设序列填充。例如，初始值为二月，自动填充三月、四月……。

④ 填充的是等差或等比序列时，要连续输入两个单元格，即给出序列的变化规律（也就是步长），然后再选择这两个单元格，拖动填充柄到填充序列的最后一个单元格。

用户还可以自定义序列并存储起来供以后填充时用，操作方法如下：

选择"文件"|"选项"命令，弹出"Excel 选项"对话框。选择"高级"选项卡，单击"常规"组下的"编辑自定义列表"按钮，在弹出的"自定义序列"对话框中选择"新序列"，在"输入序列"列表框中每输入一个序列成员按一次 Enter 键，如"第 1 名"、"第 2 名"、……输入完毕单击"添加"按钮，如图 4-7 所示。

序列定义成功以后就可以用它进行自动填充了。只要是经常出现的有序数据都可以定义为序列，如工作小组成员的姓名、公司在各大城市的办事处名称等。输入初始值后使用自动填充可大大降低输入工作量，尤其是它们多次出现时。

如要将在工作表中输入的一系列数据保存起来作为自定义序列，只需选中这些数据，然后在"选项"对话框的"自定义序列"选项卡中单击"导入"按钮即可，省去重新定义输入的麻烦。

（2）产生一个序列。首先在单元格中输入初值并按 Enter 键，然后选中该单元格，选择"开始"选项卡，在"编辑"功能组中选择"填充"按钮下的"系列"命令，打开如图 4-8 所示的"序列"对话框。

图 4-7　自定义序列

图 4-8　"序列"对话框

① 序列产生在：选择按行或列方向填充。
② 类型：选择序列类型，如果选中"日期"单选按钮，则还需选择"日期单位"。
③ 步长值：用于输入等差、等比序列增减、相乘的数值。
④ 终止值：用于确定一个序列终值不能超过的数值。

注意：除非在产生序列前已选定了序列产生的区域，否则终值必须输入。

4.2.5　数据有效性设置

输入有效数据是 Excel 特色功能之一。用户可以预先设置某一单元格或单元格区域允许输入的数据类型、范围，并可设置数据输入提示信息和输入错误提示信息。

【任务 4】通过设置数据有效性设置数据的输入类型及范围。对图 4-9 所示的成绩表分数区设置数据类型为整数，数据范围为 0～100。

步骤

（1）选取要定义有效数据的单元格区域，本例中应选择 D3:H10。

（2）选择"数据"选项卡中的"数据工具"|"数据有效性"命令，在弹出的"数据有效性"对话框中选择"设置"选项卡，如图 4-10 所示。

（3）在"允许"下拉列表框中选择允许输入的数据类型，如"整数"、"时间"、"序列"等。本例选择"整数"。

（4）在"数据"下拉列表框中选择所需操作符，如"介于"、"不等于"等。本例选择"介于"。

图 4-9 成绩表　　　　　　　图 4-10 "数据有效性"对话框

（5）在"最小值"文本框中输入"0"，在"最大值"文本框中输入"100"，即在此区域中只能输入 0～100 的整数。

注意：一般是先设置单元格区域的数据有效性，再输入数据。

【**任务 5**】通过设置数据有效性简化输入。在职工工资表的"性别"列中，只能输入"男"、"女"两个字。为这一列建立一个能够获取数据的下拉列表框，列表框中只有"男"、"女"两项，输入时在此列表中选择所需的内容即可。

步骤

（1）选中要定义有效数据的单元格区域，本例中应选择 C 列。

（2）单击"数据"选项卡的"数据工具"组中的"数据有效性"按钮，在弹出的"数据有效性"对话框中选择"设置"选项卡。

（3）在"允许"下拉列表框中选择允许输入的数据类型，如"整数"、"时间"、"序列"等。本例选择"序列"，如图 4-11 所示。

（4）在"来源"文本框中输入控制输入的值"男,女"。

使"性别"列的数据输入，控制为由"男"和"女"两个数据构成的序列，结果如图 4-12 所示。

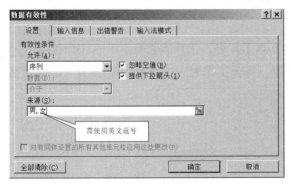

图 4-11 有效数据"序列"的设置　　　　图 4-12 数据有效性"序列"的效果

📖 **相关知识点**

通过"数据有效性"还可设置数据输入提示信息，在用户选定某一单元格时该信息将出现在其旁边。其设置方法是：在"数据有效性"对话框中选择"输入信息"选项卡，然后在其中输入有关提示信息。错误提示信息则在"出错警告"选项卡中输入。

4.2.6 数据的修改

1．重新输入

使需要修改的单元格成为活动单元格，然后重新输入新内容。

2．编辑修改

使需要修改的单元格成为活动单元格，按 F2 键，用←、→和 Delete 等编辑键对数据进行修改，按 Enter 键结束；或者双击要修改的单元格，插入符光标出现在单元格内，直接修改单元格内容。

3．清除数据

清除一个单元格或单元格区域中的内容的操作方法如下。

方法 1：先将要清除的单元格或单元格区域选定为当前对象，再单击"开始"选项卡"编辑"组中的"清除"按钮 ②▼，在弹出的子菜单中选择如下命令。

- 全部清除：表示清除单元格内的全部数据及格式。
- 清除格式：表示只清除单元格内的格式，数据仍保留。
- 清除内容：表示只清除单元格内的数据，保留格式。
- 清除批注：表示只清除单元格内的批注。

方法 2：将要清除的单元格或单元格区域选定为当前对象后，直接按 Back Space 键或 Delete 键。此方法只是清除内容。

4.3 工作表管理

针对工作表的管理主要包括移动和复制工作表、工作表重命名、在工作簿中选定工作表、在工作表间切换、插入或删除工作表、拆分工作表、工作表隐藏/恢复、冻结窗格、改变默认工作表的数目等操作。

4.3.1 移动和复制工作表

【任务 6】复制或移动工作表。

🖱️ **步骤**

（1）右击准备复制或移动的工作表标签。

（2）在弹出的快捷菜单中选择"移动或复制"命令，弹出"移动或复制工作表"对话框，如图 4-13 所示。若要复制或移动到另一工作簿，在"工作簿"下拉列表框中可输入或选择另一工作簿的名称。

（3）若选中"建立副本"复选框，则工作表将被复制到另一工作簿中；若取消选中"建立副本"复选框，则工作表将被移动到另一工作簿中。

（4）单击"确定"按钮，完成操作。

图 4-13 "移动或复制工作表"对话框

相关知识点

除了通过"移动或复制工作表"对话框移动或复制工作表外，还可直接使用鼠标拖曳的方法来进行工作簿内的工作表复制或移动。

（1）移动：选定工作表标签并沿标签栏拖曳到新位置，拖动时将出现一个黑色三角形来指示工作表要插入的位置，放开鼠标，工作表即被移动到新的位置。

（2）复制：选定工作表标签，按住 Ctrl 键并沿标签栏拖曳到新位置，放开鼠标左键，工作表即被复制到新位置。复制的工作表副本将自动改名为"原工作表名+（2）"。

4.3.2 工作表重命名

工作表重命名有两种方法，分别介绍如下。

方法 1：双击要改变名称的工作表标签，插入点将出现在标签栏上。此时直接输入新名称覆盖旧名称即可。

方法 2：右击工作表标签，在弹出的快捷菜单中选择"重命名"命令，然后输入新的工作表名即可。

4.3.3 在工作簿中选定工作表

在进行任何操作前，都要先选择操作对象。在工作簿中选定工作表也不例外，可以通过单击工作表标签来选择工作表，作为操作对象。

一个工作簿内有多张工作表，可以选择操作其中一张工作表，也可以选择多张工作表进行一次性操作，即同时操作多张工作表，如一次性建立多张内容相同的工作表。

通常只能对当前活动工作表进行操作，但是通过选定多张工作表，可以同时处理工作簿中的多张工作表。对于所选中的多张工作表，可以完成下列操作：

- 一次建立多个相同的表格。
- 输入多张工作表共用的标题和公式。
- 同时对多个表格进行格式化。
- 一次隐藏或者删除数张工作表。

1. 选定单张工作表

要操作某一工作表，必须使该工作表成为当前选中的工作表。选取的工作表标签为白底显示，未被选取的工作表标签显示为灰底。

在工作表标签上单击工作表名，就可以将其选定为当前活动工作表。

2. 选定相邻的多张工作表

操作步骤如下：

（1）单击要选定的第一张工作表标签。

（2）按住 Shift 键的同时单击最后一张工作表标签。此时在活动工作表的标题栏上将出现"工作组"的字样。

3. 选定不相邻的工作表

先单击要选定的第一张工作表标签，然后在按住 Ctrl 键的同时单击其他不连续的工作表的标签。

4. 选定全部工作表

右击任一张工作表的标签，在弹出的快捷菜单中选择"选定全部工作表"命令即可。

4.3.4 在工作表间切换

由于一个工作簿具有多张工作表，可以利用鼠标单击工作表标签来快速地在不同的工作表间切换。

4.3.5 插入或删除工作表

通常在一个新打开的工作簿中含有默认的 3 张工作表，分别以 Sheet1、Sheet2、Sheet3 命名。而在实际工作中，可能在一个工作簿中使用超过 3 张或者少于 3 张的工作表，用户可以根据需要改变工作表的数目。

【任务 7】插入工作表。

步骤

（1）右击工作表标签，选定插入工作表的位置。

（2）在弹出的快捷菜单中选择"插入"命令，在弹出的对话框中单击"确定"按钮即可插入一张新的工作表。新插入的工作表为当前工作表。

【任务 8】删除工作表。

步骤

（1）右击要删除的工作表标签。

（2）在弹出的快捷菜单中选择"删除"命令，当工作表有内容时在弹出的对话框中单击"确定"按钮即可；如果删除的工作表为空白工作表，此时工作表将直接被删除。

4.3.6 拆分工作表

对于一些较大的表格，可以将其按"横向"或者"纵向"分割成多个窗口，同时观察或编辑同一张表格的不同部分。

方法 1：单击"视图"选项卡"窗口"组中的"拆分"按钮，来达到分割窗口的目的。

方法 2：直接拖动垂直滚动条上方或水平滚动条右方的分割条，向所需方向移动来分割工作表，双击分割条可把它删除。

4.3.7 工作表隐藏/恢复

日常工作中，可以将含有重要数据的工作表或者暂时不使用的工作表隐藏起来。日后需要时，则可将其恢复。

隐藏：右击要隐藏的工作表的标签，在弹出的快捷菜单中选择"隐藏"命令。

恢复：右击任一张工作表的标签，在弹出的快捷菜单中选择"取消隐藏"命令，在弹出对话框的"取消隐藏工作表"列表框中选择要恢复的工作表，单击"确定"按钮即可。

4.3.8 冻结窗格

冻结窗格可以在滚动工作表内容时保持首行、首列或某一部分在其他部分滚动时依然可见，直接单击"视图"选项卡"窗口"组中的"冻结窗格"按钮，在其下拉列表中选择"冻结拆分窗格"、"冻结首行"或"冻结首列"命令即可。

4.3.9 改变默认工作表的数目

在一个工作簿中，系统默认的工作表数目是 3 个，用户可以根据实际需要改变其数目。当新建工作簿时，就会采用新的默认值。操作步骤如下：

（1）选择"文件"|"选项"命令。

（2）在弹出的"Excel 选项"对话框中选择"常规"选项卡，如图 4-14 所示。

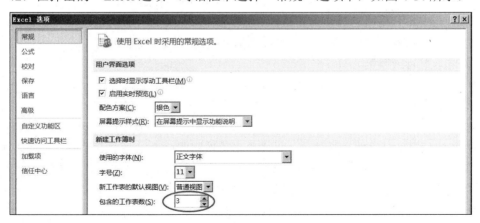

图 4-14 "Excel 选项"对话框

（3）在"包含的工作表数"数值框中选择所需的工作表数目。

（4）单击"确定"按钮。

4.4 工作表的编辑

创建或打开工作表后,可以对工作表的数据进行编辑,如修改、移动、复制、删除、替换等。

4.4.1 插入和删除单元格、行、列

【任务9】在"职工工资表"的"补贴"和"扣款"两列之间插入一列,列标题为"应发工资",删除"实发工资"列。

步骤

(1)选择"职工工资表"。
(2)将光标定位在"扣款"列。
(3)选择"开始"选项卡,在"单元格"组中单击"插入"按钮,在其下拉列表中选择"插入工作表列"命令,即可插入新的一列。然后输入列标题"应发工资"。
(4)将光标定位于"实发工资"列。
(5)选择"开始"选项卡的"单元格"组,再选择"删除"|"删除工作表列"命令,即可删除"实发工资"列。

相关知识点

在工作表中进行任何操作之前,都必须先选择操作对象。插入行、列、单元格时也可以右击某一单元格,在弹出的快捷菜单中选择"插入"命令,弹出"插入"对话框,在该对话框中指定插入的类型即可。

(1)选取操作。在进行编辑之前,需要先选取操作对象。

① 使指定单元格成为活动单元格。在工作表中输入数据是针对活动单元格进行的。使指定的单元格成为活动单元格,可通过移动指针或定位的方式来完成。

② 选取整行或整列。
- 选取整行:在工作表中单击该行的行号。
- 选取整列:在工作表中单击该列的列号。

③ 选取整个工作表。在每张工作表的左上角都有一个"选定整个工作表"按钮(位于A列左边和第1行上面交叉处),只需单击该按钮即可选定整个工作表。利用该功能可以对整个工作表进行全局的设置,例如改变整个工作表的字符格式或者字体的大小等。

④ 选取一个单元格区域。选定某个单元格区域的步骤如下:
- 将鼠标移至要选取的单元格区域的左上角。
- 按住鼠标左键,拖动至要选取的单元格区域的右下角。
- 释放鼠标左键。

若采用键盘来选取,可用方向键将光标移动至要选取的单元格区域的左上角,然后按

住 Shift 键，用方向键选择要选定的单元格区域。

当一个单元格区域被选定后，其背景会变成深色（定义为块），如图 4-15 所示。

⑤ 选取大的单元格区域。若要选取的单元格区域很大，利用鼠标拖放或按方向键很不方便，可用下述方法加速范围的选取。

在选取范围的左上角单击，按住 Shift 键滚动工作表，使将要选取的范围的右下角出现在窗口内，然后在所要选取范围的右下角处单击鼠标，就可以选定该范围。

⑥ 选取不连续的单元格区域。在工作中，有时需要对不连续的单元格执行操作，此时就需要选定不相邻的单元格区域。首先按住 Ctrl 键，然后单击选定需要的单元格或者拖动选定相邻的单元格区域，如图 4-16 所示。

	A	B	C	D	E
1					工资表
2	编号	姓名	性别	职务	出生年月
3	500001	张大林	男	处长	1960-10-3
4	500002	李进文	男	副处长	1964-8-22
5	500003	张平	女	科长	1970-6-5
6	500004	李丽	女	科员	1979-3-18
7	500005	曾大志	男	科员	1982-9-30
8	500006	李加明	女	副科长	1974-4-16
9	500007	汪玲	女	科员	1971-5-6
10	500008	何小强	男	科员	1967-1-27

图 4-15　选定单元格区域

	A	B	C	D	E	F
1						工资表
2	编号	姓名	性别	职务	出生年月	基本工资
3	500001	张大林	男	处长	1960-10-3	2650.25
4	500002	李进文	男	副处长	1964-8-22	2012.65
5	500003	张平	女	科长	1970-6-5	1748.29
6	500004	李丽	女	科员	1979-3-18	1485.65
7	500005	曾大志	男	科员	1982-9-30	1354.12
8	500006	李加明	女	副科长	1974-4-16	1602.68
9	500007	汪玲	女	科员	1971-5-6	1660.58
10	500008	何小强	男	科员	1967-1-27	1516.57

图 4-16　不连续的单元格区域选取示意图

⑦ 条件选取。Excel 可根据单元格内存储的数据类型来选取需要的内容。例如，可以只选定工作表中全部的文字、数字或者公式。该命令在编辑文字、数字、修改公式、寻找错误、寻找隐藏的附注时，是非常有用的一个工具。可以在“开始”选项卡的“编辑”|“查找和选择”中找到对应的条件选择操作功能菜单。

（2）单元格及行、列的插入和删除。

① 插入行和列。选择“开始”选项卡的“单元格”|“插入”|“插入工作行”（列）命令，新的空白行（列）就会出现在当前行（列）的位置，原当前行（列）向下移（右移）。

② 插入单元格。选择“开始”选项卡的“单元格”|“插入”|“插入单元格”命令，弹出“插入”对话框，如图 4-17 所示。其中各项含义介绍如下。

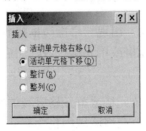

图 4-17　“插入”对话框

- 活动单元格右移：表示新的单元格插入到当前单元格的左边。
- 活动单元格下移：表示新的单元格插入到当前单元格的上方。
- 整行：在当前单元格的上方插入新行。
- 整列：在当前单元格的左边插入新列。

完成设置后，单击"确定"按钮，即可完成所需要的操作。

③ 删除行和列。选择"开始"选项卡的"单元格"组，再选择"删除"|"删除单元格"命令，弹出"删除"对话框。其中各项含义介绍如下。

- 右侧单元格左移：表示被删除单元格右边的单元格向左移动，并填到空单元格中。
- 下方单元格上移：表示被删除单元格下方的单元格向上移动，并填到空单元格中。
- 整行：删除当前单元格所在的行。
- 整列：删除当前单元格所在的列。

完成设置后，单击"确定"按钮，即可完成所需要的操作。

4.4.2 单元格的移动与复制

1. 单元格的移动

移动单元格数据是指将某个单元格或单元格区域的数据从一个位置移到另一个位置，原位置的数据会消失。可以使用剪贴板进行移动，也可以使用鼠标拖放的方法来实现快速移动。

（1）剪贴板法。操作步骤如下：

① 选定要移动数据的源单元格或单元格区域。

② 右击，在弹出的快捷菜单中选择"剪切"命令，或单击"开始"选项卡的"剪贴板"功能组上的 按钮。

③ 选定目的单元格或目的单元格区域的左上角单元格。

④ 右击，在弹出的快捷菜单中选择"粘贴选项"中的"粘贴"命令，或单击"开始"选项卡的"剪贴板"功能组上的粘贴 按钮。

（2）拖放法。采用鼠标拖放法也可以实现数据的移动，甚至比使用菜单命令更加方便。操作步骤如下：

① 选定要移动数据的源单元格或单元格区域。

② 将鼠标指针移到选定单元格或单元格区域的边框上，其形状由空心"+"字形变成"+"箭头形。

③ 此时按下鼠标左键并拖动，出现一个虚边框随着鼠标指针一起移动。

④ 把虚边框拖动到目的单元格或单元格区域，然后释放鼠标左键。

2. 单元格的复制

复制单元格数据是指将某个单元格或单元格区域的数据复制到指定的位置，原位置的数据仍然存在。如果源单元格或单元格区域中包含有计算公式，复制到新位置的公式会因相对引用或者绝对引用生成新的计算结果。

（1）剪贴板法。操作步骤如下：

① 选定要复制的源单元格或单元格区域。

② 在选定的区域中右击，在弹出的快捷菜单中选择"复制"命令，或单击"开始"选项卡的"剪贴板"功能组上的"复制"按钮 。

③ 选定目的单元格或目的单元格区域的左上角单元格。

④ 右击，在弹出的快捷菜单中选择"粘贴选项"中的"粘贴"命令，或单击"开始"选项卡的"剪贴板"功能组上的"粘贴"按钮 。

（2）拖放法。采用鼠标拖放法，也可以实现数据的复制。其操作步骤与用鼠标移动数据相似，唯一的区别在于拖动鼠标时，应同时按住 Ctrl 键。

4.4.3 选择性粘贴

【**任务 10**】选择性粘贴。将职工工资表的"姓名"字段复制到 A12 开始的位置，并转置为一行。

步骤

（1）选定需要复制的内容："姓名"列所在区域 B2:B9。

（2）单击"开始"选项卡的"剪贴板"功能组上的"复制"按钮 。

（3）选定粘贴区域的左上角单元格：A12。

（4）在选定区域中右击，在弹出的快捷菜单中选择"选择性粘贴"命令，在弹出的"选择性粘贴"对话框中选中"转置"复选框，如图 4-18 所示。

（5）单击"确定"按钮，即可将一列数据转为一行排列，如图 4-19 所示。

图 4-18 "选择性粘贴"对话框　　　　图 4-19 数据转置的结果

相关知识点

除了复制整个单元格或单元格区域外，还可以有选择地复制单元格中的特定内容。例如，可以只复制公式的结果而不是公式本身；或者在复制一个单元格和单元格区域时，将源单元格或单元格区域的数据与目的单元格或单元格区域的数据进行某种指定运算；再或者将一行排列的数据转换成一列排列等，如表 4-3 所示。

表 4-3 "选择性粘贴"对话框中各选项的功能说明

选　项	说　　明
全部	粘贴单元格的所有内容和格式
公式	只粘贴单元格的公式，而不粘贴单元格的格式以及任何相关注释
数值	只粘贴单元格计算后显示的数字结果，而不是实际的公式

续表

选项	说　　明
格式	只粘贴单元格的格式，而不粘贴单元格的实际内容
批注	只粘贴单元格的批注
有效性验证	将复制区域的有效数据规则粘贴到粘贴区域中
边框除外	除了边框，粘贴单元格的所有内容和格式
列宽	只粘贴单元格的列宽
无	复制单元格的数据不经计算，完全取代粘贴区域的数据
加	将复制单元格的数据加上粘贴单元格的数据，再放入粘贴单元格
减	将复制单元格的数据减去粘贴单元格的数据，再放入粘贴单元格
乘	将复制单元格的数据乘以粘贴单元格的数据，再放入粘贴单元格
除	将复制单元格的数据除以粘贴单元格的数据，再放入粘贴单元格
跳过空单元	选中该复选框，如果复制单元格有数据，则按照正常的粘贴方式粘贴；如果复制单元格区域中某些单元格为空，则这些空白单元格不会被复制。这样，可以避免粘贴区域的数值被复制区域的空白单元格所取代
转置	选中该复选框，可以将复制区域的数据行列互换，再粘贴到粘贴区域中

4.4.4　查找与替换操作

需要在工作表中查找某字符串时，选择"开始"选项卡的"编辑"组，再选择"查找和选择"|"查找"命令可以快速定位。另外，通过"替换"命令可以用指定值替换查找出的字符串，如图4-20所示。

图4-20　"查找和替换"对话框

4.5　工作表的格式化

建立和编辑工作表后，为了使工作表的外观更美观、排列更整齐、重点更突出，可对表格中的数字格式、对齐格式、字体、边框与填充、列宽、行高等方面进行自定义格式编排，也可使用系统设计好的自动格式和样式对表格进行格式化处理。

4.5.1　工作表的格式化

【任务11】工作表格式化。对"工资表"进行如下格式设置：
（1）在表格前插入一空行，在A1单元格中输入表格标题"工资表"。

（2）在表格的最右侧插入一列，列标题设置为"实发工资"，并将此列数据格式设置为保留 2 位小数点的数值。

（3）把表格标题设置为跨列居中、垂直居中、隶书、23、红色，背景颜色为"标准色-黄色"。

（4）将表中的列标题设置为楷体、16、水平居中、垂直居中。

（5）设置各列为自动调整列宽，有内、外边框。

步骤

（1）将光标定位在列标题行，选择"开始"选项卡的"单元格"组，再选择"插入"|"插入工作表行"命令，在字段名行前插入一空行，在 A1 单元格中输入表格标题"工资表"。

（2）在表格"补贴"列的右侧插入一列，命名为"应发工资"。选择此列，并在选定区域内右击，在弹出的快捷菜单中选择"设置单元格格式"命令，在弹出的"设置单元格格式"对话框中选择"数字"选项卡。在"分类"列表框中选择"数值"，设置小数位数为 2，即可将此列设置为保留 2 位小数点的数值。

（3）选择标题行"工资表"的所有单元格所在区域 A1:J1，并在选定区域内右击，在弹出的快捷菜单中选择"设置单元格格式"命令，弹出"设置单元格格式"对话框。选择"对齐"选项卡，在"水平对齐"下拉列表框中选择"跨列居中"，即可设置表格标题在最左列与最右列之间跨列居中；在"垂直对齐"下拉列表框中选择"居中"。选择"字体"选项卡，在"字体"列表框中选择"隶书"；在"字号"列表框中选择字号，若无所需字号，可输入所需字号，如本例的字号为 23；在"颜色"下拉列表框中选择"标准色"|"红色"。选择"填充"选项卡，将单元格背景的颜色设置为"标准色-黄色"，如图 4-21 所示。

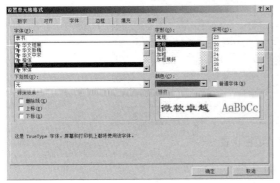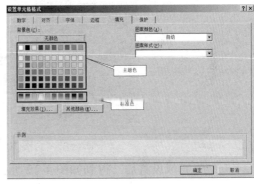

图 4-21　"设置单元格格式"对话框

注意：在"单元格格式"对话框的"填充"选项卡中，单元格背景颜色调色板是没有颜色提示的，可以参照其他调色板（如"图案"调色板）来确定选取的颜色。背景色中的"填充效果"可给背景加上丰富多彩的颜色"渐变"效果。

（4）选择列标题行所在区域，在"开始"选项卡的"字体"功能组中设置"字体"为楷体，"字号"为 16 号。单击"字体"功能组右下角的　按钮，如图 4-22 所示。

在弹出的"设置单元格格式"对话框中选择"对齐"选项卡，在"水平对齐"下拉列表框中选择"居中"，在"垂直对齐"下拉列表框中选择"居中"，如图 4-23 所示。

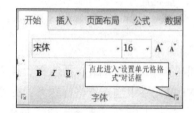

图 4-22 进入"设置单元格格式"对话框　　图 4-23 单元格文本对齐的设置

（5）选择工资表各列，然后选择"开始"选项卡的"单元格"组，再选择"格式"|"单元格大小"|"自动调整列宽"命令，即可设置各列为最适合的列宽。

（6）选择工资表区域，单击"字体"功能组右下角的　按钮，在弹出的"设置单元格格式"对话框中选择"边框"选项卡，选择内部、外边框，如图 4-24 所示；或使用"开始"选项卡的"字体"功能组中的"边框"按钮来设置。

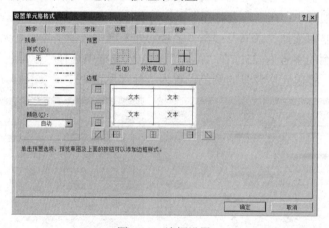

图 4-24 边框设置

（7）完成设置后，得到如图 4-25 所示的结果。

	A	B	C	D	E	F	G	H	I	J
1					工资表					
2	编号	姓名	性别	职务	出生年月	基本工资	补贴	应发工资	扣款	实发工资
3	500001	张大林	男	处长	1960-10-3	2650.25	1500		255	
4	500002	李进文	男	副处长	1964-8-22	2012.65	1200		246	
5	500006	李加明	女	副科长	1974-4-16	1602.68	1000		154	
6	500008	何小强	男	科员	1967-1-27	1516.57	800		167	
7	500007	汪玲	女	科员	1971-5-6	1660.58	800		247	
8	500005	曾大志	男	科员	1982-9-30	1354.12	800		120	
9	500004	李丽	女	科员	1979-3-18	1485.65	800		161	
10	500003	张平	女	科长	1970-6-5	1748.29	1000		239	

图 4-25 格式化的结果

📖 相关知识点

格式化可通过两种方法来实现：一是使用"字体"、"对齐方式"和"数字"格式功能组，如图 4-26 所示；二是通过"设置单元格格式"对话框。两者相比，"设置单元格格式"对话框中的格式化功能更为完善，但功能区按钮使用起来更快捷、方便。

图 4-26 格式功能组

在格式化过程中，首先应选定要格式化的区域，然后再使用格式化命令。格式化单元格并不改变其中的数据和公式，只是改变其显示形式。

（1）设置数字格式。在"设置单元格格式"对话框中选择"数字"选项卡，可以对单元格中的数字进行格式化，如图 4-27 所示。

在默认情况下，Excel 使用的是"常规"格式，即数值右对齐、文字左对齐、公式以数值方式显示，当数值长度超出单元格长度时用科学计数法显示。"数值"格式小数位数、使用千位分隔符等。在"自定义"格式中，"0"表示以整数方式显示；"0.00"表示以两位小数方式显示；"#,##0.00"表示小数部分保留两位，整数部分每千位用逗号隔开；在"数值"和"货币"分类中，"红色"表示当数据值为负时，用红色显示。

（2）设置对齐格式。默认情况下，Excel 根据输入的数据自动调整其对齐格式，如文字内容左对齐、数值内容右对齐等。为了产生更好的效果，可以利用"设置单元格格式"对话框的"对齐"选项卡设置单元格的对齐格式。

- "水平对齐"下拉列表框：其中包括常规、靠左、居中、靠右、填充、两端对齐、跨列居中、分散对齐。
- "垂直对齐"下拉列表框：其中包括靠上、居中、靠下、两端对齐、分散对齐。

"对齐"格式示例如图 4-28 所示。

图 4-27 "数字"选项卡

图 4-28 "对齐"格式示例

当选中以下复选框时，可以解决单元格中文字较长被"截断"的情况。

- 自动换行：对输入的文本根据单元格列宽自动换行。
- 缩小字体填充：减小单元格中的字符大小，使数据的宽度与列宽相同。
- 合并单元格：将多个单元格合并为一个单元格，一般与"水平对齐"下拉列表框中的"居中"选项结合，用于标题的对齐显示。"格式"功能组中的"合并及居中"按钮直接提供了该功能。
- "方向"选项组主要用来改变单元格中文本旋转的角度，角度范围为-90°～90°。

注意：按 Alt+Enter 组合键可强制换行。

（3）设置字体。在 Excel 的字体设置中，设置"字体"、"字形"、"字号"是最主要的 3 个方面，其含义与 Word 2010 的"字体"对话框相似，在此不再赘述。

（4）设置边框线。默认情况下，Excel 的表格线都是工作表的淡虚线。这样的边线不适合突出重点数据，可以给它加上各种类型的边框线。

边框线可以放置在所选区域各单元格的上、下、左、右或外框（即四周）处，还可以添加斜线；边框线的样式有点虚线、实线、粗实线、双线等，可在"样式"列表框中进行选择；在"颜色"下拉列表框中可选择边框的颜色。

此外，也可以通过"开始"选项卡的"字体"功能组中的"边框"按钮 ⊞ 直接设置边框线。单击该按钮右侧的下三角按钮，在弹出的下拉列表中提供了多种不同的边框线设置，如图 4-29 所示。

（5）设置填充。设置填充，就是为所选单元格或单元格区域设置背景颜色和图案，使工作表显得更为生动活泼、错落有致。"设置单元格格式"对话框中的"填充"选项卡如图 4-30 所示。

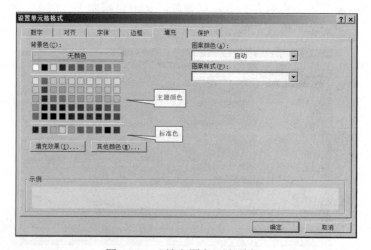

图 4-29 "边框"列表　　图 4-30 "填充图案"选项卡

其中，"背景色"栏用于选择单元格的背景颜色，可分别从主题颜色、标准色、填充效果和其他颜色中选择一种色作为单元格的背景颜色；填充效果主要包含背景的渐变效果设置,可指定"颜色1"和"颜色2"两种不同的颜色,其中前者为起始颜色、后者为结束颜色,中间的颜色值自动以两者为起止值计算,并按指定的"底纹样式"进行填充,如图4-31所示。"图案颜色"下拉列表框中列出了图案可用的颜色,包括主题颜色、标准色和其他颜色3部分,可从中选择某一种颜色作为单元格的填充图案颜色;"图案样式"下拉列表框中列出了18种图案。

利用"字体"功能组中的相应按钮,也可以设置单元格背景的颜色。

(6) 设置列宽、行高。列宽、行高的调整用鼠标来完成比较方便。将鼠标指向要调整列宽(或行高)的列号(或行号)的分隔线上,这时鼠标指针会变成一个双向箭头的形状,拖动分隔线至适当的位置即可。

列宽、行高的精确调整,可通过选择"开始"选项卡的"单元格"组,选择"格式"|"列宽"命令或选择"开始"选项卡的"单元格"组中的"格式"|"行高"命令,在弹出的"列宽"或"行高"对话框中输入所需的宽度或高度。

选择"自动调整列宽"命令,则以选定列中最宽的数据的宽度为准自动进行调整;选择"自动调整行高"命令,则以选定行中最高的数据的高度为准自动进行调整。

"可见性"中的"隐藏和取消隐藏"命令用于将选定的列或行隐藏起来,或将隐藏的列或行重新显示。

(7) 条件格式。Excel提供了"条件格式"功能(在"开始"选项卡的"样式"|"条件格式"功能组中),可根据选定区域中各单元格不同的数值自动设置不同的格式(如字体颜色、背景颜色等),其设置的规则包括突出显示单元格、项目选取、数据条、色阶、图标集或自定义等,如图4-32所示。

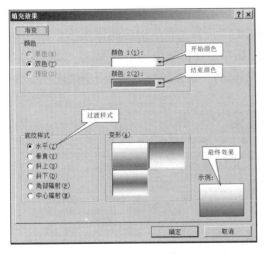

图4-31 "填充效果"对话框

图4-32 "条件格式"下拉列表

用鼠标单击指定规则时将在其右侧显示该规则的详细设置,如图4-32中的"突出显示单元格规则"包括"大于"、"小于"、"介于"、"等于"等详细设置,不符合要求时还可选择其对应的"其他规则"进行自定义。

当选择具体的设置规则时,将弹出对应的设置对话框,以便进一步确定规则的值,例

如当对"年龄"列设置"突出显示单元格规则"|"大于"的条件格式时,将弹出如图 4-33 所示的对话框,此时输入数值 40,并可对大于 40 的单元格设置其格式,如图 4-33 中把年龄大于 40 的单元格用"浅红填充深红色文本"标示出来。

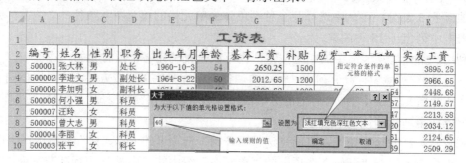

图 4-33 "条件格式"对话框

条件格式各规则的具体内容如下。

① 突出显示单元格规则:突出显示选定区域中特定值的单元格,可指定"大于"、"小于"、"等于"、"介于"等操作符规则,如图 4-34 中突出显示大于 40 岁的"年龄"、突出显示小于 1400 元的"基本工资"。

② 项目选取规则:依据选定区域中单元格数值的统计结果进行选取,如图 4-34 中选取高于平均值的"扣款",并可指定符合条件的单元格格式。

③ 数据条:根据选定区域中各单元格的值绘制数据条,如图 4-34 中对"补贴"列绘制"橙色数据条",不同的"补贴"对应的数据条宽度不同。

④ 色阶:根据选定区域中各单元格的值应用指定色阶中的不同颜色,如图 4-34 中的"应发工资"列应用了"蓝-白-红"色阶,不同的"应发工资"对应的背景色不同。

⑤ 图标集:据选定区域中各单元格的值应用指定图标集中的不同图标,如图 4-34 中的"实发工资"列应用了"四等级"图标集,不同的"实发工资"对应不同的图标。

	A	B	C	D	E	F	G	H	I	J	K
1	工资表										
2	编号	姓名	性别	职务	出生年月	年龄	基本工资	补贴	应发工资	扣款	实发工资
3	500001	张大林	男	处长	1960-10-3	54	2650.25	1500	4150.25	255	3895.25
4	500002	李进文	男	副处长	1964-8-22	50	2012.65	1200	3212.65	246	2966.65
5	500006	李加明	女	副科长	1974-4-16	40	1602.68	1000	2602.68	154	2448.68
6	500008	何小强	男	科员	1967-1-27	47	1516.57	800	2316.57	167	2149.57
7	500007	汪玲	女	科员	1971-5-6	43	1660.58	800	2460.58	247	2213.58
8	500005	曾大志	男	科员	1982-9-30	32	1354.12	800	2154.12	120	2034.12
9	500004	李丽	女	科员	1979-3-18	35	1485.65	800	2285.65	161	2124.65
10	500003	张平	女	科长	1970-6-5	44	1748.29	1000	2748.29	239	2509.29

图 4-34 "条件格式"应用效果

4.5.2 应用样式

Excel 提供了多种预定义的"表格格式"和"单元格样式"供套用。可以通过单击"开始"选项卡"样式"组中的"套用表格格式"或"单元格样式"按钮来查看并应用这些标准样式。

例如，要将一个工作表套用某一表格格式，其操作步骤如下：
（1）选定表格数据所在范围。
（2）单击"开始"选项卡"样式"组中的"套用表格格式"按钮，弹出可用"套用表格格式"下拉列表，如图4-35所示。

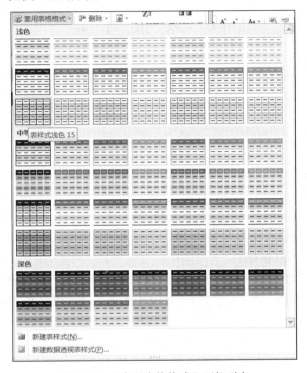

图4-35 "套用表格格式"下拉列表

（3）在列表中单击需要的格式。如果只想把样式应用于指定的单元格区域，可在选定区域后选择"开始"选项卡的"样式"|"单元格样式"命令，并单击列表中对应的样式即可。

4.5.3 格式的复制和删除

对已格式化的数据区域，如果其他区域也要使用该格式，无须重复设置格式，可通过格式复制来快速完成，也可以把不满意的格式删除。

1. 格式的复制

格式复制一般使用"剪贴板"功能组的"格式刷"按钮来完成。操作方法是：首先选定所需格式的单元格或单元格区域，然后单击"格式刷"按钮，这时鼠标指针将变成刷子形状，再用鼠标指向目标区域拖动即可。

此外，格式复制也可以通过"选择性粘贴"的方法来实现。方法是选中要复制格式的区域，在该区域中右击，在弹出的快捷菜单中选择"复制"命令；再选定目标区域并右击，在弹出的快捷菜单中单击"选择性粘贴"|"其他粘贴选项"中的"格式"按钮即可。

2. 格式删除

如果对已设置的格式不满意，可以选择"开始"选项卡的"编辑"|"清除"|"清除格式"命令进行格式的清除。格式清除后，单元格中的数据将以通用格式来表示。

4.6 数值计算

【任务 12】公式及函数的运用。使用公式或函数计算职工工资表中的应发工资项以及实发工资项。

▶步骤

1. 计算应发工资

操作步骤如下：

（1）使用公式。

① 将光标定位在存放计算结果的单元格，如 H3。

② 输入公式时应以一个等号（=）开头，输入"=F3+G3"，即公式引用 F3 单元格的数据与 G3 单元格中的数据相加。

③ 按 Enter 键或单击编辑栏中的"√"按钮，计算出第一条记录的应发工资。

④ 将 H3 单元格中的公式复制到 H4:H10 单元格区域，可得到其余记录的应发工资。

（2）使用函数。

① 将光标定位在存放计算结果的单元格，如 H3。

② 单击"公式"选项卡"函数库"组中的"插入函数"按钮，弹出"插入函数"对话框，如图 4-36 所示。

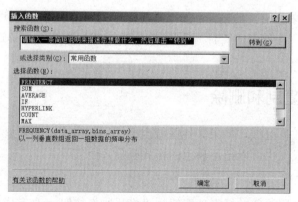

图 4-36 "插入函数"对话框

③ 在"或选择类别"下拉列表框中选择"常用函数"，在"选择函数"列表框中选择 SUM，单击"确定"按钮。

④ 弹出"函数参数"对话框，在 SUM 选项组中的 Number1 文本框中输入参与计算的数据所在单元格区域 F3:G3，也可单击其右侧的 按钮，折叠"函数参数"对话框后，在

工作表中选取参数区域，如图 4-37 所示。

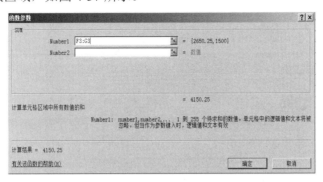

图 4-37　选取函数参数所在区域

⑤ 单击“确定”按钮，计算出第一条记录的应发工资。

⑥ 将 H3 单元格中的函数复制到 H4:H10 单元格区域（可使用拖动填充柄的方法进行复制），得到其余记录的应发工资。

（3）使用“自动求和”按钮。由于在 Excel 表格中经常用到求和计算，因此系统特别将它设定成一个工具按钮Σ。操作步骤如下：

① 选中要计算应发工资的区域，即 F3:H3。

② 单击“公式”选项卡“函数库”组中的“自动求和”按钮Σ，即得求和结果，如图 4-38 所示。要计算某一区域的总和，可以选中该区域和存放结果区域，单击“自动求和”按钮即可。

	A	B	C	D	E	F	G	H	I	J
1	工资表									
2	编号	姓名	性别	职务	出生年月	基本工资	补贴	应发工资	扣款	实发工资
3	500001	张大林	男	处长	1960-10-3	2650.25	1500	4150.25	255	
4	500002	李进文	男	副处长	1964-8-22	2012.65	1200		246	
5	500006	李加明	女	副科长	1974-4-16	1602.68	1000		154	
6	500008	何小强	男	科员	1967-1-27	1516.57	800		167	
7	500007	汪玲	女	科员	1971-5-6	1660.58	800		247	
8	500005	曾大志	男	科员	1982-9-30	1354.12	800		120	
9	500004	李丽	女	科员	1979-3-18	1485.65	800		161	
10	500003	张平	女	科长	1970-6-5	1748.29	1000		239	

图 4-38　计算应发工资选中的区域

2. 计算实发工资

操作步骤如下：

（1）使用公式。

① 将光标定位在存放计算结果的单元格，如 J3。

② 输入公式时应以一个等号（=）开头，输入“=H3-I3”。

③ 按 Enter 键或单击编辑栏中的“ √ ”按钮，计算出第一条记录的实发工资。

④ 将 J3 单元格中的公式复制到 J4:J10 单元格区域，可得其余记录的实发工资。

（2）使用函数。

① 选定 J3 单元格作为存放结果的单元格，然后单击编辑栏中的“插入函数”按钮 fx 。

② 弹出“插入函数”对话框，在“或选择类别”下拉列表框中选择“常用函数”，在

"选择函数"列表框中选择 SUM，然后单击"确定"按钮。

③ 弹出"函数参数"对话框，单击 Number1 文本框右侧的 按钮，选择第一个求和单元格区域 F3:G3，单击 按钮，如图 4-39 所示。

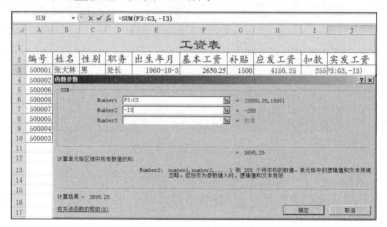

图 4-39 选定计算单元格区域

④ 在 Number2 文本框中直接输入第二个求和参数"-I3"（负号"-"表示相减），然后单击"确定"按钮，计算出第一条记录的实发工资。

⑤ 将 J3 单元格的函数复制到同一列的其余单元格，即可计算其余实发工资。

4.6.1 建立公式

公式是在工作表中对数据进行计算的表达式。公式可以引用同一工作表中的单元格、同一工作簿中不同工作表中的单元格或者其他工作簿的工作表中的单元格。

1. 公式的输入

输入公式的操作类似于输入文本，但是在输入公式时应以一个等号（=）开头。在一个公式中可以包含运算符、常量、变量、函数以及单元格引用等。以下是几个公式的示例：

=10+20*4

=A1+A2*5%

=SUM(B2:B4)

在单元格中输入公式的步骤如下：

（1）选定要输入公式的单元格。

（2）在单元格中输入一个等号（=）。

（3）输入公式的内容，该内容将同时显示在选定单元格和编辑栏中。

（4）输入完毕后，按 Enter 键或者单击编辑栏中的"√"按钮。

例如，在单元格 A1 中输入数值"10"，在单元格 A2 中输入"20"，然后单击单元格 A3，输入公式"=A1+A2*5%"（也可以用单击所引用的单元格来代替单元格地址的输入），按下 Enter 键或者单击编辑栏中的"√"按钮，表明公式输入完毕，同时在公式所在单元格 A3 中显示出计算结果为 11，如图 4-40 所示，在编辑栏中仍然显示当前单元格的公式，以便于用户编辑与修改。

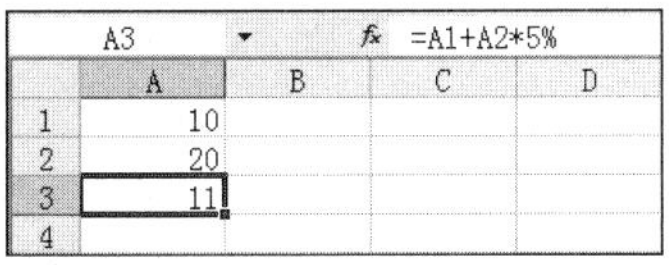

图 4-40　在单元格中看到的计算结果

2. 运算符

运算符用于对公式中的元素进行特定类型的运算。在 Excel 中有 4 类运算符，分别是算术运算符、文本运算符、比较运算符和引用运算符。

（1）算术运算符。算术运算符可以完成基本的数学运算，如加、减、乘、除等。算术运算符如表 4-4 所示。

表 4-4　算术运算符

算术运算符	含　义	示　　例
+	加	10+5
−	减	10−5
−	负数	−5
*	乘	10*5
/	除	10/5
%	百分号	5%
^	乘幂	5^2

（2）文本运算符。在 Excel 中不仅可以进行数学运算，还提供了文本的运算。利用文本运算符（&）可以将文本连接起来。在公式中使用文本运算符时，以等号开头，然后输入文本的第一段（文本或单元格引用），再用文本运算符（&）连接下一段（文本或单元格引用）的内容。

例如，在 A1 单元格中输入"第一季度"，在 A2 单元格中输入"销售额"，在 C3 单元格中输入"=A1&累计&A2"，结果为"第一季度累计销售额"。

要在公式中直接加入文本，可用引号将文本括起来，这样就可以在公式中加上必要的空格或标点符号等。

（3）比较运算符。比较运算符可以对两个数据进行比较并产生逻辑值结果：TRUE 或 FALSE。比较运算符如表 4-5 所示。

表 4-5　比较运算符

比较运算符	含　义	示　　例
=	等于	A1=A2
<	小于	A1<A2
>	大于	A1>A2
<>	不等于	A1<>A2
<=	小于等于	A1<=A2
>=	大于等于	A1>=A2

例如，A1 单元格的值为 28，则 A1<50 结果为 TRUE，A1>50 结果为 FALSE。

字符串也可以进行比较，半角字符按照其 ASCII 码的顺序进行比较；全角字符按照其在区位码表中的顺序进行比较。

（4）引用运算符。一个引用位置代表工作表上的一个或者一组单元格，用于指出在哪些单元格中查找公式中要用的数据。通过使用引用位置，可以在一个公式中使用工作表上不同部分的数据，也可以在几个公式中使用同一个单元格中的数据。引用运算符如表 4-6 所示。

表 4-6 引用运算符

引用运算符	含　　义	示　　例
:（冒号）	区域运算符，对两个引用之间，包括两个引用在内的所有单元格进行引用	SUM(A1:A2)
,（逗号）	联合运算符，将多个引用合并为一个引用	SUM(A2:A5,C2:C5)
（空格）	交叉运算符，表示几个单元格区域所共有（重叠）的那些单元格	SUM(B2:D3 C1:C4)（这两个单元格区域的共有单元格为 C2 和 C3）

（5）公式中的运算顺序。如果在公式中同时使用了多种运算符，应该了解运算符的运算优先级。如表 4-7 所示列出了运算符的运算优先级。在公式中，应先算引用运算符，最后再算比较运算符。

表 4-7 运算符及优先级

优　先　级	运　算　符　号	说　　明
1	区域（冒号）、联合（逗号）、交叉（空格）	引用运算符
2	-	负号
3	%	百分号
4	^	乘幂
5	*和/	乘、除法
6	+和-	加、减法
7	&	连接文字
8	=、<、>、<=、>=、<>	比较运算符

如果公式中包含多个相同优先级的运算符，如公式中同时包含了加法和减法运算符，则从左到右进行计算。如果要修改计算的顺序，可把公式中要先计算的部分括在圆括号内。

3．单元格的引用

单元格的引用代表工作表中的一个单元格或者一组单元格，以指出公式中所用数据的位置。通过单元格的引用，可以在一个公式中使用工作表上不同部分的数据，也可以在几个公式中使用一个单元格中的数据。另外，还可以引用同一个工作簿中其他工作表中的单元格，或者引用其他工作簿中的单元格。

例如，需要计算工资表中每个职工的应发工资，不是将每个人的基本工资和补贴的具体数值加起来，而是在 H3 单元格中建立计算公式"=F3+G3"，即表示 F3 单元格中的数据与 G3 中的数据之和，如图 4-41 所示。由于公式中引用了基本工资及补贴所在的单元格，一旦基本工资或补贴的值发生改变，公式的计算结果也会随之改变。

SUM　=F3+G3

	A	B	C	D	E	F	G	H
1	工资表							
2	编号	姓名	性别	职务	出生年月	基本工资	补贴	应发工资
3	50001	张大林	男	处长	1960-10-3	2650.25	1500	=F3+G3
4	50002	李进文	男	副处长	1964-8-22	2012.65	1500	
5	50003	张平	女	科长	1970-6-5	1748.29	1000	
6	50004	李丽	女	科员	1979-3-18	1485.65	800	
7	50005	曾大志	男	科员	1982-9-30	1354.12	800	
8	50006	李加明	女	副科长	1974-4-16	1602.68	1000	
9	50007	汪玲	女	科员	1971-5-6	1660.58	800	
10	50008	何小强	男	科员	1967-1-27	1516.57	800	

图 4-41　单元格的引用

单元格的引用有如下几种情况：

（1）相对地址引用。在输入公式的过程中，除非特别指明，Excel 一般使用相对地址引用。相对地址是指在一个公式中直接用单元格的列号与行号来取用某个单元格的内容。如果将含有单元格地址的公式复制到另一个单元格中，公式中的单元格引用将会根据公式移动的相对位置作相应的改变。

例如，将 H3 单元格的公式复制到 H4:H10 单元格区域，当把光标移至 H4 单元格时，就会发现公式已经变为“=F4+G4”。因为从 H3 到 H4，列的偏移量没有变，而行作了一行的偏移，所以公式中涉及的列不变而行自动加 1。其他各个单元格也作出了改变，如图 4-42 所示。

	A	B	C	D	E	F	G	H	I
1	工资表								
2	编号	姓名	性别	职务	出生年月	基本工资	补贴	应发工资	扣款
3	500001	张大林	男	处长	1960-10-3	2650.25	1500	=F3+G3	255
4	500002	李进文	男	副处长	1964-8-22	2012.65	1500	=F4+G4	246
5	500003	张平	女	科长	1970-6-5	1748.29	1000	=F5+G5	239
6	500004	李丽	女	科员	1979-3-18	1485.65	800	=F6+G6	161
7	500005	曾大志	男	科员	1982-9-30	1354.12	800	=F7+G7	120
8	500006	李加明	女	副科长	1974-4-16	1602.68	1000	=F8+G8	154
9	500007	汪玲	女	科员	1971-5-6	1660.58	800	=F9+G9	247
10	500008	何小强	男	科员	1967-1-27	1516.57	800	=F10+G10	167

图 4-42　相对地址引用

（2）绝对地址引用。当公式需要引用某个指定单元格的数据时，就必须使用绝对地址（在行号和列号前加“$”符号）引用。对于包含绝对引用的公式，无论将公式复制到什么位置，所引用绝对地址的单元格保持不变。

（3）混合地址引用。混合地址引用是在列号或行号前加“$”符号，如$A1、A$1。当移动或复制含有混合地址的公式时，混合地址中的相对行（相对列）会发生变化，而绝对行（绝对列）保持不变。

（4）三维地址引用。三维地址引用包含一系列工作表名称和单元格或单元格区域引用。三维地址引用的一般格式为“工作表标签!单元格引用”。例如，如果引用 Sheet2 工作表中的单元格 B2，则输入“Sheet2!B2”。

如果需要分析某一工作簿中多张工作表的相同位置处的单元格或单元格区域中的数

据，需使用三维地址引用。例如，在第 6 张工作表中求出第 1～5 张工作表的单元格区域 A2:A5 的和，可以输入公式"=SUM(Sheet1:Sheet5!A2:A5)"。

需要注意的是，如果单纯进行数值计算，上述几种地址引用所得的计算结果是相同的，只有进行公式复制时才有差异。

4. 公式的复制

公式的复制与数据的复制方法相同，但当公式中包含有引用地址的参数时，根据引用地址的不同，公式的计算结果将不一样。若公式中采用相对引用，复制公式时，Excel 自动调整相对引用的相关部分。如果要使复制后的公式的引用位置保持不变，应该使用绝对引用。

5. 公式中的错误信息

输入计算公式之后，当公式输入有误，系统会在单元格中显示错误信息。例如，在需要数字的公式中使用了文本、删除了被公式引用的单元格等。如表 4-8 所示列出了一些常见的错误信息及其含义。

表4-8 常见的错误信息及其含义

错误信息	含义	错误信息	含义
#DIV/0!	除以 0	#NUM!	数值有问题
#N/A	引用了当前不能使用的数值	#REF!	引用了无效的单元格
#NAME?	引用了不能识别的名称	#VALUE!	错误的参数或运算对象
#NULL!	无效的两个区域交集		

4.6.2 函数

函数是预定义的内置公式，它使用被称为参数的特定数值，按被称为语法的特定顺序进行计算。函数处理数据的方式与公式处理数据的方式是相同的，通过引用参数接收数据，并返回结果。多数情况下返回的是计算的结果，也可以返回文本、引用、逻辑值、数值或者工作表的信息。

参数既可以是数字、文本、逻辑值、数组、错误值或者单元格引用，也可以是常量、公式或其他函数。对于不需任何参数的函数，必须用一个空括号以使 Excel 能识别它。

函数的语法以函数名称开始，指明将要进行的操作；后面是左圆括号、以逗号隔开的参数和右圆括号。如果函数以公式的形式出现，要在函数名称前面输入等号"="。

函数的语法格式：

函数名称(参数 1,参数 2…)

Excel 提供了许多内置函数，为用户对数据进行运算和分析带来了极大便利。这些函数涵盖范围很广，其中包括数学与三角函数、日期与时间函数、统计函数、财务函数、查找与引用函数、数据库函数、文本函数、逻辑函数和信息函数等。

1. 函数的分类

（1）数学与三角函数，如表 4-9 所示。

表 4-9 数学与三角函数

函数名称	功 能	应用举例	运行结果
ABS(X)	求绝对值	=ABS(-1)	1
INT(X)	对 X 取整	=INT(15.67)	15
SQRT(X)	对 X 开平方	=SQRT(9)	3
ROUND(X, n)	对 X 四舍五入，保留 n 位小数	=ROUND(35.78,1)	35.8
MOD(X, Y)	取模，即 X/Y 的余数	=MOD(5,3)	2
EXP(X)	求自然对数的底 e 的 X 次方	=EXP(1)	2.71828
LN(X)	求 X 的自然对数值	=LN(2.71)	0.99695
PI()	圆周率 π 值 3.14159	=PI()	3.14159
RAND()	产生一个 0~1 之间的随机数	=RAND()	0.90431
LOG10(X)	求 X 的常用对数值	=LOG10(100)	2
SUM(区域)	参数相加	=SUM(1,2,3,4)	10
TRUNC(X)	将数字的小数部分截去，返回整数	=TRUNC(8.9)	8
COS(X)	求 X 的余弦值	=COS(PI()/3)	0.5
ACOS(X)	求 X 的反余弦值	=COS(0.866)	0.647878
SIN(X)	求 X 的正弦值	=SIN(PI()/6)	0.5
ASIN(X)	求 X 的反正弦值	=ASIN(0.866)	1.04715
TAN(X)	求 X 的正切值	=TAN(PI()/4)	1
ATAN(X)	求 X 的反正切值	=ATAN(1)	0.7854
TRUNC(X)	将数字截为整数或保留指定位数的小数	=TRUNC(123.45)	123

（2）统计函数，如表 4-10 所示。

表 4-10 统计函数

函数名称	功 能	应用举例	结 果
SUM(区域)	求统计区域内有定义数值总和	=SUM(A1:A4)	10
SUMIF(range,criteria, sum_range)	对满足条件的单元格求和	=SUMIF(A1:B4,">2")	14
AVERAGE(区域)	求区域内数值的平均值	=AVERAGE(A1:B4)	2.5
COUNT(区域)	统计区域内有定义数据的单元格个数	=COUNT(A3,B1:B4)	5
COUNTA(区域)	统计区域内非空单元格个数	=COUNTA(B1:B4)	4
MAX(区域)	求区域内所有数中的最大者	=MAX(A1:B4)	4
MIN(区域)	求区域内所有数中的最小者	=MIN(A1:B4)	1
COUNTIF(区域)	计算区域中满足给定条件的单元格的个数	=COUNTIF(A1:B4,">2")	4
RANK(number,ref,order)	返回一个数字在数字列表中的排位	=RANK(A3,A1:A4,1)	3
VAR(区域)	求区域内数值的方差	=VAR(A1:B4)	1.428571
STDEV(区域)	求区域内数值的标准差	=STDEV(A1:B4)	1.195229
FREQUENCY(data_array,bins_array)	以一列垂直数组返回某个区域中数据的频率分布	如图 4-44 所示	如图 4-44 所示

统计函数引用的单元格及函数结果，如图 4-43 所示。

相关知识点

下面来了解一下 FREQUENCY 频率分布函数的使用方法。

语法：

FREQUENCY(data_array,bins_array)

- data_array：为一数组或对一组数值的引用，用来计算频率。
- bins_array：为间隔的数组或对间隔的引用，该间隔用于对 data_array 中的数值进行分组。

说明：

- 公式必须以数组公式的形式输入。方法是：如图 4-44 所示，在 A12 单元格中用公式=FREQUENCY(A2:A10,B2:B4)输入第一个结果后，选中从公式单元格开始的结果单元格区域 A12:A15。按 F2 键，再按 Shift+Ctrl+Enter 组合键。

图 4-43 统计函数引用的单元格及函数结果

图 4-44 FREQUENCY 函数的应用与结果

- 返回的数组中的元素个数比 bins_array（数组）中的元素个数多 1。返回的数组中所多出来的元素表示超出最高间隔的数值个数。例如，如果要计算输入到 3 个单元格中的 3 个数值区间（间隔），则应在 4 个单元格中输入 FREQUENCY 函数计算的结果。多出来的单元格返回 data_array 中大于第三个间隔值的数值个数。

注意：利用"开始"选项卡"编辑"组上的求和按钮Σ，可快速输入求和函数 SUM，对一至多列（行）数据求和。

（3）文本函数，如表 4-11 所示。

表 4-11 文本函数

函数名称（可引用区域作参数）	功　能	实　例	结　果
FIND(子字串，主字串，n)	若在主字串左起第 n 位后找到子字串，则值为子串在主串的位值，否则为#VALUE	=FIND("AC","BC",4) =FIND("efg","abcdefg",2)	#VALUE 5

续表

函数名称（可引用区域作参数）	功　能	实　例	结　果
LEFT(字串, n)	取字串左边 n 个字符	=LEFT("ABCD",2)	AB
RIGHT(字串, n)	取字串右边 n 个字符	=RIGHT("Email",4)	mail
MID(字串, m, n)	从字串第 m 位起取 n 个字符	=MID("ABCDEFG",3,2)	CD
LEN(字串)	字串字符数	=LEN("English")	7
LOWER(字串)	把字串全部内容转换为小写	=LOWER("THE")	the
UPPER(字串)	把字串全部内容转换为大写	=UPPER("the")	THE
REPLACE(主串, m, n, 子串)	从主串第 m 位起删去 n 个字符，用子串插入	=REPLACE("ENGLISH", 2,6,"mail")	Email
VALUE(数字字串)	把数字字串转换成数值	=VALUE("123.46")	123.46
TRIM(字串)	去掉字符前部及尾部空格，中间空格只保留一个	=TRIM("姓名")	姓名
REPT(字串, n)	字符重复 n 次	=REPT("_",5)	_____
EXACT(字串 1，字串 2)	两字串完全相等为 TRUE，否则为 FALSE	=EXACT("ABC","ABC")	TRUE

（4）日期和时间函数，如表 4-12 所示。

表 4-12　日期和时间函数

函数名称	功　能	应用举例	运行结果
DATE(年,月,日)	返回日期时间代码中代表日期的数字	=DATE(2011,3,15)	2011-3-15 或 40617
DATEVALUE(日期字串)	将日期值转换为序列数	=DATEVALUE("2011/3/15")	40617
DAY(日期字串)	求日期字串的天数	=DAY("2011/3/15")	15
MONTH(日期字串)	求日期字串的月份	=MONTH("2011/3/15")	3
YEAR(日期字串)	求日期字串的年份	=YEAR("2011/3/15")	2011
NOW()	求系统日期和时间的序列数	=NOW()	2014-7-28 17:11
TODAY()	求日期格式的当前日期	=TODAY()	2014-7-28
TIME(时,分,秒)	求特定时间的序列数	=TIME(21,5,50)	9:05PM
HOUR(时间数)	转换时间数为小时	=HOUR(31404.5)	12
DAYS360(start_date,end_date,method)	按每年 360 天返回两个日期间相差的天数	=DAYS360(A1,A2) 　　A　　　B 1　2010-4-1 2　2011-4-1　　360	360

例如，通过工资表的出生年月，计算出每人的年龄。

在"出生年月"列右侧插入一列，列标题为"年龄"；在第一行存放"年龄"数据的单元格中输入应用函数的公式"=YEAR(NOW())-YEAR(E3)"，即用当前日期的年份减去该出生年月的年份，得到岁数即年龄（注意，此时该单元格的格式应设置为"常规"格式）；然后将该单元格的公式复制到以下单元格，得到其余的"年龄"数据，如图 4-45 所示。

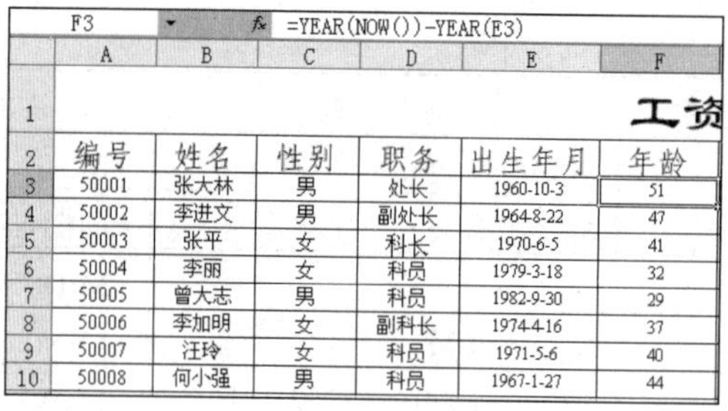

图 4-45 日期函数示例

（5）财务函数，如表 4-13 所示。

表 4-13 财务函数

函数名称	功能
PMT(贷款利率,分期偿还期数,贷款总额)	按贷款总额、每期规定利率（复利）及还款期数，得到每期应还款数
PV(每期利率,偿还期数,偿还能力)	得到规定利率（复利）、偿还期数、偿还能力下可贷款总额
FV(利率,存款期数,每期存款额)	得到按每期规定利率（复利）及每期存款额在存款期满后的本息总和
NPV(存放利率的表格单元,逐期还款量所在的区域)	贷款者收回的本金及净利之和
IRR(利率估计值所在的表格单元,借款数及每期还款数区域)	根据借还款数量及每期利息的估计值计算利率，以保证收支平衡

例如，某企业每月偿还能力为 15000 元，已知银行年利率为 10%，计算以一年为限企业所能贷款的金额，如图 4-46 所示。

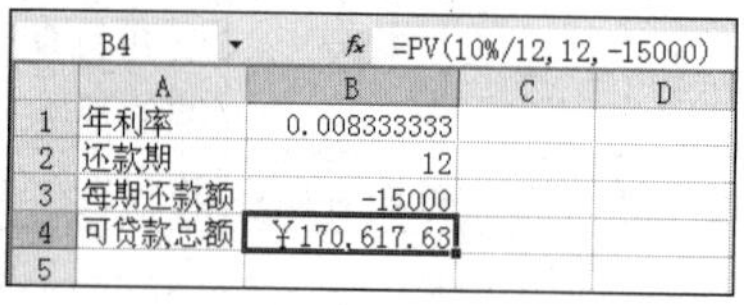

PV(10%/12,12,-15000)=170617.63 元

图 4-46 PV 函数应用举例

例如，某企业计划向银行贷款 100000 元，分 12 期偿还，已知银行年利率为 8%，计算分期付款每月所应偿还的金额，如图 4-47 所示。

PMT(8%/12,12,100000)=-8698.84 元

例如，参加零存整取储蓄，每月存入 1000 元，年利率 2.75%（每月按复利率计算月利率为 2.75%/12），计算一年后可得金额，如图 4-48 所示。

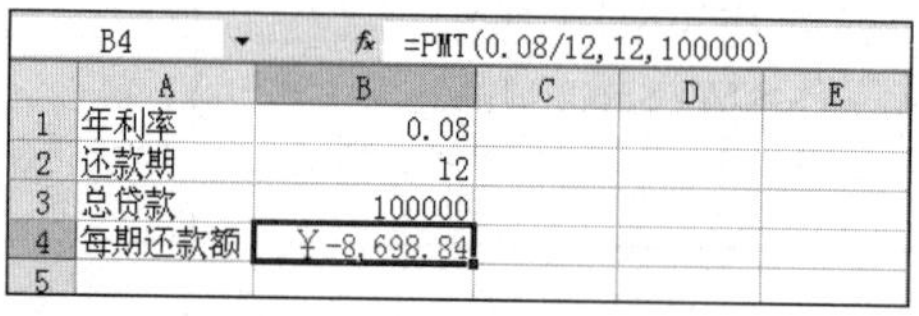

图 4-47 PMT 函数应用举例

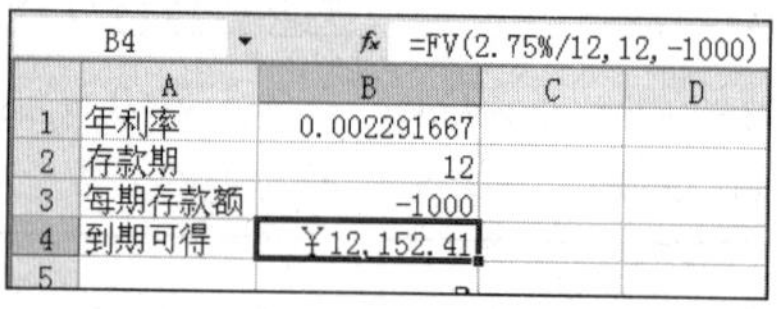

图 4-48 FV 函数应用举例

FV(2.75%/12,12,-1000)=12152.41 元

在以上函数中，付出的金额用负号"-"表示，收到的金额为正号。当利率为年利率时，需要除以 12 以转换为月利率。

（6）逻辑函数，如表 4-14 所示。

表 4-14　逻辑函数

函数名称	功　　能
NOT(逻辑表达式)	对一个逻辑表达式求反
AND(逻辑表达式 1,逻辑表达式 2,…)	所有逻辑表达式都为 TRUE 时，返回函数值 TRUE
OR(逻辑表达式 1,逻辑表达式 2,…)	只要有一个逻辑表达式为 TRUE，返回函数值 TRUE
TRUE()	生成逻辑值 TRUE
FALSE()	生成逻辑值 FLASE
IF(X,V1,V2)	若条件表达式 X 为真，函数取值为 V1，否则为 V2

其中，条件函数（IF）是一个非常有用的函数，其功能是对比较条件（X）进行测试，如果条件成立，函数值取第一个值（V1），否则取第二个值（V2）。

例如，对于学生成绩表中的平均分一列进行判断，成绩在 60 分或以上者，在旁边单元格显示“及格”，其余情况显示“不及格”。可采用如下函数实现：

IF(J3>60,"及格","不及格")

IF 函数允许多重嵌套，以构成复杂的判断。例如，根据给出的职工工资表，以及不同职务人员增加补贴的情况，如处长补贴 1500 元、副处长补贴 1200 元、科长和副科长补贴 1000 元、其余补贴 800 元，得出每个职工补贴工资的金额。可以使用 IF 函数的嵌套来达到目的，即在 G3 单元格中输入“=IF(D3="处长",1500,IF(D3="副处长",1200,IF(OR(D3="科长",D3="副科长"),1000,800)))”，然后将其复制到 G4:G10 单元格区域，如图 4-49 所示。

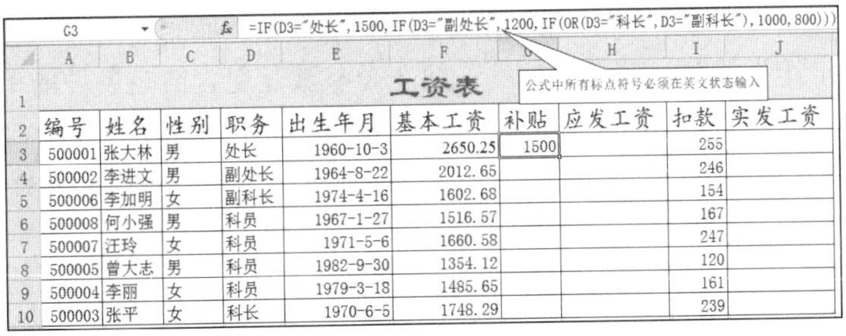

编号	姓名	性别	职务	出生年月	基本工资	补贴	应发工资	扣款	实发工资
500001	张大林	男	处长	1960-10-3	2650.25	1500		255	
500002	李进文	男	副处长	1964-8-22	2012.65			246	
500006	李加明	女	副科长	1974-4-16	1602.68			154	
500008	何小强	男	科员	1967-1-27	1516.57			167	
500007	汪玲	女	科员	1971-5-6	1660.58			247	
500005	曾大志	男	科员	1982-9-30	1354.12			120	
500004	李丽	女	科员	1979-3-18	1485.65			161	
500003	张平	女	科长	1970-6-5	1748.29			239	

图 4-49　IF 函数举例

使用 IF 函数对多个条件进行判断时，对于不同的条件将得出不同的数据结果。此外，本例还使用了逻辑函数“OR(D3="科长",D3="副科长")”，两个条件之一满足即可。

（7）数据库函数，如表 4-15 所示。

表 4-15　数据库函数

函数名称	功　　能
DAVERAGE(database,field,criteria)	返回列表或数据库的列中满足指定条件的数值的平均值
DCOUNT(database,field,criteria)	返回列表或数据库的列中满足指定条件并且包含数字的单元格个数
DCOUNTA(database,field,criteria)	返回列表或数据库的列中满足指定条件的非空单元格个数
DMAX(database,field,criteria)	返回列表或数据库的列中满足指定条件的最大数值
DMIN(database,field,criteria)	返回列表或数据库的列中满足指定条件的最小数值
DSUM(database,field,criteria)	返回列表或数据库的列中满足指定条件的数字之和

- database：构成列表或数据库的单元格区域。

- field：要统计的列标签（地址）或该列在列表中的位置的数值。
- criteria：为一组包含给定条件的单元格区域。

其中，求平均值函数（DAVERAGE）是一个非常有用的函数，其功能是返回选定数据库项的平均值。例如，在工资表中分别计算男、女职工的平均实发工资。在 C12:C13 单元格区域设条件区，在 D13 单元格存放计算结果，选定 D13 单元格为活动单元格，输入公式“=DAVERAGE (A2:J10,J2,C12:C13)”，即可得到男职工的平均实发工资；同理，也可以计算得到女职工的平均实发工资，如图 4-50 所示。

D16 =DAVERAGE(A2:J10, J2, C15:C16)

	A	B	C	D	E	F	G	H	I	J
1	工资表									
2	编号	姓名	性别	职务	出生年月	基本工资	补贴	应发工资	扣款	实发工资
3	500001	张大林	男	处长	1960-10-3	2650.25	1500	4150.25	255	3895.25
4	500002	李进文	男	副处长	1964-8-22	2012.65	1200	3212.65	246	2966.65
5	500006	李加明	女	副科长	1974-4-16	1602.68	1000	2602.68	154	2448.68
6	500008	何小强	男	科员	1967-1-27	1516.57	800	2316.57	167	2149.57
7	500007	汪玲	女	科员	1971-5-6	1660.58	800	2460.58	247	2213.58
8	500005	曾大志	男	科员	1982-9-30	1354.12	800	2154.12	120	2034.12
9	500004	李丽	女	科员	1979-3-18	1485.65	800	2285.65	161	2124.65
10	500003	张平	女	科长	1970-6-5	1748.29	1000	2748.29	239	2509.29
11										
12			性别							
13			男	2761.40						
14										
15			性别							
16			女	2324.05						

图 4-50　DAVERAGE 函数举例

在上述函数中，共有 3 个参数，第 1 个是构成列表或数据库的单元格区域，本例为 A2:J12；第 2 个参数 J2 是作为函数计算的列标签；第 3 个参数是包含给定条件的单元格区域。

例如，若要统计工资表中职务为科员的人数，可采用 DCOUNTA 函数（其功能是计算数据库中非空单元格的个数）。首先，在数据库以外的空白区域建立条件区，由列标签和条件组成，本例为 D12:D13；然后将统计结果存放在 E13 单元格中，即将该单元格选定为活动单元格，输入公式“=DCOUNTA(A2:J10,D2,D12:D13)”，结果为 4，如图 4-51 所示。

E13 =DCOUNTA(A2:J10, D2, D12:D13)

	A	B	C	D	E	F	G	H	I	J
1	工资表									
2	编号	姓名	性别	职务	出生年月	基本工资	补贴	应发工资	扣款	实发工资
3	500001	张大林	男	处长	1960-10-3	2650.25	1500	4150.25	255	3895.25
4	500002	李进文	男	副处长	1964-8-22	2012.65	1200	3212.65	246	2966.65
5	500006	李加明	女	副科长	1974-4-16	1602.68	1000	2602.68	154	2448.68
6	500008	何小强	男	科员	1967-1-27	1516.57	800	2316.57	167	2149.57
7	500007	汪玲	女	科员	1971-5-6	1660.58	800	2460.58	247	2213.58
8	500005	曾大志	男	科员	1982-9-30	1354.12	800	2154.12	120	2034.12
9	500004	李丽	女	科员	1979-3-18	1485.65	800	2285.65	161	2124.65
10	500003	张平	女	科长	1970-6-5	1748.29	1000	2748.29	239	2509.29
11										
12				职务						
13				科员	4					

图 4-51　DCOUNTA 函数举例

在上述函数中，共有 3 个参数。其中，A2:J10 是数据库，即函数操作的范围；D2 是函数计算的列标签，即对“职务”列进行统计；D12:D13 是包含给定条件的单元格区域，即统计的条件。

（8）查找与引用函数，如表 4-16 所示。

表 4-16　查找与引用函数

函 数 名 称	功　　能
CHOOSE(index_num,value1,value2,...)	根据给定的索引值，从参数串中选出相应值或操作，如图 4-52 所示
VLOOKUP(lookup_value,table_array, col_index_num,range_lookup)	在表格或数值数组的首列查找指定的数值，并由此返回表格或数组当前行中指定列处的数值，如图 4-53 所示

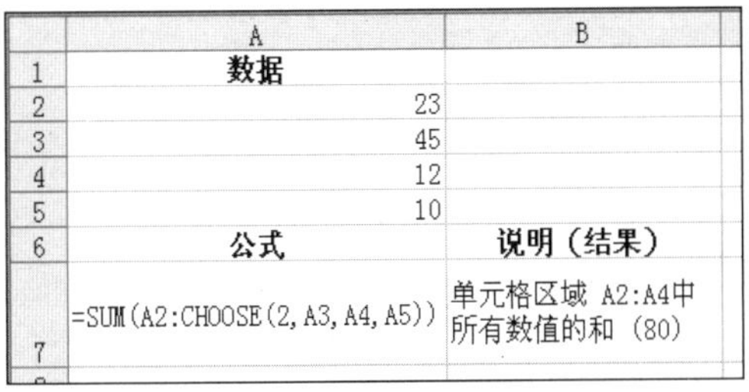

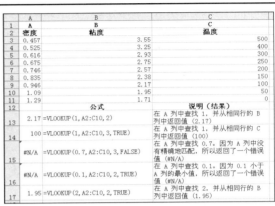

	A	B
1	数据	
2	23	
3	45	
4	12	
5	10	
6	公式	说明（结果）
7	=SUM(A2:CHOOSE(2,A3,A4,A5))	单元格区域 A2:A4中所有数值的和（80）

图 4-52　CHOOSE 函数举例

	A	B	C
1	A	B	C
2	密度	粘度	温度
3	0.457	3.55	500
4	0.525	3.25	400
5	0.616	2.93	300
6	0.675	2.75	250
7	0.746	2.57	200
8	0.835	2.38	150
9	0.946	2.17	100
10	1.09	1.95	50
11	1.29	1.71	0
12		公式	说明（结果）
13	2.17	=VLOOKUP(1,A2:C10,2)	在 A 列中查找 1，并从相同行的 B 列中返回值（2.17）
14	100	=VLOOKUP(1,A2:C10,3,TRUE)	在 A 列中查找 1，并从相同行的 C 列中返回值（100）
15	#N/A	=VLOOKUP(0.7,A2:C10,3,FALSE)	在 A 列中查找 0.7。因为 A 列中没有精确地匹配，所以返回了一个错误值（#N/A）
16	#N/A	=VLOOKUP(0.1,A2:C10,2,TRUE)	在 A 列中查找 0.1。因为 0.1 小于 A 列的最小值，所以返回了一个错误值（#N/A）
17	1.95	=VLOOKUP(2,A2:C10,2,TRUE)	在 A 列中查找 2，并从相同行的 B 列中返回值（1.95）

图 4-53　VLOOKUP 函数举例

2. 函数的输入

Excel 的函数既可单独使用，又可以被公式引用。

函数的输入有两种方法，分别介绍如下。

（1）手工输入。操作步骤如下：

① 选定要输入函数的单元格。

② 输入“=”。

③ 输入函数名及左括号。

④ 选定要引用的单元格或单元格区域。

⑤ 输入右括号，单击编辑栏中的“确定”按钮 √ 或按 Enter 键，函数所在的单元格中将显示结果。

（2）用函数向导输入。按照函数向导的提示，用户可以一步一步地输入一个复杂的函数，避免在输入过程中产生输入错误。操作步骤如下：

① 选定要输入函数的单元格，选择“公式”选项卡的“函数库”|“插入函数”命令，或者单击编辑栏上的“插入函数”按钮 fx，打开“插入函数”对话框。

② 在“或选择类别”下拉列表框中选择要输入的函数分类，如选择“统计”；再从“选择函数”列表框中选择所需要的函数，单击“确定”按钮，打开“函数参数”对话框。

③ 在“函数参数”对话框中输入参数：可以直接输入数值、引用的单元格或单元格区域；也可以单击参数框右边的按钮，将“函数参数”对话框折叠起来后，直接用鼠标在工作表中选择所引用的单元格或单元格区域，然后再次单击输入框右边的按钮，回到“函数参数”对话框，继续输入余下的参数。

④ 单击"确定"按钮即可。

4.7　图表与打印

人们也许难以记住一连串的数字，以及它们之间的关系和变化趋势，但是可以很轻松地记住一幅图画或者一条曲线。工作表是一种以数字形式呈现的报表，具有定量的特点，但不够直观。此时借助于图表，就可以使 Excel 工作表更易于理解和交流，给生产、工作及经营等提供一种快捷、直观的图示分析。

4.7.1　图表的组成

在创建图表之前，先来了解一下图表的基本组成，如图 4-54 所示。

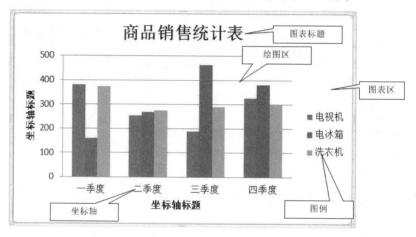

图 4-54　图表的基本组成

（1）图表区：整个图表及图表中包含的元素。

（2）绘图区：以坐标轴为界并包含全部数据系列的矩形区域。

（3）数据系列：绘制在图表中的一组相关数据点，来源于工作表的一列或一行。图表中的每个数据系列以不同的颜色和图案加以区别。在同一图表上可绘制一个以上的数据系列，但是饼图中只能有一个数据系列。

（4）数据标签：为数据标记提供附加信息的标志。数据标签可以应用于单一的数据标记、完整的数据系列或图表中的全部数据标签。根据不同的图表类型，数据标签可以显示数值、数据系列或分类的名称、百分比，或者是这些信息的组合。

（5）坐标轴：主要用来界定图表绘图区的线条，用作度量的参照框架。一般情况下，图表有两个用于对数据进行分类和度量的坐标轴，即横坐标轴（X）和纵坐标轴（Y）。通常，纵坐标轴包含数据，纵坐标轴包含分类。在三维图表中，还包含第三坐标轴——竖坐标轴（Z），从而可以沿图表纵深方向绘制数据。需要注意的是，饼图没有坐标轴。

（6）刻度线：坐标轴上的度量线。

（7）网格线：从坐标轴刻度线延伸开贯穿整个绘图区的可选线条系列。网格线使得对图表中的数据进行查看和比较更加方便。

（8）背景墙和基底：三维图表中两个竖立的平面（即 X、Z 轴以及 Y、Z 轴组成的平面）称为背景墙，最底下的平面（即 X、Y 轴组成的平面）称为基底。用户可以对背景墙和基底进行格式化（如改变填充颜色等），也可以选定背景墙和基底的一角后，按住鼠标左键进行旋转，以便从不同的角度来观察图表。

（9）图例：用于区分数据系列特殊符号、图案或颜色的向导，每个数据系列的名称作为图例的标题，可在图表中将图例移到任何位置。

4.7.2 建立图表

【任务13】使用插入图表创建图表。使用插入图表功能，为"商品销售统计表"建立三维簇状柱形图，如图 4-55 所示。

商品销售统计表				
	一季度	二季度	三季度	四季度
电视机	380	254	189	326
电冰箱	159	268	463	382
洗衣机	374	276	289	302

图 4-55 商品销售统计图表

步骤

（1）选定创建图表的数据区域（除标题行以外的区域），如图 4-56 所示。

（2）单击"插入"选项卡的"图表"组的"柱形图"按钮，在弹出的下拉列表中选择"三维簇状柱形图"即可。此时创建的图表是一个没有标题的图表，如图 4-57 所示。

图 4-56 图表数据

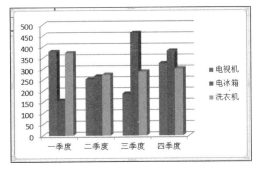

图 4-57 默认布局的图表

（3）增加图表标题。单击刚创建的图表，此时将激活"图表工具"功能区，如

图 4-58 所示。

图 4-58　图表工具

单击"图表工具丨布局"选项卡中的"标签"|"图表标题"按钮，并在其下拉列表中选择"图表上方"。单击"布局"|"标签"|"坐标轴标题"按钮，并在其下拉列表中选择"主要横坐标轴标题"|"坐标轴下方标题"、"主要纵坐标轴标题"|"旋转过的标题"，此时图表布局将修改为如图 4-59 所示。也可直接从"图表工具"中的"设计"|"图表布局"中选择"布局 9"得到相同的布局。

选中所创建图表中的"图表标题"文本框，把"图表标题"文字修改为"商品销售统计表"，用同样的方法把横"坐标轴标题"文字改为"季度"、纵"坐标轴标题"改为"元"，如图 4-60 所示。

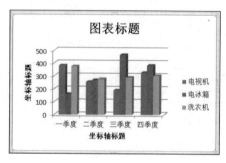

图 4-59　修改后的图表布局

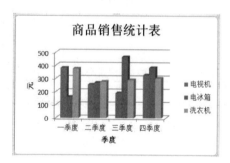

图 4-60　创建好的图表

相关知识点

创建图表时，一般先选定创建图表的数据区域。选定的数据区域可以连续，也可以不连续（选择时按住 Ctrl 键）。但须注意，若选定的区域不连续，第二个区域应和第一个区域所在行或所在列具有相同的矩形；若选定的区域有文字，则文字应在区域的最左列或最上行，作为图表中数据含义的说明。如不作选定，意味着选定表中的所有数据。

通过上述选定创建图表的数据区域后，选择"插入"选项卡"图表"组，在其中选择相应的图表类型即可创建图表。

图表创建完后，可根据需要调整图表的设计、布局或格式。

（1）设计：包括图表类型、图表数据、图表样式和图表布局。

（2）布局：包括图表标签、坐标轴、背景。

（3）格式：包括形状的样式和艺术字样式，可针对指定对象的填充、边框、阴影、三维效果等进行设置，以美化图表对象。

4.7.3 图表的编辑

编辑图表是指对图表及图表中各个对象即图表项,如绘制的数据系列、坐标轴或标题等进行编辑与修改,包括数据的增加、删除、图表类型的更改、数据格式化等。只需单击要处理的图表项,就可将其选定,从而进行编辑与修改。

1. 图表的移动、复制、缩放和删除

实际上,对选定的图表进行移动、复制、缩放和删除操作与任何图形操作都相同:拖动图表可进行移动;按住 Ctrl 键的同时拖动图表可进行复制;拖动 8 个方向句柄之一可进行缩放;按 Delete 键则可删除。当然,也可以通过"开始"选项卡的"剪贴板"功能组中的"复制"、"剪切"和"粘贴"按钮对图表在同一工作表或不同工作表间进行移动、复制。

2. 图表中数据的编辑

创建图表后,图表和工作表的数据区域之间即建立了联系,当工作表中的数据发生了变化时,则图表中的对应数据也自动更新。

(1) 删除数据系列。当要删除图表中的数据系列时,只要在图表中选定所需删除的数据系列,按 Delete 键即可把整个数据系列从图表中删除,但不影响工作表中的数据。

若删除工作表中的数据,则图表中对应的数据系列也自然而然地被删除。

(2) 向图表添加数据系列。当要给图表添加数据系列时,可选择"设计"选项卡的"数据"|"选择数据"命令,在弹出的"选择数据源"对话框中单击"图例项(系列)"中的"添加"按钮,并输入添加数据所在的区域即可。也可使用"选择性粘贴"对话框,具体操作为:选择要增加的数据系列并将其复制到剪贴板上,然后单击图表以激活图表,再选择"开始"选项卡的"剪贴板"|"粘贴"|"选择性粘贴"命令,出现"选择性粘贴"对话框,选择添加单元格为"新建系列",并选择合适的数值轴,然后单击"确定"按钮即可。

(3) 图表行、列切换。行、列切换可调整图表系列产生的方式。在选择图表后右击,在弹出的快捷菜单中选择"选择数据"命令,或选择功能区中的"设计"选项卡的"数据"|"选择数据"命令,在弹出的对话框中单击"切换行/列"按钮即可。

(4) 图表中数据系列次序的调整。有时为了便于数据之间的对比和分析,可以对图表的数据系列重新排列。

以商品销售统计图表为例,改变数据系列的操作方法如下:

选择"设计"选项卡的"数据"|"选择数据"命令,弹出"选择数据源"对话框,如图 4-61 所示;在该对话框中选择要调整的系列名称,并单击 ▲ ▼ 按钮,即可实现数据系列次序的改变。

3. 图表的文字编辑

文字的编辑是指对图表增加说明性文字,以便更好地说明图表的有关内容。

(1) 增加图表标题和坐标轴标题。先选中图表,然后选择"图表工具 | 布局"选项卡的"标签"命令,并按需要添加相应的标题,如图表标题、坐标轴标题等。

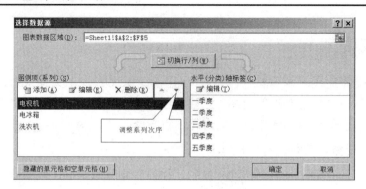

图 4-61 调整数据系列次序

(2) 增加数据标签。可以为图表中的数据系列增加数据标签,标签形式与创建的图表类型有关。选择"图表工具 | 布局"选项卡的"数据标签" | "显示"命令即可。

(3) 修改和删除文字。若要修改文字,只要先单击要修改的文字处,即可直接修改其中的内容;若要删除文字,待选中文字后,按 Delete 键即可。

另外,利用"图表工具 | 布局"选项卡的"插入"功能组,可向图表中插入任意的图片、形状或文本框,以更加灵活的形式对图表内容进行标注。

4. 显示效果的设置

显示效果可根据实际需要进行设置,包括图例、网格线、三维图表视角的改变等。

(1) 图例。在图表上添加图例,可以更好地解释图表中的数据。创建图表时,图例默认出现在图表的右边。用户可根据需要对图例进行增加、删除和移动等操作。

- 要增加图例,首先选中图表,然后直接单击"图表工具 | 布局"选项卡的"标签" | "图例"按钮,并根据需要选择图例显示位置即可。
- 要删除图例,只要选中图例,然后直接按 Delete 键即可。
- 要移动图例,最方便的方法是选中图例,直接拖动到所需的位置。

(2) 网格线。在图表上添加网格线,可以更清楚地显示数据。

网格线的设置可通过选择"图表工具 | 布局"选项卡的"坐标轴" | "网格线"的下拉列表项,按照横、纵两个方向分别设置相应的网格线即可。

(3) 三维图表视角的改变。对于三维图表来说,观察角度不同,效果也不同。

选中图表的绘图区,右击,在弹出的快捷菜单中选择"三维旋转"命令,或者选择"图表工具 | 布局"选项卡"背景"组的相应项,打开"设置图表区格式"对话框,如图 4-62 所示。在该对话框中可以精确地设置三维图像的 X、Y、Z 轴及透视的旋转角度。

5. 图表的格式化

图表的格式化是指对图表的各个对象的格式进行设置,包括文字和数值的格式、填充、轮廓、形状效果等。格式设置可以有 3 种途径:选择"图表工具 | 格式"选项卡的命令;指向图表对象,右击,在弹出的快捷菜单中选择相应对象的格式命令,例如"设置图表区域格式"命令;最方便的是双击欲进行格式设置的图表对象进行设置。

图 4-62 "设置图表区格式"对话框

格式化的内容包括填充、边框颜色、边框样式、阴影、发光和柔化边缘，如果是三维图形，还包括三维格式和三维旋转。

（1）填充。主要包括纯色填充、渐变填充、图片或纹理填充、图案填充等。纯色填充是指用单一颜色填充，填充时可以使用主题颜色、标准色或自定义颜色。渐变填充是指填充时指定填充的起、止颜色，在起、止颜色之间的颜色值按一定的规则计算，可以通过调整填充时的类型、方向、角度、光圈值、亮度、透明度等改变颜色的过渡值，从而改变其过渡效果。为了方便使用，Excel 中提供了预设的过渡效果，可以从"预设颜色"中选择。图片或纹理填充是指使用预定义的纹理进行填充，也可以使用自定义的图片文件进行填充。图案填充则是使用 Excel 预定义的图案进行填充。

（2）边框颜色。主要包括无线条、实线、渐变线等。无线条是指无边框线。实线是指单色的边框线，可以指定主题颜色、标准色或自定义的颜色作为边框线颜色。渐变线则使用渐变色作为边框的颜色，其设置与渐变填充相同。

（3）边框样式。主要包括边框宽度、复合类型（单线、双线、三线）、短划线类型（实线、圆点线、方点线、短划线等）、线端类型、联接类型、箭头设置、圆角等。

（4）阴影。主要包括预设阴影、阴影颜色、透明度、大小、虚化、角度、距离等。可以通过调整阴影的颜色、透明度、虚化、色度、距离等参数改变阴影的效果，也可以直接使用"预设阴影"以简化设置。

（5）发光和柔化边缘。包括发光和柔化边缘两部分。发光可以使用预设的发光效果，也可以通过改变其颜色、大小、透明度等改变其发光效果。柔化边缘也可以使用预置效果或更改柔化边缘的大小以满足应用的需要。

（6）三维格式。主要包括棱台（顶端和底端）、深度、轮廓线和表面效果。这些设置基本上都有预设值，也可以根据需要修改相应的参数。

（7）三维旋转。主要包括 X、Y、Z 轴的旋转角度。

4.7.4 工作表打印

1. 打印范围的设定

（1）设定单一打印范围。操作步骤如下：

① 选定需要打印的区域。

② 选择"文件"|"打印"命令，在"设置"中选择"打印选定区域"，此时屏幕右侧将出现此范围的打印效果预览。

（2）使用"页面设置"命令设定一个打印范围。操作步骤如下：

① 选择"文件"选项卡的"打印"|"页面设置"命令，弹出"页面设置"对话框。

② 选择"工作表"选项卡，如图4-63所示。

③ 在"打印区域"文本框中输入需要打印的范围；如果不止一个打印区域，用逗号将多个打印区域隔开。

④ 在"打印标题"选项组中设置标题行区域，可起到标题行重复的效果。

⑤ 选择"页眉/页脚"选项卡，在其中设置页面的页眉和页脚。

⑥ 单击"确定"按钮。

2. 打印预览

在实际打印前，可以通过"文件"选项卡的"打印"命令来预览文档打印效果。其方法是：选择"文件"选项卡的"打印"命令，此时在窗口右侧将显示打印的效果预览。

3. 打印

（1）选择"文件"选项卡的"打印"命令，将出现"打印"选项窗口，如图4-64所示。

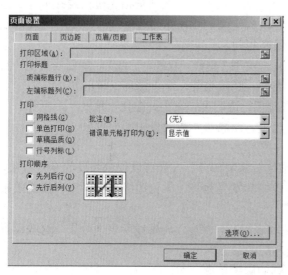

图 4-63 "工作表"选项卡

图 4-64 "打印"选项窗口

(2) 在"设置"第一项中选择以下项目。
- 打印选定区域：只打印选定的区域。非相邻的选定区域打印在不同的页次上。
- 打印活动工作表：打印目前所选定的工作表的所有打印区域，每一个打印区域打印在不同的页次上。若个别工作表上未曾定义打印区域，则打印整个工作表。
- 打印整个工作簿：打印当前正在使用的工作簿内每一个打印区域。如果某一工作表没有定义打印区域，则打印整份工作表。

(3) 单击"打印"按钮，即可开始打印。

4.8 数据库的应用

4.8.1 数据库的概念

所谓数据库，是指以相同结构方式存储的数据集合。常见的数据库有层次型、网络型和关系型 3 种。Excel 中定义的数据库属于关系型数据库。

先来了解一下关系型数据库中的几个基本概念。

关系型数据库是一张二维表，二维表由表栏目及栏目内容组成。例如工资表，表的栏目有"姓名"、"性别"、"年龄"等。这些栏目就是数据库结构，每一列的栏目名称称为字段名，每一字段为同一类型的数据。一组相关联的数据，即表格中的一行称为一条记录。

建立一个 Excel 工作表的过程即是建立一个数据库的过程，数据库是一种特殊的工作表，它符合关系型数据结构。

Excel 数据库的应用主要有数据列表、数据排序、自动筛选、高级筛选和分类汇总等。

4.8.2 数据列表

数据列表，又称记录单。数据库既可像一般工作表一样进行编辑，也可通过记录单来查看、更改、添加及删除记录。在使用"记录单"前须先把"记录单"功能添加到快速访问工具栏中，方法如下：

(1) 选择"文件"选项卡的"选项"命令。
(2) 在"Excel 选项"对话框中选择"快速访问工具栏"。
(3) 在"从下列位置选择命令"列表框中选择"所有命令"。
(4) 在其下的列表框中找到"记录单"并双击，单击"确定"按钮，此时"记录单"按钮已添加到快速访问工具栏上，如图 4-65 所示。

记录单按钮设置完后，先选定要以记录单方式显示的数据区域，然后单击"记录单"按钮，即可打开如图 4-66 所示的记录单对话框。

- 添加记录：单击"新建"按钮后，可为数据库增加记录。
- 查看记录：单击"上一条"、"下一条"按钮，显示的记录内容除了公式外，其余可直接在文本框中修改。

图 4-65 "记录单"按钮

图 4-66 记录单对话框

- 删除记录：先找到要删除的记录，再单击"删除"按钮。
- 查找记录：单击"条件"按钮，在弹出的对话框中输入查找条件，然后用"下一条"、"上一条"按钮查看符合条件的记录。

4.8.3 数据排序

通过排序，可以根据某特定列的内容重排数据库中的行。除非另有指定，否则 Excel 将根据选择的"主要关键字"列的内容以升序（由低到高）对行进行排序；如果按一列以上进行排序，主要列中有完全相同项的行将根据指定的第二列（次要关键字）排序；第二列中有完全相同项的行将根据指定的第三列（第三关键字）排序。

【任务 14】按应发工资从高到低排序。

步骤

（1）选定排序区域，即工资表的所有记录。

（2）单击"数据"选项卡"排序和筛选"组的"排序"按钮，弹出如图 4-67 所示的"排序"对话框。

图 4-67 "排序"对话框

（3）在"主要关键字"下拉列表框中选择重排数据库的主要列，在本例中选定"应发工资"。

（4）在"排序依据"中选择"数值"。

（5）在"次序"中选择"降序"。

（6）单击"确定"按钮，即可按要求排序。

相关知识点

（1）按列排序。按照某一选定列排序，操作步骤如下：

① 选定排序区域，如工资表的所有记录。

② 单击"数据"选项卡"排序和筛选"组的"排序"按钮，弹出"排序"对话框。

③ 在"主要关键字"下拉列表框中选择重排数据库的主要列，然后根据需要选择"添加条件"分别增加并设置"次要关键字"。

④ 在"排序依据"中选择相应的值，包括数值、单元格颜色、字体颜色和单元格图标，Excel 将按照选定的"依据"值对区域内的数据进行排序。例如，当单元格有不同的颜色时，可根据颜色值进行排序。

⑤ 在"次序"中选择"升序"或"降序"指定该列值的排列次序。如果在数据库中的第一行包含列标记，可在对话框中选中"数据包含标题"复选框，以使该行排除在排序之外，否则第一行也被排序。

（2）使用工具排序。除了使用"排序"命令外，还可以利用"数据"选项卡的"排序和筛选"组上的两个排序按钮 ↓ 和 ↓ 来排序。其中，A~Z 代表升序，Z~A 代表降序。

使用工具排序的步骤是：选取要排序的范围，单击"升序"或"降序"按钮即可，此时选择区域的首列将自动成为排序的关键字。也可以先选中要作为排序关键字的列，然后再单击"升序"或"降序"按钮，将以被选中的列为排序关键字对整个工作表区域的数据进行排序。

（3）排序数据顺序的恢复。若要使数据库内的数据在经过多次排序后，仍能恢复原来的排列次序，可以事先在数据库内加上一个空白列，然后记录编号，再用此列排序，就可使数据排列的次序恢复原状。

4.8.4 数据筛选

通过筛选数据库可以快速寻找和使用数据库中符合条件的记录，且暂时隐藏其他记录。Excel 提供了"自动筛选"和"高级筛选"两种方法来筛选数据。一般情况下，"自动筛选"能够满足大部分用户的需要；但是当需要利用复杂的条件来筛选数据时，就必须使用"高级筛选"才可以实现。

1. 自动筛选

【任务 15】自动筛选出基本工资大于 2000 元的记录。

步骤

（1）单击"数据"选项卡"排序和筛选"组的"筛选"按钮。

（2）单击筛选数据所在列（"基本工资"列）的下拉按钮，在其下拉列表中选择"数

字筛选"|"大于或等于"选项或直接选择"自定义筛选",如图4-68所示,打开"自定义自动筛选方式"对话框,如图4-69所示。

图4-68 自动筛选操作

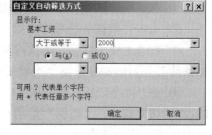

图4-69 "自定义自动筛选方式"对话框

(3) 在第一个条件下拉列表框中选定要使用的比较运算"大于或等于"。

(4) 在第二个下拉列表框中输入要比较的数值"2000"。

(5) 单击"确定"按钮,即可显示满足条件的筛选结果。

相关知识点

如果筛选的记录要符合两个条件,则在第一个条件下拉列表框中输入第一个条件,然后选中"与"或"或"单选按钮(如果要筛选同时符合两个条件的记录,选中"与"单选按钮;若要筛选满足两个条件之一的记录,选中"或"单选按钮),在第二个条件下拉列表框中指定第二个条件。

若要重新显示筛选数据库中的所有行,可以再次单击"数据"选项卡"排序和筛选"组的"筛选"按钮,取消筛选结果。

2. 高级筛选

使用"自动筛选"命令寻找符合准则的记录方便又快速,但该命令的寻找条件不能太复杂,如果要执行较复杂的查找,或者将符合条件的数据输出到工作表的其他单元格中,尤其是列与列之间是"或"关系时,就必须使用"高级筛选"。

【任务16】筛选出基本工资大于1500元的科员的记录。

步骤

(1) 建立条件区。在筛选数据库的工作表之外的空白处建立条件区,条件区域至少有两行,第一行为字段名,第二行及以下为查找的条件。复制"职务"和"基本工资"两个字段名作为条件区域的字段名,然后在其下一行输入条件,"职务"的条件是"科员","基本工资"的条件是">1500"。

(2) 确定列表区。选中工作表中待筛选的数据所在区域,如图4-70中的A2:J10,单击"数据"选项卡"排序和筛选"组的"高级"按钮,弹出如图4-70所示的"高级筛选"

对话框。在"列表区域"文本框中设置筛选的数据范围,如果先选定区域,再执行筛选操作,选定的区域地址将自动填写在该框中,一般默认为整个数据表。

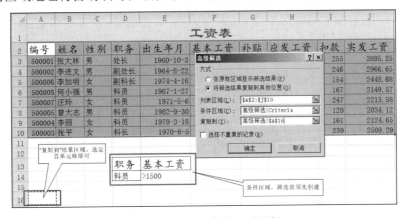

图 4-70 "高级筛选"对话框

(3) 确定条件区。在"条件区域"中指定步骤(1) 所建立的条件区域 D13:E14。

(4) 确定结果区。在"方式"选项组中选中"将筛选结果复制到其他位置"单选按钮,在"复制到"文本框中输入筛选结果存放区域中的起始单元格,如 A16。

(5) 单击"确定"按钮,即可得到筛选结果,如图 4-71 所示。

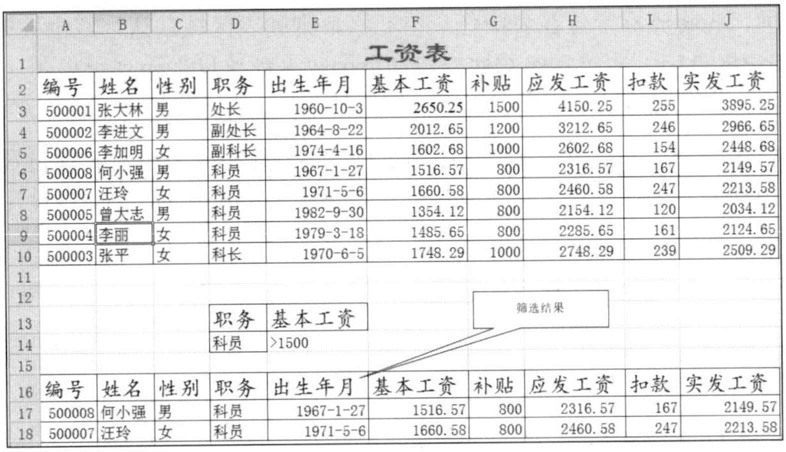

图 4-71 高级筛选结果

相关知识点

执行高级筛选的操作步骤如下:

(1) 建立条件区。在筛选数据库的工作表之外的空白处建立条件区,条件区域至少有两行,第一行为字段名,第二行及以下为查找的条件。设置条件区域时,可以将数据库的字段名复制到作为条件区域的单元格中,作为条件区域的字段名,然后在其下一行输入条件。

在条件区,同一行中的各条件之间是"与"的关系,即查找同时满足同一行中所有条件的记录;不同行的各条件之间是"或"的关系,只要满足其中一个条件即可,如图 4-72

所示。因此，条件区内不可有空行，否则等于没有条件限制，全部记录均满足条件。

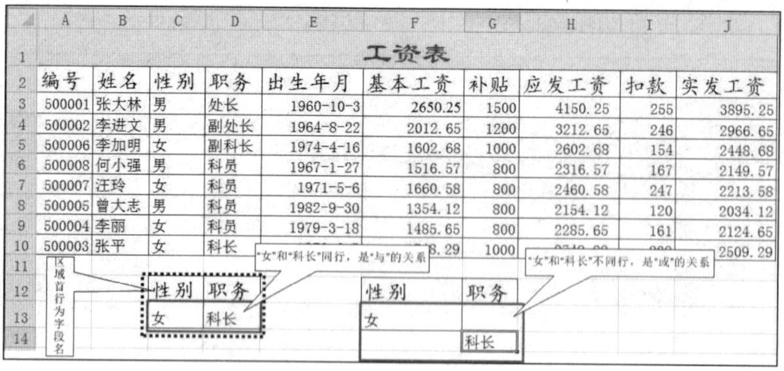

图 4-72 高级筛选条件区

字符型字段条件可以使用通配符"？"和"*"，其中"？"代表一个任意字符，"*"代表多个任意字符。字符串之前不能有">"、"="、"<"之类的比较运算符。

数值型字段条件可以是关系表达式（或逻辑表达式），如要求筛选条件为基本工资大于 2000 元者，在条件区基本工资字段名下输入">2000"即可。

（2）确定数据区。单击"数据"选项卡的"排序和筛选"组的"高级"按钮，在弹出的"高级筛选"对话框的"列表区域"文本框中设置筛选的数据范围。如在选择"高级筛选"命令前，先将光标定位在表中任一单元格，则列表区域默认为整个数据表。

（3）确定条件区。在"高级筛选"对话框的"条件区域"中指定步骤（1）所建立的条件区域。

（4）确定结果区。在"方式"选项组中选中"将筛选结果复制到其他位置"单选按钮，然后在"复制到"文本框中输入筛选结果存放区域中的起始单元格，否则筛选结果将在原数据表中显示，即在原数据区域中隐藏不满足条件的记录，只显示筛选结果。若要取消筛选，可单击"数据"选项卡"排序和筛选"组的"清除"按钮。若要从结果中排除条件相同的行，可以选中"选择不重复的记录"复选框。

（5）单击"确定"按钮，即可得到筛选结果。

4.8.5 数据的分类汇总

分类汇总是对数据库的数据进行分析的一种方法，是"分类"与"汇总"两个操作的结合。单击"数据"选项卡"分级显示"组的"分类汇总"按钮，在数据库中插入分类汇总行，然后按照选择的方式对数据进行汇总。同时，在分类汇总时，Excel 还会自动在数据库底部插入一个总计行。

注意：在进行分类汇总之前，必须对数据库按所要分类汇总的字段进行排序，使同一类型的数据记录集中在一起，并且数据库的第一行必须是字段名行。

【任务 17】分别统计工资表中各类职务人员的平均基本工资。

步骤

（1）将数据库按要分类的字段进行排序，本例中按“职务”进行排序。

（2）光标定位于数据库内任一单元格。

（3）单击“数据”选项卡“分级显示”组的“分类汇总”按钮，打开如图 4-73 所示的“分类汇总”对话框，在其中进行相应设置。

- “分类字段”下拉列表框用于指定按哪一字段对数据库中的记录进行分类，在此选择“职务”字段。
- “汇总方式”下拉列表框用来指定统计时所用的函数计算方式，默认设置“求和”，此处选择“平均值”。
- “选定汇总项”列表框用来指定对哪个字段或哪些字段进行统计，在此选择“基本工资”。

（4）单击“确定”按钮，即可得到分类汇总的结果，如图 4-74 所示。

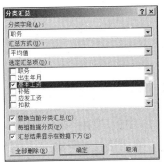

图 4-73　“分类汇总”对话框

工资表

编号	姓名	性别	职务	出生年月	基本工资	补贴	应发工资	扣款	实发工资
500001	张大林	男	处长	1960-10-3	2650.25	1500	4150.25	255	3895.25
			处长 平均值		2650.25				
500002	李进文	男	副处长	1964-8-22	2012.65	1200	3212.65	246	2966.65
			副处长 平均值		2012.65				
500006	李加明	女	副科长	1974-4-16	1602.68	1000	2602.68	154	2448.68
			副科长 平均值		1602.68				
500008	何小强	男	科员	1967-1-27	1516.57	800	2316.57	167	2149.57
500007	汪玲	女	科员	1971-5-6	1660.58	800	2460.58	247	2213.58
500005	曾大志	男	科员	1982-9-30	1354.12	800	2154.12	120	2034.12
500004	李丽	女	科员	1979-3-18	1485.65	800	2285.65	161	2124.65
			科员 平均值		1504.23				
500003	张平	女	科长	1970-6-5	1748.29	1000	2748.29	239	2509.29
			科长 平均值		1748.29				
			总计平均值		1753.84875				

图 4-74　分类汇总结果

相关知识点

在“分类汇总”对话框中，如果选中“替换当前分类汇总”复选框，那么新分类汇总将替换数据库中原有的所有分类汇总；如果取消选中该复选框，将保留已有的分类汇总，并向其中插入新的分类汇总。例如，如果既要汇总“基本工资”的“平均值”，又要汇总“基本工资”的“最大值”，此时必须取消选中“替换当前分类汇总”复选框，否则只能保留最后一次汇总的结果。

如果选中“每组数据分页”复选框，那么在进行分类汇总的各组数据之间将自动插入分页线。

如果选中“汇总结果显示在数据下方”复选框，那么将把汇总结果行和“总计”行置于相关数据之下；如果取消选中该复选框，将把分类汇总结果行和“总计”行插在相关数据之上。

对于不再需要的或者错误的分类汇总，可将其取消。操作步骤如下：

（1）在分类汇总数据库中选择一个单元格。

（2）单击“数据”选项卡“分级显示”组的“分类汇总”按钮，打开“分类汇总”对话框。

（3）单击"全部删除"按钮即可。

4.9 数据透视表和数据透视图

在 Excel 中，可以有多种方法从数据表中取得有用的数据。例如，利用排序的方法可以重新整理数据，从不同的角度观察数据；利用筛选的方法可以将一些特殊的数据提取出来；利用分类汇总的方法可以统计数据，并且能够显示或隐藏数据。

利用 Excel 提供的数据透视表功能，可以将以上 3 个过程结合在一起，从而简单、迅速地在一个数据表中重新组织和统计数据。

数据透视表是一种对大量数据快速汇总和建立交叉列表的交互式表格，可以转换行和列以查看源数据的不同汇总结果，可以显示不同页面以筛选数据，还可以根据需要显示区域中的明细数据。

4.9.1 创建数据透视表

【任务18】创建数据透视表。

步骤

（1）将光标定位在要创建数据透视表的数据表中，如图 4-75 中的"销售报表"。

（2）选择"插入"选项卡"表格"组的"数据透视表"|"数据透视表"命令，弹出如图 4-76 所示的"创建数据透视表"对话框。

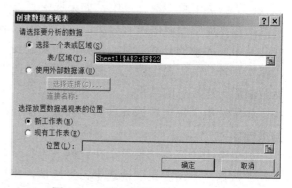

图 4-75　销售报表　　　　　　图 4-76　"创建数据透视表"对话框

（3）在"请选择要分析的数据"下指定数据源，在此选中"选择一个表或区域"单选按钮；Excel 会自动把当前工作表作为透视的数据源，并把该区域地址输入"表/区域"文本框中。也可以手工修改文本框中的值，与透视数据源的区域保持一致。

（4）在"选择放置数据透视表的位置"下选中"新工作表"单选按钮，单击"确定"

按钮，进入如图 4-77 所示的数据透视表设计视图环境。

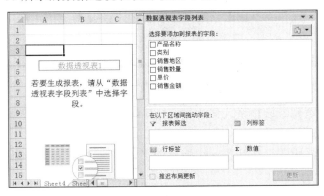

图 4-77　数据透视表设计视图

（5）从"数据透视表字段列表"任务窗格中分别拖动所需的字段至"报表筛选"、"行标签"、"列标签"和"数值"区域。例如，将"产品名称"拖到"行标签"区，将"销售地区"拖到"列标签"区，将"销售金额"拖到"数值"区，将"类别"拖到"报表筛选"区，结果如图 4-78 所示。单击各个字段区的下三角按钮，可以方便地选择要查看或隐藏的项目。

图 4-78　创建的数据透视表

相关知识点

（1）数据源类型。在"创建数据透视表"对话框中，在"请选择要分析的数据"下指定以下数据源。

- 选择一个表或区域：Microsoft Office Excel 数据列表或数据库。
- 使用外部数据源：其他程序创建的文件或表格。例如，Visual FoxPro、Access 或 SQL Server 等，需要先创建打开指定数据的数据连接才能使用。

（2）"数据透视表"工具。单击已创建的透视表，Excel 将自动激活"数据透视表"工具，如图 4-79 所示。其中几个按钮的用法如下：

- 当原数据表中的数据发生变化后，单击"数据透视表工具｜选项"选项卡"数据"组中的"刷新"按钮，可以得到更新的数据透视表。

图 4-79 "数据透视表"工具

- 要对数据透视表进行格式化操作，可单击"设计"选项卡按钮，对透视表的布局、套用样式进行设置。
- 单击"字段设置"按钮，在弹出的"值字段设置"对话框中可以设置字段的汇总方式。
- 单击"选项"按钮，在弹出的"数据透视表选项"对话框中可以设置透视表的名称、总计的显示等。

（3）添加或删除数据透视表字段。创建一个数据透视表后，也许会发现所建的数据透视表布局不是自己所期盼的。遇到这种情况，可以重新建立数据透视表，或者以修改的方式建立符合要求的数据透视表。

例如，要在数据透视表中列出每种类别在各地区的销售额及总计，可以按下述步骤进行：

① 单击数据透视表中的任何一个单元格。

② 将原行标签区的"产品名称"拖回到"数据透视表字段列表"任务窗格中。

③ 从"数据透视表字段列表"任务窗格中将"类别"字段拖到"行标签"区，结果如图 4-80 所示。

图 4-80 列出每种类别在各地区的销售额及总计

（4）创建报表筛选。对于一些较大的数据表，用以上的方法创建数据透视表会显得比较庞大。这时，可以建立报表筛选数据。

例如，将"类别"字段拖到报表筛选区域，以便了解每种类别在各地区的统计信息。操作步骤如下：

① 选定数据透视表中任何一个单元格。

② 从"数据透视表字段列表"任务窗格中将"类别"字段拖到报表筛选区域，如图 4-81 所示。

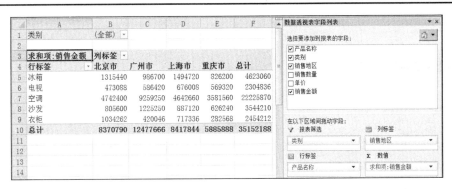

图 4-81　将"类别"字段拖到报表筛选区域

此时,在透视表的"类别"下拉列表框中将显示"全部",数据透视表中列出了每种产品的销售统计。如果在"类别"下拉列表框中选择"家具",则数据透视表中将列出该类别的销售统计,如图 4-82 所示。

图 4-82　建立报表筛选字段来筛选数据

（5）更新数据透视表中的数据。如果在源数据表中更改了某个数据,则利用此数据表所建的数据透视表中的数据不会自动更新。为了更新数据透视表中的数据,可以先选定数据透视表中的任何一个单元格,然后单击"数据透视表"工具中的"刷新"按钮。

（6）撤销数据透视表的总计。如果使用一个以上的数据字段,数据透视表将为每个数据字段生成各自的"总计"。默认情况下,在数据透视表的最右列和最底行显示"总计"。

如果要建立不带有"总计"的数据透视表,可以按照下述步骤进行：

① 选定数据透视表中任何一个单元格。

② 单击"数据透视表工具｜选项"选项卡"数据透视表"组中的"选项"按钮,弹出如图 4-83 所示的"数据透视表选项"对话框。

③ 切换到"汇总和筛选"选项卡,取消选中"显示列总计"和"显示行总计"复选框。

④ 单击"确定"按钮。

（7）设置字段的汇总方式。创建数据透视表时可以根据数据透视表中的每个数据字段生成分类汇总行,并且分类汇总与相关数据字段使用相同的汇总函数。如果要修改默认的汇总函数,可以按照下述步骤进行：

① 在"数据透视表字段列表"的"在以下区域间拖动字段"区域中单击要修改"汇总方式"的字段,并在弹出的菜单中选择"值字段设置"命令,如图 4-84 所示。

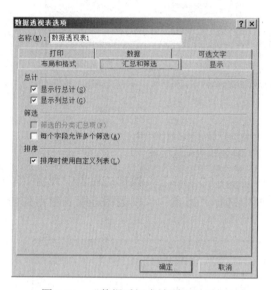

图 4-83 "数据透视表选项"对话框

图 4-84 选择要修改的字段

② 在弹出的"值字段设置"对话框中选择相应的汇总函数,如图 4-85 所示。

③ 单击"确定"按钮。

(8) 修改数据透视表样式。利用"数据透视表样式"功能,用户可以方便地通过数据透视表创建具有专业外观的数据库风格报表。具体操作步骤如下:

① 选定数据透视表中的任何一个单元格。

② 选择"数据透视表工具"选项卡的"设计"|"透视表样式",如图 4-86 所示。

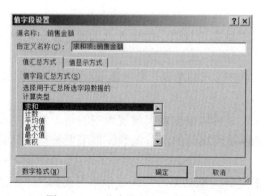

图 4-85 "值字段设置"对话框

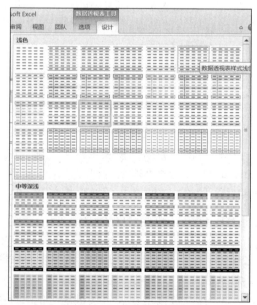

图 4-86 透视表样式

③ 在该窗口中选择一种样式即可。

4.9.2 创建数据透视图

在 Excel 中,能够建立连接到数据透视表的图表,并向用户提供新的分析数据的可视工具。

创建数据透视图的步骤如下:

(1) 选定要创建数据透视图的数据表中的任何一个单元格。

(2) 选择"插入"选项卡"表格"组的"数据透视表"|"数据透视图"命令,弹出"创建数据透视表和数据透视图向导"对话框,选择好要分析的数据后单击"确定"按钮,即可进入如图 4-87 所示的"数据透视图"视图。

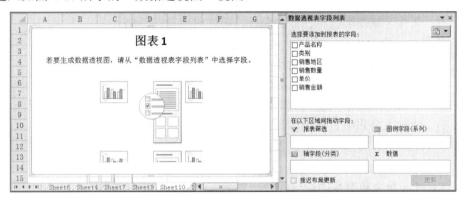

图 4-87 "数据透视图"视图

(3) 从"数据透视表字段列表"任务窗格中分别将所需字段名拖至相应的提示区域中,本例将"产品名称"拖放到"图例字段"区域中,将"销售数量"拖放到"数值"区域中,将"销售地区"字段拖放到"轴字段"区域中,将"类别"字段拖放到"报表筛选"区域中,结果如图 4-88 所示。

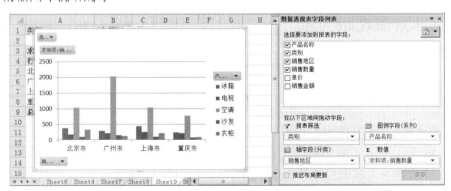

图 4-88 创建的数据透视图

与数据透视表的操作相同,用户可以在图表上直接进行扩展,以便看到更多的细节和删除图表字段。

练 习 题

一、单选题

1. 在 Excel 中，单元格的地址表示方法为（　　）。
   A．行号加列号　　B．列号加行号　　C．A 加列号　　D．行号加 1

2. 在 Excel 中，对条件区域的描述错误的是（　　）。
   A．条件区域的首行必须是字段名行
   B．条件区域内各条件同行是"与"的关系
   C．条件区域内各条件不同行是"或"的关系
   D．条件区域内可以有任意的空行，筛选时将自动忽略

3. 若某单元格中显示一排与单元格等宽的"#"时，说明（　　）。
   A．所输入的公式无法正确计算
   B．被引用单元格可能被删除
   C．单元格内数据长度大于单元格宽度
   D．所输入公式中含有未经定义的名称

4. Excel 2010 工作簿文件的扩展名约定为（　　）。
   A．.exl　　B．.xcl　　C．.xlsx　　D．.xel

5. Excel 函数中各参数间的分隔符一般用（　　）。
   A．空格　　B．句号　　C．分号　　D．逗号

6. 在 Excel 工作表中，已知 D2 单元格的内容为"=B2*C2"，当 D2 单元格被复制到 E3 单元格时，E3 单元格的内容为（　　）。
   A．=B2*C2　　B．=B3*C3　　C．=C2*D2　　D．= C3*D3

7. 在 Excel 工作表中，设 A1 单元格中的公式为"=AVERAGE(C1:E5)"，将 C 列删除后，A1 单元格中的公式将调整为（　　）。
   A．=AVERAGE(C1:D5)　　　　B．= AVERAGE(C1:E5)
   C．出错　　　　　　　　　　D．= AVERAGE(D1:E5)

8. 在设置单元格条件格式规则时，可以应用的规则包括（　　）。
   A．突出显示单元格规则　　B．数据条
   C．色阶　　　　　　　　　D．以上都是

9. 在 Excel 中排序时可以指定（　　）级关键字。
   A．1　　B．2　　C．3　　D．任意

10. 下列哪项不是单元格里文本的格式？（　　）
    A．字形　　B．对齐　　C．百分比　　D．颜色

11. 若 Excel 数据库中包含空白记录，则降序排列后该空白记录（　　）。
    A．还在原位置　　　　　　B．出现错误信息
    C．放置在数据库的最前面　D．放置在数据库的最后

12. 若工作表 A1 单元格的内容为"计算机应用",则公式"=MID(A1,4,2)"的结果是（   ）。

    A．#NAME?　　B．应用　　C．机应　　D．机

13. 在 Excel 中,以下函数参数不正确的是（   ）。

    A．=SUM(A1\A5)　　　　B．=SUM(A1/A5)
    C．=SUM(A1&A5)　　　　D．=SUM(A1:A5)

14. 下列运算符中,可以将两个文本值连接或串起来产生一个连续文本值的是（   ）。

    A．+　　B．^　　C．&　　D．*

15. 在 Excel 环境中用来存储和处理数据的文件称为（   ）。

    A．工作簿　　B．工作表　　C．图表　　D．数据库

16. 利用 Excel 提供的创建复杂公式的功能以及大量的函数,可实现对数据进行各种计算,以下不能构成复杂公式的运算符是（   ）。

    A．函数运算符　　B．比较运算符　　C．引用运算符　　D．连接运算符

17. 在 Excel 中,对上、下相邻两个含有数值的单元格用拖动法向下进行自动填充时,默认的填充规则是（   ）。

    A．等比序列　　B．等差序列　　C．自定义序列　　D．日期序列

18. 在 Excel 中,选择性粘贴中不能选择的项目是（   ）。

    A．公式　　B．引用　　C．格式　　D．批注

19. Excel 中对单元格的引用有（   ）、绝对地址和混合地址。

    A．存储地址　　B．活动地址　　C．相对地址　　D．循环地址

20. 在 Excel 中,下列关于数据表排序的叙述不正确的是（   ）。

    A．对于汉字数据可以按拼音字母升序排序
    B．对于汉字数据可以按笔画降序排序
    C．对于日期数据可以按日期降序排序
    D．对于整个数据表不可以按列排序

二、填空题

1. 在 Excel 中,第 3 行第 5 列的地址是_____,F18 是第_____行第_____列的单元格。

2. 要同时选取 3 个不连续的单元格区域,在选定第一个单元格区域后,按住_____键不松开,再选定第 2 个、第 3 个单元格。

3. 在 Excel 工作表中,在某单元格中输入前导符_____表示要输入公式。

4. 在 Excel 中进行分类汇总之前,必须先按所要分类汇总的字段对数据库进行_____。

三、简答题

1. 简述 Excel 中文件、工作簿、工作表、单元格之间的关系。
2. Excel 输入的数据类型有哪几种?
3. 简述在单元格内输入数据的几种方法。

4. 数据清除和数据删除的区别是什么？

5. 简述公式或函数中被引用单元格地址用绝对地址和相对地址的区别。

6. 简述在公式复制中，运用"粘贴"与"选择性粘贴"的区别。

7. 简述分类汇总的操作步骤。

8. 什么是高级筛选？简述高级筛选的操作方法。

四、操作题

实验一　工作表的输入及编辑

1. 在工作表 Sheet1 中输入学生成绩表，如表 4-17 所示。要求"学号"一列自动填充输入；"性别"一列设置"数据有有效性"，用选择方式输入，只能选择"男"和"女"；限制成绩允许输入的范围为 0～100 的整数，当输入不在指定范围的成绩时提示"成绩超出允许的范围为 0～100 的整数，请重新输入。"的信息；另外快速在 K1:K100 单元格区域中输入 5、10、15、20、25…相差 5 的系列数；快速在 L1:L30 单元格区域中输入 1、2、4、8、16…初值为 1、公比为 2 的数列。

表 4-17　学生成绩表

学号	姓名	性别	计算机应用	公文写作	高等数学	大学英语	人生修养
98001	张强	男	85	69	83	68	77
98002	李小明	男	79	78	85	72	93
98003	王冬	女	92	79	76	93	66
98004	何穗生	男	75	83	79	66	72
98005	钱珊	女	86	72	63	83	71
98006	罗平平	女	73	85	57	76	84
98007	陈键	男	88	77	63	82	56
98008	王纯胜	男	70	85	90	76	73

2. 把"工作簿"保存在自己的文件夹中，文件名为"成绩表.xlsx"。

3. 把工作表 Sheet1 的全部内容复制到另一工作表 Sheet2 中。

4. 把工作表 Sheet1 改名为"学生成绩表"，把 Sheet2 改名为"编辑练习"。

5. 在工作表"学生成绩表"中清除 K 列和 L 列的内容。

6. 在工作表"编辑练习"中完成以下操作：

（1）把 A1:H1 单元格区域复制转置到以 A13 为左上角单元格的区域中。

（2）把 A13:A20 单元格区域移到 C13:C20 单元格区域。

（3）复制 B2:B9 单元格区域到 E13:E20 单元格区域。

（4）在第二行前插入一个空行，在第三列右边插入一个空列。

7. 把工作表"学生成绩表"复制到一个新的工作簿，并保存为"学生成绩表原表.xlsx"。

实验二　工作表格式化

1. 打开"成绩表.xlsx"，把工作表"学生成绩表"复制为新工作表并命名为"格式化"。

2. 在表格前插入一空行，在 A1 单元格中输入表格标题"本班学生成绩表"。

3. 把表格标题设置为跨列居中、垂直居中、黑体、23、标准色-红色，填充图案为"对角线条纹",图案颜色为"标准色-浅蓝"。

4．将存放成绩的区域设置为保留 3 位小数点的数值；将列标题设置为楷体、16、水平居中、垂直居中；列标题背景色采用双色渐变填充效果，其中"颜色 1"采用"主题颜色-白色"、"颜色 2"采用"主题颜色-深蓝，文字 2，淡色 40%"；其他单元格应用"20%强调文字颜色 3"的单元格样式。

5．将表格中不及格的成绩用"红色文本"标出、超过 90 分的成绩用"绿填充色深绿色文本"标出；对"计算机应用"设置"五等级"的图标集条件格式；对"公文写作"设置"橙色数据条"的条件格式；对"高等数学"设置"红-白-蓝色阶"的条件格式。

6．设置各列为自动调整列宽；有内、外边框，框线采用"标准色-橙色"。

实验三　公式与函数

1．打开"成绩表.xlsx"，把工作表"学生成绩表"复制为新工作表并改名为"公式与函数"，调整各列宽为自动调整列宽。

2．在表格右侧增加两列，列标题为"总分"和"平均分"，用函数或公式计算出所有记录的总分和平均分。

3．用函数计算各列合计，结果放在表格最下面一行。在该行的第一个单元格中输入"合计"，作为该行的标题。

4．在表格右侧增加一列"总分率"，并计算每个学生的总分率（总分率=个人总分/合计总分）。

5．计算出各科成绩及总分的最大值和最小值，结果放在表格下方，并设行标题"最大值"和"最小值"在结果行的第一个单元。

6．在表格右侧增加一列"序号"，并用函数计算出每个学生学号的最后两位编码。

7．在表格右侧增加两列"出生日期"和"年龄"，在"出生日期"列随意输入一些日期，在"年龄"列用函数和公式计算出每个学生的年龄。

8．在表格右侧增加一列"等级"，利用 IF 函数判断各平均分所属等级。平均分在 60 分以下为"不及格"，平均分在 60～85 分（不含 85 分）为"及格"，平均分在 85 分以上为"优秀"。

9．在表格右侧增加一列"排名"，利用 Rank 函数按总分从高到低计算各学生的排名。

10．在单元格 I13 中利用 CountIf 函数计算"总分"大于 390 分的人数。

11．在单元格 D13 中利用 SumIf 函数计算男同学的"计算机应用"的总成绩。

12．在单元格 E13 中利用 SumIf 函数计算超过 80 分的"公文写作"的总成绩。

13．在单元格 B13 中利用 VLookUp 函数找出"何穗生"的总分。

实验四　图表

1．打开"成绩表.xlsx"，把工作表"学生成绩表"复制到另一工作表并改名为"图表"。

2．建立图表。要求：图表类型为三维圆柱图；数据区域为 D1:D9、F1:F9；在图表上方显示图表标题"学生成绩表"；纵坐标轴显示竖排标题"成绩"；有横主要网格线和竖主要网格线；图例位置在底部。

3．增加 G 列与 H 列数据到图表中。

4．从图表中删除 G 列图表数据。

5. 图表标题格式化为：黑体、16、红色，采用"蓝色面巾纸"的纹理进行填充。

6. 图表区采用预设的"雨后初晴"渐变颜色填充，填充时除颜色外，其他参数保留默认值，同时把图表区的阴影设置为预设的"内部右下角"、三维格式的顶端棱台设置为"十字形"、发光设置为预设的"橙色，11pt 发光，强调文字颜色 6"。

7. 调整绘图区的范围及三维旋转角度，以达到最佳视觉效果。

实验五　数据库

1. 打开"成绩表.xlsx"，把工作表"学生成绩表"复制到另一工作表并改名为"排序"。

2. 在表格右侧增加一列"总分"，并计算出所有总分，然后按照总分从高到低排序，总分相同的学生则按"计算机应用"成绩从高到低排序。

3. 把工作表"学生成绩表"复制为新工作表并命名为"自动筛选"。

4. 利用"自动筛选"功能筛选出"计算机应用"大于 80 分且"大学英语"大于 70 分的记录。

5. 把工作表"学生成绩表"复制为新工作表并改名为"高级筛选"。

6. 利用"高级筛选"功能筛选出"计算机应用"大于 80 分或"高等数学"大于 70 分的记录。要求条件区放在以 B11 为左上角的单元格区域中，筛选结果放在以 A15 为左上角的单元格区域。

7. 把工作表"学生成绩表"复制为新工作表并改名为"分类汇总"。

8. 用"分类汇总"的方法按性别分别统计男、女同学的"计算机应用"的平均分和"大学英语"的最高分。

9. 把工作表"学生成绩表"复制为新工作表并改名为"数据库函数"。

10. 用数据库函数 DCount 或 DCountA 统计出平均分高于 75 分的人数，条件区设在以 D11 为右上角的单元格区域，结果放在条件区右侧。

11. 用数据库函数 DMax 找出"大学英语"成绩低于 80 分的最高分，条件区设在以 G11 为右上角的单元格区域，结果放在条件区右侧。

实验六　数据透视表

1. 建立销售报表（销售额通过公式计算），如表 4-18 所示。

表 4-18　销售报表

第一季度销售报表						
产品编号	产品名称	类别	销售地区	销售数量	单价	销售额
A001	沙发	家具	北京市	95	8480	805600.00
A002	电视	电器	北京市	176	2688	473088.00
A003	冰箱	电器	北京市	378	3480	1315440.00
A004	空调	电器	北京市	1040	4560	4742400.00
A001	沙发	家具	重庆市	76	8240	626240.00
A002	电视	电器	重庆市	215	2648	569320.00
A003	冰箱	电器	重庆市	243	3400	826200.00
A004	空调	电器	重庆市	782	4580	3581560.00
A001	沙发	家具	上海市	104	8530	887120.00
A002	电视	电器	上海市	246	2748	676008.00

续表

产品编号	产品名称	类别	销售地区	销售数量	单价	销售额
A003	冰箱	电器	上海市	432	3460	1494720.00
A004	空调	电器	上海市	1034	4490	4642660.00
A001	沙发	家具	广州市	145	8450	1225250.00
A002	电视	电器	广州市	218	2690	586420.00
A003	冰箱	电器	广州市	286	3450	986700.00
A004	空调	电器	广州市	1032	4012	4140384.00

2．以销售报表为数据源，建立显示出各种商品在不同地区销售数量及总计的数据透视表，如图 4-91 所示。

求和项:销售数量	列标签				
行标签	冰箱	电视	空调	沙发	总计
北京市	378	176	1040	95	1689
广州市	286	218	1032	145	1681
上海市	432	246	1034	104	1816
重庆市	243	215	782	76	1316
总计	1339	855	3888	420	6502

图 4-91　数据透视表

3．在所建数据透视表中添加"类别"为报表筛选字段，然后分别按分类观察电器和家具的销售数量合计。

4．添加"销售额"到数据区，并改变汇总方式为求平均值，同时应用"数据透视表样式浅色 15"的样式，如图 4-92 所示。

图 4-92　同时显示销售数量总计及平均销售额的数据透视表

第 5 章

中文 PowerPoint 2010 的应用

本章学习要求：

- 理解 PowerPoint 中的常用术语。
- 懂得 PowerPoint 的基本操作方法。
- 熟练掌握演示文稿的制作、外观美化及演示文稿的放映。

5.1 PowerPoint 2010 的应用

案例：制作公司销售业绩报告 PPTX

某汽车贸易公司在 2014 年年底将进行年终总结，负责北京现代品牌销售的部门准备在年终总结大会上使用计算机和投影仪把一年以来的销售业绩展示出来，让公司领导能更全面地了解他们的业绩。

1. 案例分析

在日常工作、学习中，经常需要向他人介绍和演示自己的业绩、产品、设计和研究成果等内容。为了使介绍清晰明了又生动活泼、引人入胜，可以使用 PowerPoint 软件。

PowerPoint 2010 是 Office 2010 办公套件中的一员，主要功能是制作演示文稿，包括各种提纲、教案、演讲稿和简报等。使用 PowerPoint 可以非常轻松、快捷地把自己的设计制作成漂亮的作品，同时采用多媒体等多种途径展示创作内容，使其效果声形俱佳、图文并茂，达到专业水准。

2. 解决方案

制作演示文稿的主要步骤如下。

（1）准备素材：主要是准备演示文稿所需要的文本、图片、声音和动画等文件。

（2）确定方案：对演示文稿的整个架构进行设计。

(3) 初步制作：将文本、图片等元素对象输入或插入到相应的幻灯片中。

(4) 外观美化：通过改变幻灯片的顺序、版式、颜色、背景或效果等，对幻灯片进行装饰、美化处理。

(5) 预演放映：设置展示过程中的动画、超链接和切换方式等，然后放映查看效果，对不满意的地方进行修改，直到满意为止。

注意：步骤（1）、（2）需要使用其他的工具软件或在网上搜索，在此不再详细说明。以下内容将从步骤（3）开始。

5.1.1 初步制作

1. 新建演示文稿

【任务 1】用主题"气流"建立一个演示文稿文件，并保存到适当文件夹下，文件名为"北京现代 2014 年销售情况报告.pptx"。

步骤

（1）启动 PowerPoint 2010 后，选择"文件"选项卡的"新建"命令，出现如图 5-1 所示的 Backstage 视图。

图 5-1 "新建"命令的 Backstage 视图

（2）在图 5-1 的 Backstage 视图中选择"主题"，出现如图 5-2 所示视图。

（3）双击选择主题"气流"，出现根据标题幻灯片版式创建的新演示文稿的第一张幻灯片，主题上的颜色、字体和效果应用到新建的幻灯片上，如图 5-3 所示。

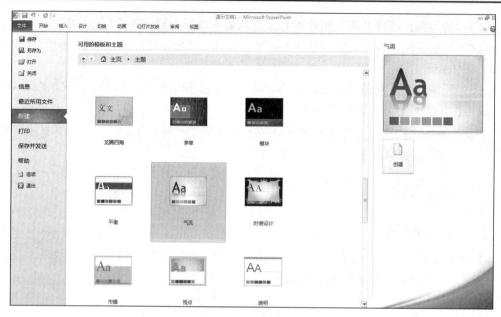

图 5-2 选择"主题"的 Backstage 视图

图 5-3 新建的幻灯片

（4）选择"文件"选项卡的"保存"命令，在弹出的"另存为"对话框中改变"保存位置"到合适的文件夹，将"文件名"改为"北京现代 2014 年销售情况报告"，然后单击"保存"按钮即可。

（5）单击窗口右上角的"关闭"按钮，关闭演示文稿并退出 PowerPoint 2010。

相关知识点

（1）演示文稿的创建。启动 PowerPoint 后，选择"文件"选项卡的"新建"命令，出现如图 5-1 所示的 Backstage 视图。可用以下方法创建演示文稿。

① 使用"样本模板"创建演示文稿："样本模板"中包含各种不同用途的演示文稿的样本模板。在如图 5-1 所示的 Backstage 视图中选择"样本模板"，然后在出现的各种样本模板中双击选择某一个，PowerPoint 就会自动创建一个演示文稿。用户可以根据需要修改演示文稿中每一页幻灯片的内容、版式、格式等。

② 使用"主题"创建演示文稿：见任务1。

③ 用"空白演示文稿"创建演示文稿：若希望在幻灯片上做出自己的风格，不受模板风格的限制，获得最大程度的灵活性，可用该方法创建演示文稿。在如图5-1所示的Backstage视图中选择"空白演示文稿"，就会出现根据标题幻灯片版式创建的新演示文稿的第一张幻灯片。

（2）演示文稿的保存。"保存"和"另存为"的功能与前面介绍过的软件类似，因此演示文稿的保存操作也比较简单。在此要说明的是演示文稿默认的保存类型是"演示文稿"，默认的扩展名为".pptx"。

（3）演示文稿的关闭。选择"文件"选项卡的"关闭"命令，即可关闭当前演示文稿但不退出PowerPoint。

术语解释

（1）演示文稿。演示文稿是指由PowerPoint创建的文档。一般包括为某一演示目的而制作的所有幻灯片、演讲者备注和旁白等内容，存盘时以".pptx"为文件扩展名。

（2）幻灯片。演示文稿中的每一单页称为一张幻灯片，每张幻灯片在演示文稿中既相互独立又相互联系。演示文稿的制作过程就是依次制作一张张幻灯片的过程，每张幻灯片中既可以包含常用的文字和图表，还可以包含声音、图像和视频等。

（3）主题。幻灯片的一个主题是由主题颜色、主题字体和主题效果三者构成的。主题颜色是指演示文稿中使用的颜色集合。主题字体是指应用于演示文稿中的主要字体和次要字体的集合。主题效果是指应用于演示文稿中元素的视觉属性的集合。

（4）模板。模板可以包含版式、主题颜色、主题字体、主题效果和背景样式，甚至还可以包含内容。

2. 插入元素

在幻灯片中插入文本、剪贴画、图表和表格等各种元素的命令集中在"插入"选项卡，该选项卡的功能分布如图5-4所示。

图5-4 "插入"选项卡

【任务2】打开演示文稿"北京现代2014年销售情况报告.pptx"，将文本、图片等对象输入或插入到相应的幻灯片中。

步骤

（1）打开演示文稿。启动PowerPoint，选择"文件"选项卡的"打开"命令，弹出"打开"对话框。选择刚才保存的"北京现代2014年销售情况报告.pptx"并将它打开。

(2) 输入文本。在演示文稿的第一张幻灯片中,在"单击此处添加标题"的占位符位置(如图 5-3 所示)单击,输入标题 "报告";在"单击此处添加副标题"的占位符位置(如图 5-3 所示)单击,输入副标题 "北京现代各种车型 2014 年销售情况"。输入完毕,单击文本占位符以外的地方即可结束输入,占位符的虚线框消失,如图 5-5 所示。

(3) 新建幻灯片。在"开始"选项卡的"幻灯片"组中单击"新建幻灯片"的下三角按钮,出现一个库,如图 5-6 所示。选择"内容与标题"版式。

图 5-5 加上内容的幻灯片

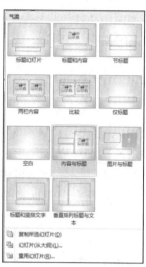

图 5-6 "幻灯片版式"库

新幻灯片同时显示在"幻灯片"选项卡(其中新幻灯片突出显示为当前幻灯片)和"幻灯片"窗格中(突出显示为大幻灯片),如图 5-7 所示。

(4) 在"幻灯片窗格"(如图 5-7 所示)上单击标题占位符,输入"销售报告"。

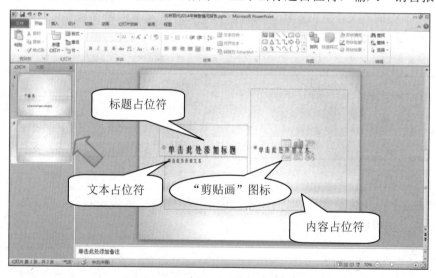

图 5-7 有内容占位符的幻灯片

（5）单击文本占位符，输入"车型产品种类"，按 Enter 键后输入"近三年各种车型销售统计数据"。

（6）插入剪贴画。在内容占位符中单击"剪贴画"图标（如图 5-7 所示），打开"剪贴画"任务窗格，如图 5-8 所示，在"搜索文字"文本框中输入"车"，单击"搜索"按钮，查找并单击所需的剪贴画即可实现如图 5-9 所示的效果。

图 5-8　"剪贴画"任务窗格　　　　图 5-9　插入剪贴画后的幻灯片

（7）重复步骤（3），选择"标题和内容"版式，新建第 3 张幻灯片。

（8）在标题占位符中输入"车型产品种类"。

（9）插入 SmartArt 图形——层次结构。单击内容占位符中的"插入 SmartArt 图形"按钮，弹出"选择 SmartArt 图形"对话框，如图 5-10 所示。选择"层次结构"|"层次结构"命令，单击"确定"按钮，弹出如图 5-11 所示的窗口（"SmartArt 工具"选项卡组自动打开）。单击第二层第二个"文本"，在"SmartArt 工具|设计"选项卡的"创建图形"组中，单击"添加形状"下三角按钮，选择"在后面添加形状"即可在第二层添加第三个"文本"。以同样的方法继续添加"文本"，最终效果如图 5-12 所示。

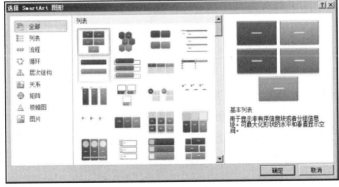

图 5-10　"选择 SmartArt 图形"对话框

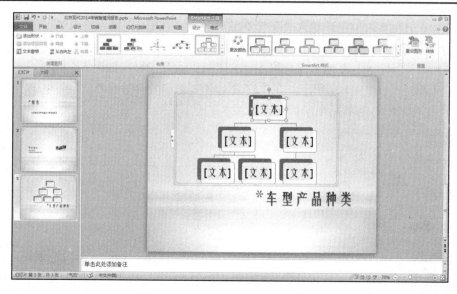

图 5-11　插入层次结构后出现的窗口

（10）依次单击"文本"，分别输入"车型"、"紧凑型车"、"中高级车"和"SUV 越野车"等内容，如图 5-13 所示。

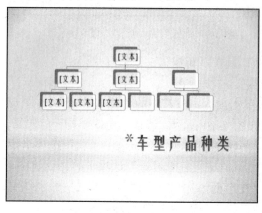

图 5-12　添加形状后的幻灯片

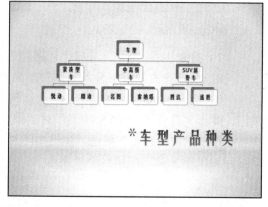

图 5-13　输入文本后的幻灯片

（11）重复步骤（3），选择"标题和内容"版式，新建第 4 张幻灯片。

（12）在标题占位符中输入"近三年各种车型销售统计图"。

（13）插入图表。

① 单击内容占位符中的"插入图表"按钮，弹出"插入图表"对话框，如图 5-14 所示。选择"柱形图"｜"簇状柱形图"命令，单击"确定"按钮，弹出 Excel 应用程序窗口，并打开名为"Microsoft PowerPoint 中的图表"工作簿，如图 5-15 所示。同时，PowerPoint 自动打开"图表工具"选项卡组，而幻灯片内容如图 5-16 所示。

② 在"Microsoft PowerPoint 中的图表"工作簿的 Sheet1 工作表中输入如图 5-17 所示数据，并拖曳区域的右下角，以调整图表数据区域（蓝色框线括住部分）的大小为刚好包含所有数据。这时，幻灯片上的图表会随输入数据的不同而发生相应变化。

第 5 章　中文 PowerPoint 2010 的应用

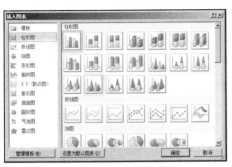

图 5-14　"插入图表"对话框

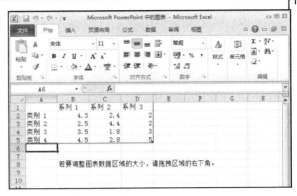

图 5-15　"Microsoft PowerPoint 中的图表"工作簿

图 5-16　插入图表的幻灯片　　　　图 5-17　工作簿中输入的数据

③ 此时可以退出 Excel 应用程序。

（14）新建第 5 张幻灯片，选用"标题和内容"版式。在标题占位符中输入"近三年各种车型销售统计表"。

（15）插入表格。单击内容占位符中的"插入表格"按钮，弹出"插入表格"对话框，输入列数为"4"，行数为"4"，单击"确定"按钮，即可在幻灯片中插入一个表格。输入如图 5-18 所示数据后，单击表格外的空白位置即可。

（16）新建第 6 张幻灯片，选用"空白"版式。

（17）插入图片。在"插入"选项卡"图像"组中单击"图片"按钮，在弹出的"插入图片"对话框中选择事先准备好的图片，单击"插入"按钮即可插入图片。

（18）新建第 7 张幻灯片，选用"空白"版式。

（19）插入 SmartArt 图形——循环。在"插入"选项卡"插图"组中单击 SmartArt 按钮，弹出"选择 SmartArt 图形"对话框。选择"循环"|"基本循环"，单击"确定"按钮，删除两个"文本"（选择其中一个"文本"，按 Delete 键即可删除），输入如图 5-19 所示文字。

图 5-18　包含表格的幻灯片　　　　图 5-19　插入基本循环型 SmartArt 图形

（20）新建第 8 张幻灯片，选用"空白"版式。

（21）插入艺术字。在"插入"选项卡的"文字"组中单击"艺术字"下三角按钮，在其下拉列表中选择第 6 行第 2 列的艺术字样式，输入文字"谢谢！"即可。

（22）选择第一张幻灯片。

（23）插入音频文件。在"插入"选项卡"媒体"组中单击"音频"下三角按钮，在其下拉列表中选择"文件中的音频"，弹出"插入音频"对话框，选择已准备好的音频文件，然后单击"插入"按钮即可。

（24）切换视图方式。单击 PowerPoint 窗口右下角的视图切换按钮（如图 5-20 所示），切换到不同的视图方式观看制作效果。

图 5-20　视图切换按钮

（25）保存制作完成的演示文稿，并退出 PowerPoint 软件。

相关知识点

（1）演示文稿的打开。选择"文件"|"打开"命令，弹出"打开"对话框。在该对话框中选择所需要的演示文稿并将其打开。若要打开最近使用过的演示文稿，只需选择"文件"|"最近所用文件"命令，单击所需打开的文件名即可。

（2）创建新的幻灯片。要在演示文稿中创建新的幻灯片，可在"开始"选项卡的"幻灯片"组中单击"新建幻灯片"下三角按钮，出现一个库，如图 5-6 所示。该库显示了各种可用幻灯片版式的缩略图。从中选定某种版式，就会在当前幻灯片后出现根据该版式创建的一张新幻灯片。

（3）输入文本。创建一个演示文稿后，应首先输入文本。输入文本分两种情况。

① 有文本占位符（选择包含标题或文本的自动版式）：单击文本占位符，占位符的虚线框变粗，原有文本消失，同时在文本框中出现一个闪烁的"I"形插入光标，表示可以直接输入文本内容。

输入文本时，PowerPoint 会自动将超出占位符位置的文本切换到下一行，用户也可按 Shift+Enter 组合键进行人工换行。按 Enter 键，文本将另起一个段落。

输入完毕，单击文本占位符以外的地方即可结束输入，占位符原有的虚线框消失。

② 无文本占位符：可在"插入"选项卡的"文本"组中单击"文本框"下三角按钮，在其下拉列表中选择横排或竖排文本框，然后用鼠标在幻灯片上拖出文本框即可输入文本。

文本输入完毕，可对文本进行编排，操作与 Word 类似。

（4）加入剪贴画。在演示文稿中可加入一些与文稿主题有关的剪贴画，从而使演示文稿生动有趣、更富吸引力。

① 有内容占位符（选择包含内容的自动版式）：在内容占位符中单击"剪贴画"按钮，打开"剪贴画"任务窗格，如图 5-8 所示，在"搜索文字"文本框中输入所找剪贴画类型，单击"搜索"按钮，查找并单击所需的剪贴画即可。

② 无内容占位符：在"插入"选项卡的"图像"组中单击"剪贴画"按钮，打开"剪贴画"任务窗格，其他操作同步骤（1）。

（5）加入图表。PowerPoint 可创建具有复杂功能和丰富界面的各种图表，增强演示文稿的演示效果。

有内容占位符的，单击"插入图表"按钮，或在"插入"选项卡的"插图"组中单击"图表"按钮，均可弹出"插入图表"对话框。选择某种图表类型后，弹出 Excel 应用程序窗口，并打开"Microsoft PowerPoint 中的图表"工作簿进行数据的输入。

（6）插入表格。有内容占位符的，单击"插入表格"按钮，在弹出的"插入表格"对话框中输入行数和列数，单击"确定"按钮即可。或在"插入"选项卡的"表格"组中单击"表格"下三角按钮，拖动鼠标到合适的行数和列数时，单击鼠标即可。

（7）插入形状。方法与 Word 中的操作类似。

（8）插入艺术字。在"插入"选项卡的"文字"组中单击"艺术字"下三角按钮，在其下拉列表中选择所需艺术字样式，输入文字即可。

若将现有文字转换成艺术字，可先选定需要转换的文字块，然后重复上面的步骤即可。

（9）插入图片。有内容占位符的，单击"插入来自文件的图片"图标，或在"插入"选项卡"图像"组中单击"图片"按钮，在弹出的"插入图片"对话框中选择某一图片，然后单击"插入"按钮即可。

（10）插入音频。

① 在"插入"选项卡"媒体"组中单击"音频"下三角按钮，在其下拉列表中选择"文件中的音频"，弹出"插入音频"对话框，选择某一音频文件，然后单击"插入"按钮即可。

② 在"插入"选项卡"媒体"组中单击"音频"下三角按钮，在其下拉列表中选择"剪

贴画音频",打开"剪贴画"任务窗格,搜索并选择所需音频即可插入。

③ 在"插入"选项卡"媒体"组中单击"音频"下三角按钮,在其下拉列表中选择"录制音频"可通过音频输入设备录制音频。

插入音频后,在幻灯片上会出现一个小喇叭的音频剪辑图标,单击音频剪辑图标,会出现如图5-21所示工具栏,通过此工具栏可以预听音频。

图 5-21　音频播放工具栏

（11）插入视频。在"插入"选项卡"媒体"组中单击"视频"下三角按钮,根据不同的选择可以插入不同来源的视频。

（12）插入 SmartArt 图形。有内容占位符,单击"插入 SmartArt 图形"按钮,或在"插入"选项卡"插图"组中单击 SmartArt 按钮,均可弹出"选择 SmartArt 图形"对话框,如图5-10所示。在该对话框中选择所需图形,在图形中输入所需内容即可。

（13）屏幕截图。在"插入"选项卡"插图"组中单击"屏幕截图"下三角按钮,可截取任何正在运行且未最小化到任务栏的程序窗口或对话框,作为图片插入到当前幻灯片中。或选择"屏幕剪辑"可随意截取屏幕内容作为图片插入到当前幻灯片中。

（14）插入文档文件的大纲。在"开始"选项卡的"幻灯片"组中单击"新建幻灯片"下三角按钮,在其下拉列表中选择"幻灯片（从大纲）",弹出"插入大纲"对话框,选择含有大纲的文档文件,单击"插入"按钮即可。

此知识点将于5.2节用单个案例来演示。

（15）插入其他演示文稿中的幻灯片。选定某张幻灯片为当前幻灯片,在"开始"选项卡的"幻灯片"组中单击"新建幻灯片"下三角按钮,在其下拉列表中选择"重用幻灯片",即可打开"重用幻灯片"任务窗格。选择"浏览"|"浏览文件"命令,弹出"浏览"对话框,找到包含所需幻灯片的演示文稿的文件名并将其打开。

此时可看到待插入演示文稿含有幻灯片的数量和各幻灯片的缩略图,如图5-22所示。将鼠标光标移到某张幻灯片缩略图上,即可放大观看该幻灯片内容,若想插入此幻灯片到当前幻灯片之后,只需单击此幻灯片即可。

通过多次查看和单击可插入多张所需幻灯片。若在某张幻灯片缩略图上右击,在弹出的快捷菜单中选择"插入所有幻灯片"命令即可将选定的演示文稿中的全部幻灯片插入到当前幻灯片后面。若选中"保留源格式"复选框,可使插入的幻灯片保留原来的格式。

（16）插入页眉与页脚。在"插入"选项卡的"文字"组中单击"页眉和页脚"按钮,弹出"页眉和页脚"对话框,切换到"幻灯片"选项卡,如图5-23所示。通过选中适当的复选框,可以确定是否在幻灯片的下方添加日期和时间、幻灯片编号、页脚等。完成设置后,若单击"全部应用"按钮,则所作设置将应用于所有幻灯片;若单击"应用"按钮,则所作设置仅应用于所选的幻灯片（可以包含多张幻灯片）。此外,若选中"标题幻灯片中不显示"复选框,则所作设置将不应用于第一张幻灯片。

（17）插入批注。利用批注的形式可以对演示文稿提出修改意见。批注就是审阅文稿时在幻灯片上插入的附注。批注会出现在黄色的批注框内,不会影响原演示文稿。

第 5 章　中文 PowerPoint 2010 的应用

图 5-22　"重用幻灯片"任务窗格

图 5-23　"页眉和页脚"对话框

选择需要插入批注的幻灯片，在"审阅"选项卡的"批注"组中单击"新建批注"按钮，当前幻灯片上出现批注框，在其中输入批注内容，然后单击批注框以外的区域即可结束输入。

（18）视图方式。视图可方便制作者以不同的方式观看自己设计的幻灯片内容或效果。PowerPoint 有 4 种主要视图方式，分别是普通视图、幻灯片浏览视图、幻灯片放映视图和阅读视图。

① 普通视图。普通视图是主要的编辑视图，可用于编辑或设计演示文稿。该视图主要由"大纲"选项卡、"幻灯片"选项卡、幻灯片窗格和备注窗格组成，如图 5-24 和图 5-25 所示。通过拖动边框可调整选项卡和窗格的大小，选项卡也可以关闭。

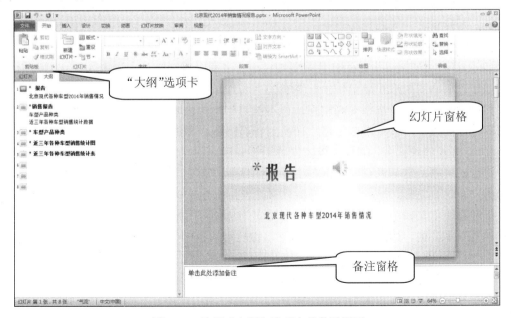

图 5-24　选择"大纲"选项卡的普通视图

图 5-25 选择"幻灯片"选项卡的普通视图

- "大纲"选项卡：在左侧工作区域显示幻灯片的文本大纲，方便组织和管理演示文稿中的内容，如输入演示文稿中的所有文本，然后重新设置项目符号、段落和幻灯片。
- "幻灯片"选项卡：在左侧工作区域显示幻灯片的缩略图，可以方便地观看整个演示文稿设计的效果，也可以重新排列、添加或删除幻灯片。
- 幻灯片窗格：以大视图显示当前幻灯片，可以在当前幻灯片中添加文本，插入图片、表格、图表、绘图对象、文本框、视频、音频、超链接和动画等。
- 备注窗格：可添加与每个幻灯片的内容相关的备注。这些备注可打印出来，在放映演示文稿时作为参考资料，也可以在演示文稿保存为网页时显示出来。

② 幻灯片浏览视图。在幻灯片浏览视图中，可同时看到演示文稿中的所有幻灯片（这些幻灯片以缩略图的形式显示），如图 5-26 所示。在此视图方式下，可以很方便地添加、删除和移动幻灯片以及选择动画切换，但不能对幻灯片内容进行修改。如果要对某张幻灯片内容进行修改，可双击该幻灯片切换到普通视图，再进行修改。

③ 幻灯片放映视图。幻灯片放映视图用于向观众放映演示文稿。幻灯片放映视图占据整个计算机屏幕，这与观众在大屏幕上看到的演示文稿完全一样。在此视图方式下可以看到图形、计时、电影、动画效果和切换效果在实际演示中的具体效果。

在创建演示文稿的任何时候，都可通过单击"幻灯片放映视图"按钮来启动幻灯片放映和预览演示文稿，如图 5-27 所示。按 Esc 键可退出放映视图。

④ 阅读视图。阅读视图用于向使用者自己放映演示文稿而非观众。该视图方式设有简单的控件以方便审阅演示文稿，而且可以不用全屏放映，如图 5-28 所示。若要编辑演示文稿，可随时从阅读视图切换到其他视图方式。

第5章 中文 PowerPoint 2010 的应用

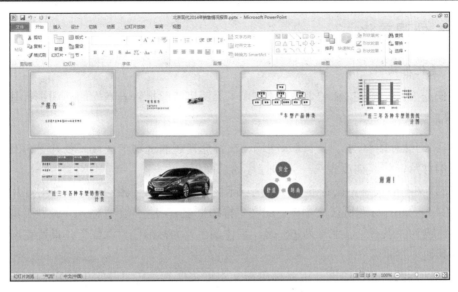

图 5-26 幻灯片浏览视图

图 5-27 幻灯片放映视图

图 5-28 阅读视图

术语解释

（1）版式。演示文稿中的每张幻灯片都是基于某种版式创建的。在新建幻灯片时，可以从 PowerPoint 提供的版式中选择一种。幻灯片版式包含要在幻灯片上显示的全部内容的格式设置（包含幻灯片的主题颜色、主题字体、主题效果和背景）、位置和占位符。

（2）占位符。占位符是指应用版式创建新幻灯片时出现的虚线框，占位符是版式中的容器，可容纳如文本（包括正文文本、项目符号列表和标题）、表格、图表、SmartArt 图形、影片、声音、图片及剪贴画等内容。

（3）演讲者备注。演讲者备注是指在演示时演示者所需要的文章内容、提示注解和备用信息等。演示文稿中每一张幻灯片都有一张备注页，其中包含该幻灯片的缩略图且提供演讲者备注的空间，用户可在此空间输入备注内容供演讲时参考。备注内容可打印到纸上。

（4）剪贴画。一张现成的图片，经常以位图或绘图图形的组合的形式出现。

5.1.2 外观美化

1. 美化基础

【任务3】对演示文稿"北京现代2014年销售情况报告.pptx"的外观进行基础美化。

步骤

（1）幻灯片的移动。打开演示文稿，在普通视图的选项卡区域（参见图5-25），选择第6张幻灯片，将其拖放到第一张幻灯片的后面。

（2）文本格式化。在普通视图的选项卡区域，选择第一张幻灯片，在幻灯片窗格（参见图5-24）中选择标题所在文本框，在文本框边框上右击，弹出"格式"微型工具栏，把标题的字体改为"隶书"，字号为66磅，字体颜色改为标准色"深红"。设置完毕，单击幻灯片的其他地方即可。

选择副标题所在文本框（用鼠标单击文本框边框），在"开始"选项卡的"字体"组中设置字体大小为28磅，字体颜色为标准色"黄色"。

（3）设置文本框。选择副标题所在文本框，在"开始"选项卡"绘图"组中单击"快速样式"下三角按钮，在其下拉列表中选择第6行第2列的快速样式。在"绘图工具|格式"选项卡的"插入形状"组中单击"编辑形状"下三角按钮，选择"更改形状"|"矩形"|"圆角矩形"。

（4）编辑图片。在第二张幻灯片上选择图片。

① 在"图片工具|格式"选项卡的"大小"组中设置形状宽度为18厘米（高度系统自动换算）。在"图片工具|格式"选项卡的"排列"组中单击"对齐"下三角按钮，在其下拉列表中依次选择"左右居中"和"上下居中"。

② 在"图片工具|格式"选项卡的"图片样式"组中，单击"图片效果"下三角按钮，在其下拉列表中选择"映像"|"映像变体"|"紧密映像，4pt偏移量"。

（5）更改背景。选择第二张幻灯片，在"设计"选项卡的"背景"组中单击"背景样式"下三角按钮，出现"背景样式"库，如图5-29所示。鼠标移过背景样式缩略图，可看到样式名称和预览效果。右击"样式8"，在弹出的快捷菜单中选择"应用于所选幻灯片"命令。

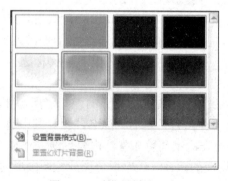

图5-29 "背景样式"库

（6）加入项目符号。在第三张幻灯片中选择文本所在的文本框（单击文本框的边框），在"开始"选项卡的"段落"组中单击"项目符号"下三角按钮，在其下拉列表中选择菱形的项目符号。

（7）更改版式。选择第三张幻灯片，在"开始"选项卡的"幻灯片"组中单击"版式"下三角按钮，选择"标题和竖排文字"版式，更改后用鼠标将幻灯片中的剪贴画拖放到幻灯片左侧的空白位置。

（8）更改幻灯片方向。在"设计"选项卡的"页面设置"组中单击"幻灯片方向"下三角按钮，选择"纵向"即可。

（9）更改主题。选择第三张幻灯片，在"设计"选项卡的"主题"组中，单击主题列表的下三角按钮，出现"主题"库，如图5-30所示。在主题"极目远眺"上单击鼠标右键，在弹出的快捷菜单中选择"应用于选定幻灯片"命令，则当前幻灯片就会应用此主题。

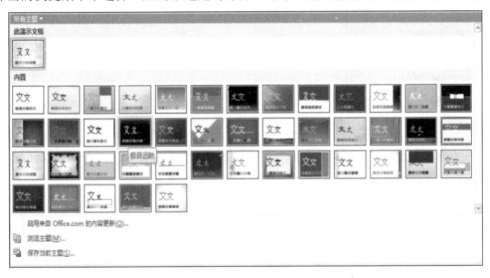

图5-30　"主题"库

（10）把第三张幻灯片中文本的"字形"设置为"加粗"，字号为28磅，"颜色"设置为标准色"黄色"。

（11）更改主题颜色。选择第四张幻灯片，在"设计"选项卡的"主题"组中单击"颜色"下三角按钮，出现"主题颜色"库，如图5-31所示。在库中找到"极目远眺"，右击，在弹出的快捷菜单中选择"应用于所选幻灯片"命令，则该主题颜色就会应用于当前幻灯片。

（12）更改表格设置。在第六张幻灯片中选择表格，在"表格工具|布局"选项卡的"对齐方式"组中单击"居中"和"垂直居中"按钮。

（13）更改SmartArt图形颜色。在第七张幻灯片中选择SmartArt图形，在"SmartArt工具|设计"选项卡的"SmartArt样式"组中单击"更改颜色"下三角按钮，出现"SmartArt图形"颜色库，如图5-32所示，选择"彩色—强调文字颜色"。

（14）存盘。

图 5-31 "主题颜色"库

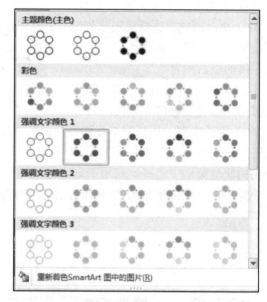

图 5-32 "SmartArt 图形"颜色库

【任务 4】对第一张幻灯片上的音频对象进行设置,使其放映时自动循环播放,直到所有幻灯片播放完毕,而且幻灯片放映时隐藏音频剪辑图标。

步骤

在第一张幻灯片上选择音频剪辑图标,在"音频工具|播放"选项卡的"音频选项"组中做以下选择:

(1)在"开始"列表中选择"跨幻灯片播放"。

(2)选中"循环播放,直到停止"复选框。

(3)选中"放映时隐藏"复选框。

相关知识点

(1)幻灯片的选定。

① 选择单张幻灯片:在幻灯片浏览视图或普通视图的选项卡区域,单击所需的幻灯片。

② 选择连续的多张幻灯片:在幻灯片浏览视图或普通视图的选项卡区域,单击所需的第一张幻灯片,然后按住 Shift 键不放,单击最后一张幻灯片。

③ 选择不连续的多张幻灯片:在幻灯片浏览视图或普通视图的选项卡区域,单击所需的第一张幻灯片,然后按住 Ctrl 键不放,单击所需的其他幻灯片,直到所需幻灯片全部选完。

(2)幻灯片的插入与删除。

① 插入幻灯片:参见 5.1.1 节的新建幻灯片。

② 删除幻灯片:在幻灯片浏览视图或普通视图的选项卡区域,选定某张或多张幻灯片,按 Delete 键即可。

(3) 幻灯片的复制和移动。

① 复制幻灯片：在幻灯片浏览视图或普通视图的选项卡区域，选定需要复制的幻灯片，选择"复制"命令，然后在目标位置选择"粘贴"命令（或"粘贴选项"|"使用目标主题"）；或在幻灯片浏览视图中选定某张幻灯片，按住 Ctrl 键的同时用鼠标拖动到目标位置即可。

② 移动幻灯片：在幻灯片浏览视图或普通视图的选项卡区域，选定需要复制的幻灯片，选择"剪切"命令，然后在目标位置选择"粘贴"命令（或"粘贴选项"|"使用目标主题"）；或在幻灯片浏览视图中选定某张幻灯片，用鼠标将它拖动到新的位置即可。

(4) 改变幻灯片的版式。在普通视图方式下，选定需要改变的幻灯片，在"开始"选项卡的"幻灯片"组中单击"版式"下三角按钮，从中选择需要的版式。

(5) 各种元素对象（图片、绘图、图表、表格、SmartArt 图形和音频等）的设置。在幻灯片中选择某种元素对象，就会出现对应的工具选项卡组，在此选项卡组可以对元素对象各种属性进行设置。

(6) 更改背景。要在演示文稿中更改背景颜色或图案，可在"设计"选项卡的"背景"组中单击"背景样式"下三角按钮，出现"背景样式"库，如图 5-29 所示。鼠标移过背景样式缩略图，可看到样式名称和预览效果。单击所选样式，或在所选样式上右击，在弹出的快捷菜单中选择"应用于所有幻灯片"命令，则整个演示文稿就会应用该背景样式；若在弹出的快捷菜单中选择"应用于选定幻灯片"命令，则该主题只应用于所选的幻灯片上（可包括多张幻灯片）。

(7) 更改主题。若希望快速修改幻灯片外观效果，更改套用的主题将是一条捷径。在"设计"选项卡的"主题"组中，单击主题列表的下三角按钮，出现"主题"库，如图 5-30 所示。单击所选主题，或在所选主题上右击，在弹出的快捷菜单中选择"应用于所有幻灯片"命令，则整个演示文稿就会应用该主题；若在弹出的快捷菜单中选择"应用于选定幻灯片"命令，则该主题只应用于所选的幻灯片上。

(8) 更改主题颜色。主题颜色是演示文稿中使用颜色的集合，如文本、背景、填充等所用的颜色。选择了某种主题颜色，该集合中的每种颜色就会自动应用于幻灯片的不同组件上。用户可选择一种主题颜色应用于个别幻灯片或整个演示文稿。

在"设计"选项卡的"主题"组中，单击"颜色"下三角按钮，出现"主题颜色"库，如图 5-31 所示。找到需要的主题颜色，单击所选主题颜色，或在所选主题颜色上右击，在弹出的快捷菜单中选择"应用于所有幻灯片"命令，则整个演示文稿就会应用该主题颜色；若在弹出的快捷菜单中选择"应用于选定幻灯片"命令，则该主题颜色只应用于所选的幻灯片上。

(9) 音频对象的设置。在幻灯片上选择音频对象的音频剪辑图标，在"音频工具|播放"选项卡的"音频选项"组中可做以下选择：

① 若要在放映此幻灯片时自动开始播放音频，可在"开始"列表中选择"自动"。

② 若要在放映过程中通过在此幻灯片上单击音频剪辑来手动播放，可在"开始"列表中选择"单击时"。

③ 若要在此幻灯片及其后续的幻灯片中都播放此音频，可在"开始"列表中选择"跨

幻灯片播放"。

④ 若要连续播放音频直至停止播放，可选中"循环播放，直到停止"复选框。

⑤ 若要放映时隐藏音频剪辑图标，可选中"放映时隐藏"复选框。

注意：（1）循环播放时，声音将重复播放，直到转到下一张幻灯片为止；若选择"跨幻灯片播放"，循环播放时，声音将重复播放，直到结束放映。

（2）选择"跨幻灯片播放"，音频是自动播放。

（3）选择手动播放的，不要选中"放映时隐藏"复选框。

2．修改母版

【任务5】通过修改母版，对演示文稿"北京现代2014年销售情况报告.pptx"中应用主题"气流"的幻灯片进行美化。

步骤

（1）打开演示文稿，在"视图"选项卡的"母版视图"组中单击"幻灯片母版"按钮，此时会显示一个与主题"气流"默认相关的版式的空幻灯片母版。在左侧的幻灯片缩略图窗格中，幻灯片母版是那张较大的幻灯片图像，而与该主题相关的所有版式位于幻灯片母版下方，如图5-33所示。

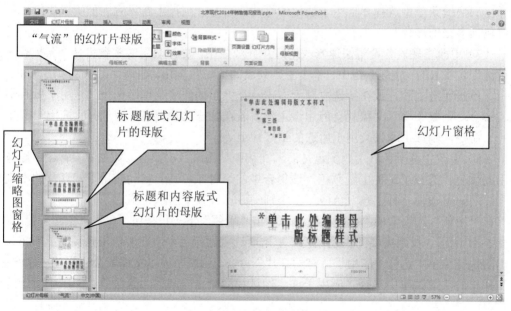

图5-33　幻灯片母版视图

注意：滚动幻灯片缩略图窗格，会发现有"气流"和"极目远眺"两种幻灯片母版，这是因为该演示文稿应用了两种主题。

（2）在幻灯片缩略图窗格中，单击"空白 版式：由幻灯片2，7-8使用"缩略图，此时幻灯片窗格中显示的是空白版式的幻灯片母版。

（3）在"插入"选项卡的"插图"组中单击"形状"下三角按钮，在其下拉列表中选

择"基本形状"|"太阳形",然后在幻灯片窗格,幻灯片母版的右下角用鼠标拉出一个小太阳。

(4)在"幻灯片母版"选项卡的"关闭"组中,单击"关闭母版视图"按钮,即可退出母版视图方式回到普通视图方式。

(5)此时可看到应用了空白版式的第2、7、8张幻灯片的右下角均插入了一个太阳形状。

(6)存盘退出。

相关知识点

(1)修改母版。通过修改母版,可以对应用同一主题的每张幻灯片进行统一的修改。

在"视图"选项卡的"母版视图"组中,单击"幻灯片母版"按钮,此时会显示一个与该主题默认相关的版式的空幻灯片母版。在左侧的幻灯片缩略图窗格中,幻灯片母版是那张较大的幻灯片图像,而与该主题相关的所有版式位于幻灯片母版下方,如图5-33所示。

该演示文稿如果应用了多个主题,在幻灯片母版视图中会出现多个被应用的主题的母版。

此时可以在幻灯片缩略图窗格中选择某个主题的幻灯片母版或某个主题的某个版式,然后在幻灯片窗格中对幻灯片的内容进行各种设置,或者插入新元素。

修改完毕在"幻灯片母版"选项卡的"关闭"组中单击"关闭母版视图"按钮,即可退出母版视图方式回到普通视图方式。此时对应的幻灯片会做出相应的变化。

若要使个别幻灯片的外观与母版不同,直接修改该幻灯片即可。

注意:(1)若修改幻灯片母版,将影响除了标题幻灯片之外的所有幻灯片。

(2)若修改某种版式的母版,将只影响应用该版式的幻灯片。

(3)若原来幻灯片中的某个设置不是通过应用主题而来的,而是用户自己个性化的设置,则母版的改变不会影响这些个性化设置。

(2)讲义母版的创建。在"视图"选项卡的"母版视图"组中单击"讲义母版"按钮,打开"讲义母版"选项卡,用户根据需要在此选项卡做相应设置即可。

(3)备注母版的创建。在"视图"选项卡的"母版视图"组中单击"备注母版"按钮,打开"备注母版"选项卡,用户根据需要在此选项卡做相应设置即可。

术语解释

母版。幻灯片母版用于存储演示文稿相关主题和幻灯片版式的信息,包括背景、颜色、字体、效果、占位符大小和位置。每个演示文稿至少包含一个幻灯片母版。

5.1.3 预演放映幻灯片

放映幻灯片时,演示文稿内容是展示的主要部分,若加上动画、超链接和设置切换方式将有利于突出重点,使放映过程更加形象生动,实现动态演示效果。

1. 加入动态效果

动态效果主要包括元素对象的动画效果和幻灯片的切换方式。设置元素对象的动画效果主要在"动画"选项卡中进行，如图 5-34 所示；设置幻灯片的切换方式主要在"切换"选项卡中进行，如图 5-35 所示。

图 5-34 "动画"选项卡

图 5-35 "切换"选项卡

【任务 6】为演示文稿"北京现代 2014 年销售情况报告.pptx"的第三张幻灯片中的元素对象添加动态效果。

步骤

（1）打开演示文稿，在普通视图方式下选定第三张幻灯片。

（2）给标题添加动画。

① 选择标题"销售报告"文本框，在"动画"选项卡的"高级动画"组中单击"添加动画"下三角按钮，在其下拉列表中选择"进入"|"飞入"。

② 在"动画"选项卡的"动画"组中单击"效果选项"下三角按钮，在其下拉列表中选择"自左侧"。

③ 在"动画"选项卡的"计时"组中，"开始"选择"单击时"，"持续时间"为"3 秒"。

（3）给文本添加动画。在幻灯片窗格中选择文本所在文本框，在"动画"选项卡的"高级动画"组中单击"添加动画"下三角按钮，在其下拉列表中选择"进入"|"随机线条"。在"计时"组中，"开始"选择"上一动画之后"，在"延迟"处输入 1 秒，即在上一个动画完成 1 秒后自动启动当前动画。

（4）给剪贴画添加动画。

① 在幻灯片窗格中选择剪贴画对象，在"动画"选项卡的"高级动画"组中单击"添加动画"下三角按钮，选择"更多进入效果"，在弹出的"添加进入效果"对话框（如图 5-36 所示）中，选择"基本型"|"阶梯状"。在"动画"组中，单击"效果选项"，选择"右上"。

② 重复上面的方法，继续给剪贴画添加动画"强调"|"陀螺旋"，"开始"设置为"上一动画之后"。继续选择"动作路径"|"自定义路径"，在幻灯片窗格中通过鼠标数次单击画出一条路径，最后双击鼠标结束路径。接下来，以类似方法添加剪贴画的"退出"效果为"切出"。

(5) 选择"预览"命令,观察效果。

【任务 7】为演示文稿"北京现代 2014 年销售情况报告.pptx"设置所有幻灯片的切换效果为随机线条,持续时间为 5 秒,声音为鼓声,自动换片时间为 20 秒,取消单击鼠标换片。

步骤

(1) 在"切换"选项卡的"切换到此幻灯片"组中,单击切换效果列表的下拉三角按钮,出现"切换效果"库,如图 5-37 所示,选择"细微型"|"随机线条"。

图 5-36 "添加进入效果"对话框

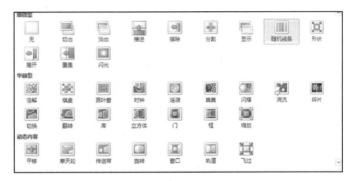

图 5-37 "切换效果"库

(2) 在"切换"选项卡的"计时"组中,设置"声音"为"鼓声","持续时间"为 5 秒。单击"全部应用"按钮。

(3) 在"计时"组的"换片方式"中选中"单击鼠标时"复选框取消单击鼠标换片。选中"设置自动换片时间"复选框,并设置时间为 20 秒。

相关知识点

(1) 添加动画。在幻灯片中选定要设置动画的某个对象,然后在"动画"选项卡的"高级动画"组中单击"添加动画"下三角按钮,选择某种动画效果并进行各种设置。

设置完毕,选择"预览"命令,观察效果。若有不满意的动画效果,可在幻灯片中选定应用该动画的对象,在"动画"选项卡的"动画"组中重新选择动画效果并修改各种设置。

注意:一个对象可以有多个动画效果。

(2) 设置幻灯片切换方式。幻灯片的切换方式是指某张幻灯片进入或退出屏幕时的特殊视觉效果,目的是为了使前后两张幻灯片之间的过渡自然。既可以为选定的某张幻灯片设置切换方式,也可以为一组幻灯片设置相同的切换方式。在"切换"选项卡中包含了所有幻灯片切换方式的设置。

在"换片方式"选项组中若同时选中"单击鼠标时"和"设置自动换片时间"复选框,可使幻灯片按指定的间隔进行切换,在此间隔内单击鼠标则可提前进行切换,从而达到手工切换和自动切换相结合的目的。

所设置的切换方式将自动应用到所选的幻灯片上；若单击"全部应用"按钮，则应用到整个演示文稿的全部幻灯片。

2. 设置超链接效果

【任务8】在演示文稿"北京现代2014年销售情况报告.pptx"中设置一些超链接。

步骤

（1）在第三张幻灯片中选择文字块"车型产品种类"，在"插入"选项卡的"链接"组中单击"超链接"按钮。

（2）弹出"插入超链接"对话框，在"链接到"列表框中选择"本文档中的位置"，如图5-38所示。

图5-38 "插入超链接"对话框

（3）在"请选择文档中的位置"列表框中选择"幻灯片标题"下的"4. 车型产品种类"。

（4）单击"确定"按钮，即可实现在第三张幻灯片中单击文字"车型产品种类"跳到第四张幻灯片的功能。

（5）以同样的方法在第三张幻灯片中设置文字"近三年各种车型销售统计数据"超链接到第五张幻灯片"近三年各种车型销售统计图"。

（6）选择第四张幻灯片，在"插入"选项卡的"插图"组中单击"形状"下三角按钮，在其下拉列表中选择"基本形状"|"同心圆"。用鼠标拖出同心圆后，对其颜色、大小等进行修改。

（7）选择同心圆，在"插入"选项卡的"链接"组中单击"动作"按钮，弹出"动作设置"对话框，如图5-39所示。

（8）在对话框的"单击鼠标"选项卡中选中"超链接到"单选按钮，在其下拉列表中选择"幻灯片…"，弹出"超链接到幻灯片"对话框，如图5-40所示。在"幻灯片标题"列表框中选择"3. 销售报告"，单击"确定"按钮，回到"动作设置"对话框。

（9）在"动作设置"对话框中选中"播放声音"复选框，在其下拉列表框中选择"疾驰"。选中"单击时突出显示"复选框。

（10）单击"确定"按钮，即可实现在第四张幻灯片中单击同心圆回到第三张幻灯片的功能。

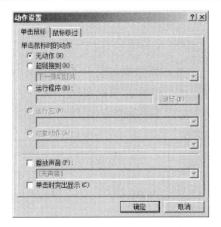
图 5-39 "动作设置"对话框

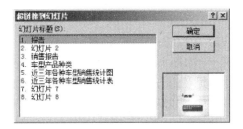
图 5-40 "超链接到幻灯片"对话框

(11) 选择第六张幻灯片,在"插入"选项卡的"插图"组中单击"形状"下三角按钮,选择"动作按钮"|"动作按钮:自定义"。

(12) 鼠标指针变为"+"形状。在幻灯片右上角位置单击,所选动作按钮出现在指定位置,同时弹出动作按钮的"动作设置"对话框,如图 5-39 所示。

(13) 重复步骤(8)、(9),即可实现在第六张幻灯片中单击此按钮回到第三张幻灯片的功能。

相关知识点

设置超链接效果。使用超链接功能不仅可以在不同的幻灯片之间自由切换,还可以在幻灯片与其他程序或文件之间随意地转换。幻灯片放映时,将鼠标移到设有超链接的对象上,鼠标指针会变成"手"形。此时单击鼠标或鼠标移过该对象,即可启动超链接。

设置超链接有以下 3 种方式。

(1) 超链接:选定需要插入超链接的文字或某个对象,在"插入"选项卡的"链接"组中单击"超链接"按钮,在弹出的"插入超链接"对话框(如图 5-38 所示)中选择要链接的文档、Web 页或电子邮件地址,单击"确定"按钮即可。幻灯片放映时,单击该文字或对象即可启动超链接。

(2) 动作设置:在幻灯片中选定要设置动作的某个对象,在"插入"选项卡的"链接"组中单击"动作"按钮,在弹出的"动作设置"对话框(如图 5-39 所示)中进行设置。幻灯片放映时,当鼠标移过或单击该对象(根据用户的设置)即可启动超链接;同时,还可播放选定的声音文件和突出显示对象等。

(3) 动作按钮:在"插入"选项卡的"插图"组中,单击"形状"|"动作按钮"下合适的按钮,鼠标指针变为"+"形状,在幻灯片适当位置单击鼠标,所选动作按钮出现在指定位置,同时弹出动作按钮的"动作设置"对话框,如图 5-39 所示。对于每一个动作按钮系统都预设了其链接方式,若不改动,单击"确定"按钮即可,也可根据需要重新设定。

3. 在放映幻灯片期间使用墨迹

【任务 9】放映演示文稿"北京现代 2014 年销售情况报告.pptx",并在放映过程中通过拖动鼠标来划线以突出重点。

🎤 步骤

（1）打开演示文稿，在"幻灯片放映"选项卡的"开始放映幻灯片"组中单击"从头开始"按钮，即可从第一张幻灯片开始观看各张幻灯片。根据前面的设置，各张幻灯片之间的切换都是自动进行的。此外，也可以通过超链接实现不按顺序的跳转。

（2）当放映到第四张幻灯片时，右击，在弹出的快捷菜单（如图 5-41 所示）中选择"指针选项"|"笔"命令，即可在幻灯片上通过拖动鼠标在一些重点推介的车型（如"悦动"和"途胜"）下面画线。

（3）右击，在弹出的快捷菜单（如图 5-41 所示）中选择"指针选项"|"箭头"命令，即可使鼠标指针恢复正常。

（4）右击，在弹出的快捷菜单（如图 5-41 所示）中选择"指针选项"|"擦除幻灯片上的所有墨迹"命令，可删除刚才手写的墨迹。

（5）单击鼠标可以继续观看，直到最后。

📋 相关知识点

（1）幻灯片的放映。要放映幻灯片，只需在"幻灯片放映"选项卡的"开始放映幻灯片"组中单击"从头开始"或"从当前幻灯片开始"按钮即可。如果在演示文稿未放映到最后一张时想终止放映，可右击，在弹出的快捷菜单中选择"结束放映"命令或按 Esc 键。

图 5-41　"指针选项"|"笔"命令

🔊 注意：若不满意当前的播放顺序，可参照"幻灯片的移动"操作来改变幻灯片的顺序。若想把其他演示文稿中的某些幻灯片插入到当前演示文稿中一起放映，可参照 5.1.1 节"相关知识点"的"15. 插入其他演示文稿中的幻灯片"的方法。

（2）在放映幻灯片期间使用墨迹。放映幻灯片时，可在幻灯片的任何地方添加手写备注。在幻灯片放映视图中，单击鼠标右键，在弹出的快捷菜单（如图 5-41 所示）中选择"指针选项"|"笔"（或"荧光笔"）命令，即可在幻灯片上通过拖动鼠标进行书写。选择"箭头"命令，可使鼠标指针恢复正常，选择"擦除幻灯片上的所有墨迹"命令，则可删除刚才手写的墨迹。

4. 设置放映方式

【任务 10】为演示文稿"北京现代 2014 年销售情况报告.pptx"设置一个自定义放映，名为"精简版"，把第二张和第八张幻灯片排除在外；同时设置排练计时，使其不用人工干预也可以自动循环放映。

🎤 步骤

（1）自定义放映。

① 打开演示文稿,在"幻灯片放映"选项卡的"开始放映幻灯片"组中,单击"自定义幻灯片放映"下三角按钮,在其下拉列表中选择"自定义放映"命令,弹出"自定义放映"对话框,如图 5-42 所示。

② 单击"新建"按钮,弹出"定义自定义放映"对话框,如图 5-43 所示。

③ 在"幻灯片放映名称"文本框中输入"精简版"。

④ 在"在演示文稿中的幻灯片"列表框中单击第一张幻灯片,然后在按住 Ctrl 键的同时依次单击第三张到第七张幻灯片,再单击"添加"按钮,则所选的 6 张幻灯片出现在右侧的"在自定义放映中的幻灯片"列表框中。

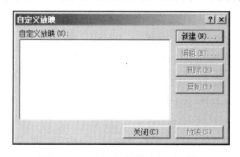

图 5-42 "自定义放映"对话框

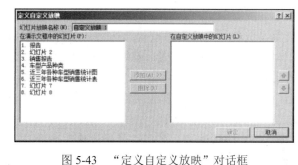

图 5-43 "定义自定义放映"对话框

⑤ 单击"确定"按钮,回到"自定义放映"对话框,单击"关闭"按钮。

(2)设置幻灯片放映。

① 在"幻灯片放映"选项卡的"设置"组中选择"设置幻灯片放映"命令,弹出"设置放映方式"对话框,如图 5-44 所示。

② 在"放映选项"选项组中选中"循环放映,按 ESC 键终止"复选框。

③ 在"放映幻灯片"选项组中选择"自定义放映"单选按钮,并在其下拉列表框中选择"精简版"。

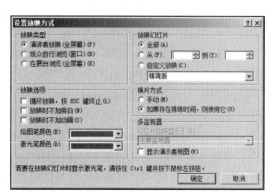

图 5-44 "设置放映方式"对话框

④ 在"换片方式"选项组中保持默认的"如果存在排练时间,则使用它"。

⑤ 单击"确定"按钮。

(3)排练计时。

① 在"幻灯片放映"选项卡的"设置"组中单击"排练计时"按钮。

② 幻灯片按原来设置的换片时间开始放映,同时弹出"录制"工具栏。可利用"录制"工具栏上的按钮更改换片时间。

③ 按 Esc 键结束放映,单击"是"按钮,接受排练时间。

(4)此时放映幻灯片即可看到该演示文稿将自动循环放映。

(5)退出放映后,若进行了存盘,该演示文稿以后都将按此设置进行放映。

相关知识点

（1）自定义放映。利用"自定义放映"功能，可以根据实际情况选择现有演示文稿中相关的幻灯片组成一个新的演示文稿（在现有演示文稿的基础上自定义一个演示文稿），并让该演示文稿默认的放映是自定义的演示文稿，而不是整个演示文稿。

步骤参见上面的任务 10。其中在步骤（1）-④时若不小心将不需要的幻灯片加入了"在自定义放映中的幻灯片"列表框（如图 5-43 所示），可从中选择此幻灯片，然后单击"删除"按钮（这里的删除只是将幻灯片从自定义放映中取消，而不是从演示文稿中彻底删除）。需要的幻灯片选择完毕后，单击"确定"按钮，重新弹出"自定义放映"对话框，如图 5-42 所示。此时若想重新编辑该自定义放映，可单击该对话框中的"编辑"按钮；若想观看该自定义放映，可单击"放映"按钮；若想取消该自定义放映，可单击"删除"按钮。

（2）设置放映方式。若想设置从第几张幻灯片开始放映，直到第几张幻灯片结束，或者想设置循环放映，可在"幻灯片放映"选项卡的"设置"组中选择"设置幻灯片放映"命令，在弹出的"设置放映方式"对话框（如图 5-44 所示）中根据需要进行设置，然后单击"确定"按钮即可。

（3）排练计时。在"幻灯片放映"选项卡的"设置"组中单击"排练计时"按钮，按自己需要的速度把幻灯片放映一遍。幻灯片结束时，单击"是"按钮，接受排练时间；或单击"否"按钮，则此排练时间没有保存下来。设置了排练时间后，即按排练时间放映（若设置了单击鼠标时可以切换幻灯片，但没有单击鼠标时，则按排练时间进行切换）。

（4）另存为.ppsx 文件。对经常使用的演示文稿，可选择"文件"选项卡的"另存为"命令，把它另存为"PowerPoint 放映"类型的文件（在"另存为"对话框的"保存类型"下拉列表框中选择"PowerPoint 放映"）。为该放映文件在桌面上创建快捷方式图标，以后只需在桌面上双击该快捷方式图标，则会激活该演示文稿的放映方式。

（5）隐藏幻灯片。制作好的演示文稿应当包括主题所涉及的各个方面的内容，但是对于不同类型的观众来说，演示文稿中的某张或几张幻灯片可能不需要放映，这样在播放演示文稿时就应当将不需要放映的幻灯片隐藏起来。

要隐藏不需要放映的幻灯片，首先在幻灯片浏览视图方式下单击需要隐藏的幻灯片（如第二张幻灯片），然后在"幻灯片放映"选项卡的"设置"组中单击"隐藏幻灯片"按钮。这时，在幻灯片浏览视图中隐藏的幻灯片的右下方将出现图标，表示该幻灯片已经隐藏，不会放映。

若需要重新放映已经隐藏的幻灯片，首先在幻灯片浏览视图方式下单击需要恢复的幻灯片（如第二张幻灯片），然后在"幻灯片放映"选项卡的"设置"组中单击"隐藏幻灯片"按钮。这时，在幻灯片浏览视图中该幻灯片右下方的图标将消失，表示该幻灯片可以放映。

在普通视图的"幻灯片"选项卡中也可以完成此操作；也可以一次选定多张幻灯片进行隐藏或取消隐藏。

5. 在其他计算机中放映幻灯片

【任务 11】把演示文稿"北京现代 2014 年销售情况报告.pptx"打包，使其在其他电脑上都能正常放映。

步骤

（1）打开演示文稿"北京现代 2014 年销售情况报告.pptx"。

（2）在"文件"选项卡中选择"保存并发送"|"将演示文稿打包成 CD"|"打包成 CD"命令，弹出"打包成 CD"对话框，如图 5-45 所示。

（3）在"将 CD 命名为"文本框中输入名称"北京现代 2014 年销售情况报告"。

（4）单击"复制到文件夹"按钮，弹出"复制到文件夹"对话框，在"位置"文本框中选择某一个文件夹，"文件夹名称"文本框的内容不用改变。

（5）单击"确定"按钮，所需的文件就会自动复制到指定文件夹内。

（6）通过"我的电脑"打开刚才从"位置"文本框中选择的文件夹，看到文件夹"北京现代 2014 报告"。

相关知识点

在其他计算机中放映幻灯片。将演示文稿及相关文件制作成一个可在其他计算机中放映的文件，步骤如下：

（1）打开要打包的演示文稿。如果正在处理以前未保存的新的演示文稿，建议先进行保存。

（2）将空白的可写入 CD 插入到刻录机的 CD 驱动器中。

（3）在"文件"选项卡中选择"保存并发送"|"将演示文稿打包成 CD"|"打包成 CD"命令，弹出"打包成 CD"对话框，如图 5-45 所示。

（4）在"将 CD 命名为"文本框中为 CD 输入名称。

（5）若要添加其他演示文稿或其他不能自动包括的文件，单击"添加"按钮，在弹出的"添加文件"对话框中选择要添加的文件，然后单击"添加"按钮。

默认情况下，演示文稿被设置为按照"要复制的文件"列表框中排列的顺序进行自动播放。若要更改放映顺序，可选择一个演示文稿，然后单击向上按钮或向下按钮，将其移动到列表框中的新位置。

若要删除演示文稿，先选中，然后单击"删除"按钮。

（6）若要更改默认设置，可单击"选项"按钮，在弹出的"选项"对话框（如图 5-46 所示）中根据需要进行下列设置。设置完毕单击"确定"按钮，即可关闭"选项"对话框，返回"打包成 CD"对话框。

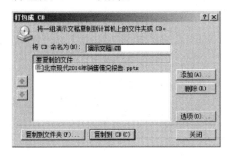

图 5-45 "打包成 CD"对话框

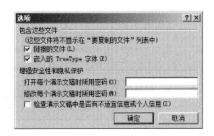

图 5-46 "选项"对话框

- 若不想包括演示文稿已链接的文件，如以链接方式插入的声音文件，可以取消选中"链接的文件"复选框。
- 若要包括 TrueType 字体，选中"嵌入的 TrueType 字体"复选框。
- 若需要设置打开或修改打包演示文稿的密码，在"增强安全性和隐私保护"选项组中输入密码。

（7）在如图 5-45 所示"打包成 CD"对话框中单击"复制到 CD"按钮。如果计算机上没有安装刻录机，那么可将一个或多个演示文稿打包到计算机或某个网络位置上的文件夹中，而不是在 CD 上。方法是单击"复制到文件夹"按钮，然后提供文件夹信息。

5.2 将 Word 文档转换为 PowerPoint 演示文稿

案例：用 Word 文档快速生成演示文档

现有一份使用 Word 制作的文档，内容如图 5-47 所示，试将它快速生成一份演示文稿。

1. 案例分析

我们通常用 Word 来录入、编辑、打印材料，而有时需要将已经编辑、打印好的材料做成 PowerPoint 演示文稿，以供演示、讲座使用。如果在 PowerPoint 中重新录入，既麻烦又浪费时间。如果在两者之间，通过一块块地复制、粘贴，一张张地制成幻灯片，也比较费事。其实可以利用 Word 的样式功能重新排版 Word 文档，然后利用 PowerPoint 的插入文件功能就可以轻松地制作演示文稿。

2. 解决方案

主要制作步骤如下：

（1）打开 Word 文档，如图 5-47 所示，设置第一段的样式为"标题 1"。

图 5-47 Word 文档的内容

（2）设置第二段的样式为"标题 2"。
（3）设置第三段的样式为"标题 1"。
（4）设置第四段的样式为"标题 2"。
（5）其余的设置如图 5-48 所示。

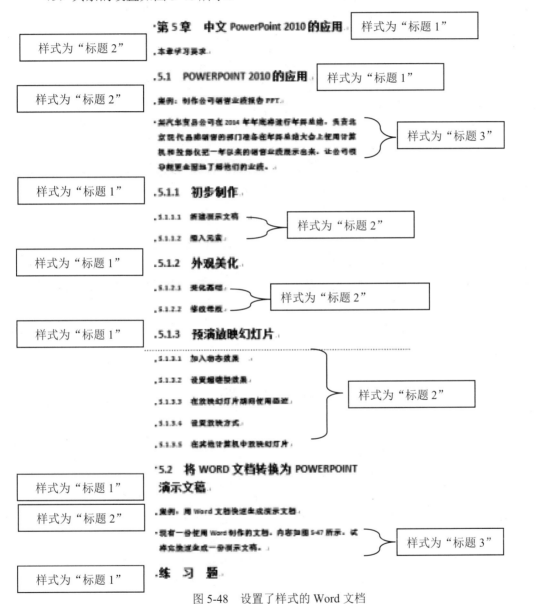

图 5-48　设置了样式的 Word 文档

（6）设置完毕，保存退出。
（7）启动 PowerPoint，自动新建一个演示文稿。
（8）把自动生成的第一张幻灯片删除。
（9）在"开始"选项卡的"幻灯片"组中，单击"新建幻灯片"下三角按钮，在其下拉列表中选择"幻灯片（从大纲）"命令，弹出"插入大纲"对话框，找到刚才存盘的 Word 文档，单击"插入"按钮，即可插入 7 张新的幻灯片，如图 5-49 所示（幻灯片浏览视图状态）。

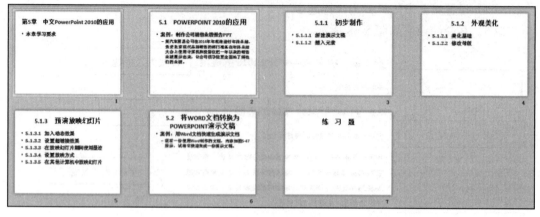

图 5-49 生成的演示文稿

相关知识点

Word 文档中应用"标题 1"样式的段落，变为 PowerPoint 演示文稿中某张幻灯片页面的标题，Word 文档中应用"标题 2"样式的段落，变为最靠近的标题下面的第一级正文，Word 文档中应用"标题 3"样式的段落，变为最靠近的第一级正文下的主要内容，其余依次类推。

根据上面的对应关系，凡是要新建一张幻灯片，就要把属于新建幻灯片的第一段内容在 Word 中设置为"标题 1"样式。

练 习 题

一、单选题

1. 演示文稿存盘时以（　　）作为文件扩展名。
   A．pptx　　　　　　B．ppt　　　　　　C．pps　　　　　　D．exe
2. 普通视图包含"幻灯片"选项卡和（　　）选项卡及幻灯片窗格和备注窗格。
   A．幻灯片　　　　　B．大纲　　　　　　C．普通　　　　　　D．备注
3. PowerPoint 母版视图有 3 种，分别为幻灯片母版、备注母版和（　　）。
   A．大纲母版　　　　B．讲义母版　　　　C．主题母版　　　　D．版式母版
4. （　　）指由用户创建和编辑的每一个演示单页。
   A．幻灯片　　　　　B．主题　　　　　　C．版式　　　　　　D．备注
5. 每个主题都包括了主题颜色、主题字体和主题（　　）。
   A．动画　　　　　　B．效果　　　　　　C．内容　　　　　　D．音频
6. 使用（　　）创建演示文稿，除了提供预定的颜色搭配、背景图案、文本格式等幻灯片显示方式，还包含演示文稿的设计内容。

A．样本模板　　B．主题　　C．版式　　D．大纲

7．在普通视图中，以大视图显示当前幻灯片，可以在当前幻灯片中添加文本，插入图片、表格、图表、绘图对象、文本框、影片、声音、超链接和动画等的窗格是（　　）。

A．备注窗格　　B．大纲窗格　　C．幻灯片窗格　　D．放映窗格

8．幻灯片的（　　）是指某张幻灯片进入或退出屏幕时的特殊视觉效果，目的是为了使前后两张幻灯片之间的过渡自然。

A．切换方式　　B．视图方式　　C．动画方式　　D．自动方式

9．在（　　）中，可同时看到演示文稿中的所有幻灯片，而且这些幻灯片以缩略图显示。

A．普通视图　　　　　　B．幻灯片浏览视图
C．大纲视图　　　　　　D．幻灯片放映视图

10．PowerPoint放映文件的扩展名是（　　）。

A．txt　　B．gif　　C．ppsx　　D．exe

11．（　　）是版式中的容器，可容纳如文本（包括正文文本、项目符号列表和标题）、表格、图表、SmartArt图形、影片、声音、图片及剪贴画等内容。

A．颜色　　B．占位符　　C．内容　　D．效果

12．利用（　　）功能，可以根据实际情况选择现有演示文稿中相关的幻灯片组成一个新的演示文稿，即在现有演示文稿的基础上自定义一个演示文稿。

A．隐藏幻灯片　　B．打包　　C．设置放映方式　　D．自定义放映

13．无文本占位符，可以通过插入（　　）来输入文本。

A．剪贴画　　B．文本框　　C．组织结构图　　D．幻灯片

14．如要终止幻灯片的放映，可直接按（　　）键。

A．Ctrl+C　　B．Esc　　C．End　　D．Alt+F4

15．（　　）就是审阅文稿时在幻灯片上插入的附注，不会影响原演示文稿。

A．页眉　　B．页脚　　C．脚注　　D．批注

16．插入页眉和页脚的命令在（　　）选项卡上。

A．插入　　B．视图　　C．格式　　D．工具

17．使用（　　）功能不仅可以在不同的幻灯片之间自由切换，还可以在幻灯片与其他程序或文件之间随意地切换。

A．自定义动画　　B．幻灯片切换　　C．超链接　　D．打包

18．通过修改（　　），可以对应用同一主题的每张幻灯片在不更改主题的情况下进行统一的修改。

A．母版　　B．版式　　C．主题　　D．模板

19．在放映幻灯片期间可以使用（　　）。

A．模板　　B．版式　　C．主题　　D．墨迹

20．希望快速修改幻灯片外观效果，更改套用（　　）将是一条捷径。

A．动画方案　　B．主题　　C．版式　　D．背景

二、操作题

案例：某学院准备参加当地中学组织的高考前的招生见面会，现准备用 PowerPoint 做一份招生简介，在见面会上自动循环放映，让更多的学生了解该学院，以吸引更多的学生报考该学院。

1. 用主题"流畅"建立一个演示文稿文件，并保存到自己的文件夹下，文件名为"招生简介.pptx"。

2. 打开演示文稿"招生简介.pptx"，将文本、图片等对象输入或插入到相应的幻灯片中。具体要求如下：

（1）第一张幻灯片的标题部分输入"招生简介"，副标题输入"2014 年广东行政职业学院招生简介"。

（2）新建第二张幻灯片，插入一幅剪贴画，并含有标题和文本，标题为"学院介绍"。文本内容如下：

学院结构

学生就业情况分析表

（3）新建第三张幻灯片，标题为"学院结构"，插入层次结构图，如图 5-50 所示。

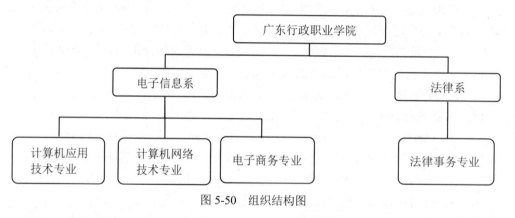

图 5-50　组织结构图

（4）新建第四张幻灯片，使它包含图表（使用图表类型为"簇状圆柱体"），所需数据如表 5-1 所示。

表 5-1　学生就业情况

人数＼年份	2011 年	2012 年	2013 年
毕业生人数	1000	800	1200
就业人数	860	690	1100

并在图表上面输入标题"学生就业情况分析图"。

（5）新建第五张幻灯片，使它包含表格，数据就用第 4 点的数据，并在表格上面输入标题"学生就业情况分析表"。

(6) 新建第六张幻灯片，使它包含自己选择的图片。

(7) 在第三张幻灯片插入批注，内容为"广东行政职业学院"。

3．对演示文稿"招生简介.pptx"的外观进行美化。具体要求如下：

(1) 更改演示文稿的主题为"奥斯汀"。

(2) 把第一张幻灯片的标题的字体改为"隶书"、字形改为"加粗"。副标题所在文本框添加快速样式为第 4 行第 2 列。

(3) 更改第二张幻灯片的主题颜色为"暗香扑面"，给文本加上菱形的项目符号。

(4) 更改第三张幻灯片的背景为样式 5。

(5) 在第三张幻灯片上把层次结构的 SmartArt 图形的颜色设置为"彩色—强调文字颜色"。

(6) 把第六张幻灯片的图片设置宽度为 18 厘米，左右居中，上下居中；图片效果为映像格式，使用预设类型为半映像、4pt 偏移量。

(7) 使第五张幻灯片中表格的内容在水平和垂直方向上都居中。

4．为演示文稿"招生简介.pptx"的第二张幻灯片加上动画效果。具体要求如下：

(1) 标题设置进入效果，具体为"飞入"，方向为"自右侧"，持续时间为 3 秒，单击鼠标时启动动画。

(2) 文本在前一事件（即标题进入）后 1 秒，自动进入，效果为"飞入"，方向为"自左侧"，持续时间为 2 秒。

(3) 剪贴画添加退出效果，单击鼠标启动，效果为"擦除"、"自左侧"和持续时间为 2 秒。

(4) 设置第二张幻灯片的切换方式为"垂直百叶窗"，单击鼠标时换页，持续时间为 2 秒，声音为"鼓声"。

5．在演示文稿"招生简介.pptx"的第一张幻灯片中插入某一个声音，放映时声音自动循环播放，直到所有幻灯片播放完毕，而且幻灯片放映时隐藏声音图标。

6．在演示文稿"招生简介.pptx"中设置超链接。具体要求如下：

(1) 在第二张幻灯片的内容中建立超链接，"学院结构"链接到第三张幻灯片，"学生就业情况分析表"链接到第四张幻灯片。

(2) 在第三、五张幻灯片中都插入任一个自选图形，并进行动作设置，设置单击自选图形返回到第二张幻灯片。

7．放映演示文稿"招生简介.pptx"。

8．为演示文稿"招生简介.pptx"设置排练计时，并把它设置为可以自动循环放映。

9．把演示文稿"招生简介.pptx"打包到自己的文件夹下，并生成名为"招生"的文件夹。

第 6 章

互联网基础与应用

本章学习要求:

- 了解计算机网络的基本知识。
- 了解互联网的原理,掌握 IP 地址、域名的概念。
- 熟练掌握浏览器操作、文件传输操作及电子邮件操作。
- 了解互联网信息交流的常用方法,掌握论坛、博客、QQ、微信的操作。
- 了解网上购物的相关知识。
- 了解物联网原理及云计算的应用。

全球信息化的浪潮一浪高过一浪,移动办公、O2O 商务模式、云平台服务等对计算机的信息处理能力提出了越来越高的要求,传统的 PC 模式不可能完成这些复杂的任务,计算机应用的网络化势在必行。从较小的办公局域网到将全世界连成一体的互联网,计算机网络处处可见,计算机应用已全面进入互联网时代。同时,随着"智慧地球"概念的推出,互联网将向"物联网"演进。因此,学习计算机网络知识是进一步掌握计算机应用技能的基本要求。

6.1 计算机网络基础知识

案例:配置计算机上网环境

1. 案例分析

为什么要把计算机连成网络?答案很简单,就是连成网络后计算机之间可以传递信息、共享资源,连入互联网的计算机可以在信息的汪洋大海中尽情地遨游……那么,计算机具备什么条件才能连入互联网呢?这正是本案例重点讨论的内容。

2．解决方案

首先我们需要了解计算机网络的一些基本知识，然后从硬件设备和软件配置上弄清楚上网的条件，最后还要对与网络连接的计算机进行测试，以确认其连通性。做完这一切，你就可以上网冲浪、一试身手了。

6.1.1 计算机网络概述

提起网络，人们自然会想到诸如电话网、电视网、电力网和交通传输网等，网络的普遍存在，使人们生活中必需的信息资源和物质资源得到了最广泛的交流。那么，计算机网络又是什么呢？计算机网络与这些常见的网络有什么内在的关联吗？计算机网络将怎样渗透到现代人们的生活当中呢？

1．计算机网络的定义

计算机网络是计算机技术与通信技术相结合的产物。利用通信线路和通信设备，将地理位置不同的、功能独立的多台计算机互连起来，以功能完善的网络软件实现资源共享和信息传递就构成了计算机网络系统。最简单的计算机网络是通过串行口连接起来的两台PC机，最复杂、最庞大的网络是遍布全球的互联网——Internet。

如图6-1所示为一个典型的计算机网络结构图，它由通信子网和资源子网构成。

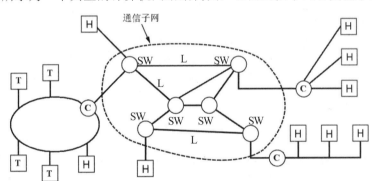

图6-1　典型的计算机网络结构图（虚线内是通信子网，虚线外是资源子网）

（1）通信子网。通信子网负责网络中的信息传递，由传输线路、分组交换设备、网控中心设备等组成。

（2）资源子网。资源子网负责网络中数据的处理工作，由连入网络的所有计算机、面向用户的外部设备、软件和可供共享的数据等组成。

2．计算机网络的发展简史

计算机网络的发展可分为4个阶段。

（1）主机—终端型远程联机系统。以一台中央主计算机连接大量的处于不同地理位置的终端，形成"计算机—通信线路—终端"系统，这是20世纪50年代初到60年代初出现的计算机网络雏形阶段。

（2）主机—主机型互连系统。通过通信线路将若干台计算机互连起来，实现资源共享，这是现代计算机网络兴起的标志。典型的网络是 20 世纪 60 年代后期由美国国防部高级研究计划局组建的 ARPAnet，它所使用的 TCP/IP 协议是当今互联网的传输基础。

（3）国际标准化计算机网络。国际标准化组织 ISO 通过对"开放"系统互连的研究，于 1984 年正式颁布了一个国际标准——OSI 七层参考模型，使得各种分散的计算机网络可以在统一的标准下互联。

（4）高速宽带网络。这一阶段的特征是高速、互联、综合化和广泛应用，如 1990 年后互联网技术的广泛应用、宽带城域网与接入网技术的研究与发展，以及网络与信息安全技术的研究与发展。

3. 计算机网络的分类

目前全世界存在的计算机网络形形色色、千差万别，不但结构存在差别，用途也不尽相同。为了区别不同的网络，人们往往根据网络构成的特征来对网络进行分类。最常用的分类方法是按网络分布范围的大小来分类，计算机网络可分成局域网（LAN）和广域网（WAN）；若按信息在网络上传播与接收的方式，则可分为广播式网络与点对点网络。

（1）局域网。局域网（Local Area Network，LAN）是在小范围内组成的网络。一般在 10km 以内，以一个单位或一个部门为限，如在一幢建筑物、一个工厂、一个校园内等。各种校园网、企事业单位的办公自动化管理网络多为局域网。这种网络可用多种介质通信，具有较高的传输速率，一般可达到 20Mbps，即每秒钟可以传输 $2×10^7$ 位的信息。在此，1bit 代表一个二进制位，1Mbit=10^6bit。目前，一些局域网甚至可以达到 1000Mbit 的传输速率。

（2）广域网。广域网（Wide Area Network，WAN）不受地区的限制，可以在全省、全国，甚至横跨几大洲，进行全球联网。这种网络能实现大范围内的资源共享，通常采用电信部门提供的通信装置和传输介质，传输速率较低，一般小于 0.1Mbps，如 Internet 就是著名的广域网。

（3）城域网。介于局域网与广域网之间，范围在一个城市内的网络称为城域网（MetroPolitan Area Network，MAN）。

（4）广播式网络。广播式网络（Broadcast Network）仅有一条通信信道，由网络上所有机器共享。传输的信息发送给所有的机器，但只有目标机器对接收到的信息进行处理，其他机器则丢弃收到的信息。

（5）点对点网络。点对点网络（Point to Point Network）由一对对机器之间的多条线路连接构成，传输的信息只发送给目标机器。一般来讲，局域网采用广播方式，广域网采用点对点方式。

4. 计算机网络的功能

计算机网络的功能主要体现在以下 3 个方面。

（1）资源共享。共享硬件资源，如打印机、光盘、海量存储设备等；共享软件资源，如各种应用软件、公共通用数据库。

资源共享可以减少重复投资，降低费用，推动计算机应用的发展，这是计算机网络的突出优点之一。

（2）信息交换。计算机网络为联网的计算机提供了强有力的通信手段。借助于通信子网，计算机相互之间可以传递文件、电子邮件、发布新闻，以及进行电子数据交换（EDI）。网络的通信功能目前得到了越来越广泛的应用，如互联网上的 E-mail、IP 电话、QQ 等就是计算机网络通信的重要应用。

（3）提高系统可靠性。在网络中，如果一台主机出了故障，其余的机器仍然可以分担它的任务，从而保证系统的正常运行。而一些重要资料在网络上保存多个副本，其效果是不言而喻的。网络的这一功能，在军事、银行、航空、交通管理、核电安全设备等许多应用中显得特别重要。美国国防部高级研究计划局就是为这一目的而组建了最早的 ARPAnet 网。

6.1.2 互联网（Internet）

互联网（Internet）也就是因特网，是当今世界上发展最快的一种信息传播形式。它包罗万象，不仅仅是一个计算机网络领域，而且是一个巨大的、实用的、可共享的信息源，甚至可以把 Internet 当作一种崭新的全球文化来理解。Internet 也是一个没有特定疆界的网络实体，它泛指通过网关连接起来的网络集合，其中包括全世界各种大型广域网，也包括较小的地区性网络以及大量的局域网。

1. Internet 的起步与发展

1969 年，美国国防部高级研究计划局建立了一个军用计算机网络 ARPAnet，其目的是为了在战争中保障计算机系统工作的不间断性。当初兴建了 4 个实验性节点，但不久便扩展到几百台计算机。该网络的通信采用了一组称之为 TCP/IP 的协议，其核心思想是把数据分割成不超过一定大小的信息包来传送。TCP/IP 协议的基本传输单位是数据包（Datagram）。TCP 代表传输控制协议，负责把数据分成若干个数据包，并给每个数据包加上包头，包头上有相应的编号，以保证在数据接收端能正确地将数据还原为原来的格式。IP 代表网际协议，它在每个包头上再加上接收端主机的 32 位地址，以便数据能准确地传到目的地。实践证明，TCP/IP 是一组非常成功的网络协议，为当今的 Internet 提供了最基本的通信功能。

Internet 的真正发展是从 1985 年美国国家科学基金会（NSF）建设 NSFnet 开始的。NSF 把分布在全美的 5 个超级计算机中心通过通信线路连接起来，组成用于支持科研和教育的全国性规模的计算机网络 NSFnet，并以此作为基础，实现同其他网络的连接。今天，NSFnet 连接了全美上百万台计算机，拥有几百万用户，是 Internet 最主要的成员网。采用 Internet 的名称是在 1989 年 MILnet（由 ARPAnet 分离出来的）实现和 NSFnet 的连接后开始的。以后，其他部门的计算机网络相继并入 Internet。这种把不同网络连接在一起的技术的出现，使计算机网络的发展进入一个新的时期，形成由网络实体相互连接而构成的超级计算机网络，人们把这一网络形态称为 Internet。

Internet 的迅猛发展是进入 20 世纪 90 年代才实现的。首先是超文本标记语言 HTML 的发明，标志着 WWW（World Wide Web）进入 Internet 这一广阔的领域。1990 年，瑞士日内瓦的欧洲粒子物理实验室（CERN）的两位物理学家 Tim Berners-Lee 和 Robert Cailliau，开发了一个用于在 CERN 的全球计算机网络上发布研究信息的系统，他们的目标是建立一个适用于各种不同数据类型的统一用户界面，使得用户在世界任何国家使用任何计算机都能够通过一种简单而直观的方法存取信息，这些信息可以包括文字、数据库，甚至是图像、声音、视频片段等，这就是 HTML 的诞生。

其次是 Web 浏览器的出现，使得 Internet 这列快车驶入了一个五彩缤纷的世界。1993 年 1 月，当时在美国国家超级计算机应用中心（NCSA）工作的 Marc Andressen 发布了超媒体浏览器 Mosaic 0.5 版，后来在他组建的网景通信公司（Netscape）里，又开发了一个新的称为 Netscape Navigator 的浏览器，该浏览器的改进版直到今天仍是阅读 WWW 网页的优秀浏览器之一。

2. Internet 在中国

我国在 1994 年 4 月正式加入 Internet。此后，相继建立了连入 Internet 的四大网络，即中科院的中国科技网 CSTNET、国家教委的中国教育和科研网 CERNET、邮电部的中国互联网 CHINANET 和电子工业部的金桥网 GBNET，这四大网于 1997 年 4 月相互联通。

中国教育科研网 CERNET（China Education and Research Network）的主要成员是全国各地的高等院校和科研机构，分四级管理，分别是全国网络中心、地区网络中心和地区主节点、省教育科研网、校园网。CERNET 的骨干网由分布在全国 8 个大城市中的 10 个节点组成，这 10 个节点分别如下。

（1）北京：清华大学、北京大学、北京邮电大学。
（2）沈阳：沈阳工业学院。
（3）西安：西安交通大学。
（4）上海：上海交通大学。
（5）南京：东南大学。
（6）成都：电子科技大学。
（7）武汉：华中理工大学。
（8）广州：华南理工大学。

CERNET 网管中心设在清华大学。

据中国互联网络信息中心的统计报告，截至 2014 年 6 月底我国互联网国际出口带宽为 3776909Mbps，主要骨干网络有 6 个，分别是：中国电信，2428803Mbps；中国联通，922875Mbps；中国移动，337629Mbps；中国教育和科研计算机网，65000Mbps；中国科技网，22600Mbps；中国国际经济贸易互联网，2Mbps。

截至 2014 年 6 月底我国上网人数达到了 6.32 亿，占全国总人数的 46.9%，总人数位居世界第一，手机网民规模达 5.27 亿；农村网民的规模持续增长，达到 1.78 亿，占整体网民的 28.2%。

我国互联网的发展主题已经从"普及率提升"转换到"使用程度加深"，互联网应用逐步改变人们的生活形态，给人们的日常生活中带来了深远的影响。

6.1.3　TCP/IP 协议

Internet 的传输基础是 TCP/IP（Transmission Control Protocol/Internet Protocol）协议，

它描述了互联网中各计算机进行通信的规则。它虽然不是 ISO 国际网络标准,但其应用范围遍及各种网络,从 PC 到巨型机,从局域网到广域网,从 UNIX 操作系统到 Windows 操作系统,TCP/IP 被广泛地应用,已成为网络互联事实上的工业标准。

1. TCP/IP 分层模型

TCP/IP 协议将网络服务划分为 4 层,即应用层、传输层、网际层与网络接口层。每一层都包含若干个子协议,其中传输层(TCP)与网际层(IP)是两个最关键的协议。发送端在进行数据传输时,从上往下,每经过一层就要在数据上加个包头;而在接收端,从下往上,每经过一层就要把用过的包头去掉,以保证传输数据的一致性。

2. IP 地址

IP 协议中规定联网的每一台计算机都必须有一个唯一的地址,这个地址由一个 32 位的二进制数组成。通常把 32 位分成 4 组,每组 8 位,用一个小于 256 的十进制数表示出来,各组数字间用圆点连接。例如,202.116.36.60 就是 Internet 上的一台计算机的 IP 地址。

常用的 IP 地址分为 A、B、C 3 大类。A 类地址分配给规模特别大的网络使用,用第一组数字(规定为 1~126)表示网络标识,后 3 组数字则用来表示网络上的主机地址,B 类地址分配给中型网络,用第一、二组(第一组数字规定为 128~191)数字表示网络标识,后面两组数字表示网络上的主机地址。C 类地址分配给小型网络,用前 3 组(第一组数字规定为 192~223)数字表示网络标识,最后一组数字作为网络上的主机地址。第一组数字为 127 及在 224~255 之间的地址则用作测试和保留给试验使用。

试比较下面 4 个 IP 地址。

A 类:9.12.250.128,IBM 公司的一台主机 IP 地址。

B 类:166.111.1.66,清华大学的一台主机 IP 地址。

C 类:202.112.7.12,北京大学的一台主机 IP 地址。

测试类:127.0.0.1,代表主机本身地址。

IP 地址是一种世界级的网络资源,由国际权威机构进行配置,所有的 IP 地址都由国际组织 NIC(Network Information Center,网络信息中心)负责统一分配。目前全世界共有 3 个这样的网络信息中心:InterNIC 负责美国及其他地区,ENIC 负责欧洲地区,APNIC 负责亚太地区。我国申请 IP 地址要通过 APNIC。APNIC 的总部设在日本东京大学。申请时要考虑申请哪一类的 IP 地址,然后向国内的代理机构提出。

3 类常用 IP 地址又可分为公有 IP 与私有 IP 两种。公有 IP 地址分配给注册并向 NIC 提出申请的组织机构,通过它直接访问互联网;私有地址属于非注册地址,专门供组织机构内部使用。以下列出留用的内部私有地址:

A 类:10.0.0.0~10.255.255.255。

B 类:172.16.0.0~172.31.255.255。

C 类:192.168.0.0~192.168.255.255。

因此,像 192.168.3.1~192.168.3.254 等之类的 IP 地址都是单位内部 IP,并不能直接上互联网,而需要通过配有公有 IP 地址的网关服务器才能连入互联网。

上述各种 32 位的 IP 地址称为 IPv4 地址,目前我国大陆拥有 IPv4 地址的总数已达到

3.3 亿个。IPv4 只有大约 43 亿个地址，随着 Internet 应用的发展，IPv4 的 IP 地址数已不能满足全球用户的需要，可用的 IP 地址已被分配完毕。为此，IETF（互联网工程任务组织）提出了新一代 IP 协议——IPv6，采用 128 位地址长度，几乎可以不受限制地提供地址。IPv6 的主要优势体现在以下几个方面：扩大地址空间、提高网络的整体吞吐量、改善服务质量（QoS）、安全性有更好的保证、支持即插即用和移动性、更好实现多播功能。截至 2014 年 6 月底，我国 IPv6 地址数量为 166940 块/32，位列世界第二位。

注意：IPv6 地址分配表中的块/32 是 IPv6 的地址表示方法，一个块对应的地址数量是 $2^{(128-32)}=2^{96}$ 个。

3. 域名

用数字表示的计算机 IP 地址不便于记忆，为此业界提出了一种更容易记忆的文字名称方式来表示 Internet 上计算机的地址。为了避免重复，采用由几部分组合而成的字符串，各部分之间用圆点隔开。其结构如下：

计算机名.组织机构名.网络名.最高层名

这样的字符串就称为计算机的域名。例如，www.pku.edu.cn 就是北京大学的 Web 服务器域名，对应的 IP 地址是 202.112.7.12。

一台计算机的 IP 地址和域名都是该计算机的标识，它们之间的对应求解过程由网络上的域名服务器（DNS 服务器）来完成。目前全球共有 13 个域名根服务器，一个主根服务器放置在美国，其他 12 个辅根服务器中 9 个放置在美国，两个放置在欧洲，一个放置在亚洲。Internet 上的每台计算机都会在需要时通过专门的程序向本地域名服务器请求地址转换，当域名服务器接到地址转换请求时，首先查找本地数据库中是否有该域名的 IP 地址，若有则返回，否则将请求转到上一层服务器，可一直请求到主根服务器，并等待返回 IP。

国际上已对域名的命名方法作了一些公认的约定，下面是各种常用的约定域名，如表 6-1 和表 6-2 所示。

表 6-1 组织性最高层域名

最高层域名	机 构 类 型	最高层域名	机 构 类 型
com	商业系统	firm	商业和公司
edu	教育系统	store	提供购买商品的业务部门
gov	政府机关	web	主要活动与 www 有关的实体
mil	军队系统	arts	以文化为主的实体
net	网络管理部门	rec	以消遣性娱乐活动为主的实体
org	非营利性组织	inf	提供信息服务的实体

表 6-2 地理性最高层域名

域 名 缩 写	国家或地区	域 名 缩 写	国家或地区
at	奥地利	il	以色列
au	澳大利亚	it	意大利
be	比利时	jp	日本
ca	加拿大	kr	韩国

续表

域 名 缩 写	国家或地区	域 名 缩 写	国家或地区
Ch	瑞士	nz	新西兰
cn	中国	no	挪威
de	德国	pl	波兰
es	西班牙	se	瑞典
fi	芬兰	tw	中国台湾
fr	法国	uk	英国
hk	中国香港		

值得注意的是，对于美国本土的计算机，不用写地理性最高层域名，而对其他国家或地区则必须加上该国家或地区的域名缩写。试比较下面3个计算机域名。

- www.whitehouse.gov：美国政府白宫Web服务器。
- www.gov.cn：中国政府网站服务器。
- www.aortwp.com.tw：中国台湾地区商业网"资讯电子周刊"Web服务器。

截至2014年6月底，我国大陆注册的域名总数为1915万个，其中在中国CN下注册的域名数为1065万个。这标志着CN域名崛起为主流域名，中国互联网步入CN时代。

6.1.4 Internet的连接与测试

一台计算机要联入Internet，首先要解决的问题就是连接Internet的方式。一般情况下，连接方式有4大类，即专线、拨号、宽带、无线。专线是指通过以太网方式接入局域网，然后再通过专线的方式接入互联网；拨号（包括ISDN）是指通过调制解调器，借助公用电话线接入互联网；宽带则是指使用xDSL、Cable Modem等方式接入互联网；无线包括以手机为终端的无线接入和以笔记本等其他设备为终端的无线接入方式。近几年来我国大陆通过各种方式上网的计算机总数持续增长，尤其是宽带上网计算机发展迅速。据中国互联网络信息中心的统计资料显示，2014年，我国网民中使用手机上网的网民比例继续保持增长，从81%上升至83.4%，通过台式电脑和笔记本电脑上网的网民比例则略有降低。手机上网成为互联网用户新的增长点。

除手机可通过GPRS连接互联网外，对计算机来说，不管是哪种连接方式，都需要配置计算机的上网环境并对计算机的连接性能进行测试。

【任务1】配置计算机的上网环境。计算机上网的硬件环境是指安装网卡、连接网线，软件配置最主要的是配置网卡的TCP/IP协议。假设分配给某台计算机的IP地址及相关信息如下。

- IP地址：192.168.3.51。
- 网关地址：192.168.3.1。
- DNS服务器IP地址：192.168.3.1。

步骤

（1）在Windows 7桌面上右击"网络"图标，弹出"网络连接"窗口。

（2）右击该窗口中的"本地连接"图标，在弹出的快捷菜单中选择"属性"命令，弹出"本地连接 属性"对话框，如图 6-2 所示。

（3）在该对话框中选中"Internet 协议版本 4（TCP/IPv4）"复选框，单击"属性"按钮，弹出"Internet 协议版本 4（TCP/IPv4）属性"对话框，如图 6-3 所示。

图 6-2 "本地连接 属性"对话框

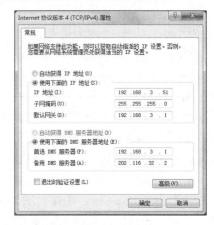
图 6-3 "Internet 协议版本 4（TCP/IPv4）属性"对话框

（4）在图 6-3 中选中"使用下面的 IP 地址"单选按钮，在"IP 地址"文本框中输入分配给本机的 IP 地址"192.168.3.51"；在"子网掩码"文本框中输入子网掩码"255.255.255.0"；在"默认网关"文本框中输入网关计算机的 IP 地址"192.168.3.1"。

（5）选中"使用下面的 DNS 服务器地址"单选按钮，在"首选 DNS 服务器"文本框中输入 DNS 服务器的 IP 地址"192.168.3.1"。

（6）单击"确定"按钮，完成 TCP/IP 的设置。

注意：（1）上述设置中，由于 192.168.3.51 是内部私有 IP 地址，本地计算机必须通过网关才能访问 Internet，担当网关的计算机必须具有直接连入 Internet 的公有 IP 地址。同时必须指定 DNS 服务器，才能访问网上的网址。

（2）在步骤（4）中，也可以选中"自动获得 IP 地址"与"自动获得 DNS 服务器地址"单选按钮。此时，局域网的服务器必须开通自动地址分配这一服务功能。目前大多数商务旅店都为住宿的旅客提供此类的上网设置。

【任务 2】测试计算机与 Internet 是否连通。软硬件完全配置好以后，须测试一下计算机是否能与 Internet 上的网站正确通信。假设用于测试通信的互联网的网站域名为 www.gdxzzy.cn。

步骤

（1）选择"开始"|"运行"命令，打开"运行"对话框。

（2）在"运行"文本框中输入"cmd"，单击"确定"按钮，进入黑色背景的 DOS 窗口。

（3）在 DOS 窗口提示符下输入"ping www.gdxzzy.cn"，按 Enter 键，得到如下结果：

Pinging www.gdxzzy.cn [183.62.61.110] with 32 bytes of data:

Reply from 183.62.61.110: bytes=32 time=3ms TTL=119
Reply from 183.62.61.110: bytes=32 time=3ms TTL=119
Reply from 183.62.61.110: bytes=32 time=2ms TTL=119
Reply from 183.62.61.110: bytes=32 time=2ms TTL=119

Ping statistics for 183.62.61.110:
Packets: Sent = 4, Received = 4, Lost = 0 （0% loss），
Approximate round trip times in milli-seconds:
Minimum = 2ms, Maximum = 3ms, Average = 2ms

（4）根据屏幕显示即可判定是否连通。上述结果表明本计算机与 Internet 网址 www.gdxzzy.cn（IP 地址为 183.62.61.110）是连通的；若连接不正确，将出现一系列 Request timed out 错误信息。

注意：关于 ping 命令的格式，也可在其后直接写对方的 IP 地址。

相关知识点

（1）局域网连接上网。计算机通过局域网连接 Internet 的原理如下：先与局域网管理中心的专用服务器连接，服务器再通过路由器、专线与 Internet 相连。作为局域网中的一台计算机应首先安装好网卡，并通过网线（双绞线或同轴电缆）与服务器连接好。开启计算机，从后面观察网卡指示灯的情况，如果有一盏灯长亮，另一盏灯断断续续地闪烁，表明网卡和网线连接正确，即可进行软件配置。

（2）拨号连接上网。要通过拨号连接上网，首先要获取上网的许可权。可在当地的 Internet 服务供应商（ISP）处办理，取得如用户注册名、密码、服务器 IP 地址、向服务器拨号的电话号码、E-mail 地址，邮件服务器地址等。

① 入网环境的配置。
- 硬件：微型计算机一台，配置越高效果越好；调制解调器（Modem）一个，速率在 33.6Kbps 以上；已接通的电话线路。
- 软件：操作系统 Windows XP，浏览器，如微软的 IE、网景的 Navigator，最好是 6.0 以上的版本。

② 线路连接。主要是把 Modem 与计算机及电话机连接好。

③ 相关软件配置。安装 Modem 驱动程序，并配置 TCP/IP 协议。

（3）宽带连接上网。宽带连接中以数字用户环路技术（Digital Subscriber Line，DSL）为主。根据环路技术的不同，DSL 分为 ADSL、RADSL、HDSL 和 VDSL 等多种形式，而应用最多的是 ADSL。

ADSL 是非对称数字用户环路的简称。所谓非对称是指用户线路的数据上传速率与下载速率不同，上传速率较低，下载速率较高，特别适合传输多媒体信息业务，如视频点播（VOD）、多媒体信息检索和其他交互式业务。ADSL 在一对铜线上支持上传速率 512Kbps～1Mbps，下载速率 1Mbps～8Mbps，有效传输距离在 3km～5km 范围以内。

ADSL 接入互联网时，需安装一个 POTS 分离器来隔离电话机与 ADSL 调制解调器之

间的相互干扰，通电话与上网可同时进行。ADSL 调制解调器具有路由器的功能，可以通过 RS-232 接口直接与计算机上的串行通信口连接，也可以通过双绞线与服务器或集线器上的 RJ-45 连接。

（4）手机 GPRS 上网。1995 年问世的第一代数字手机（1G）只能进行语音通话。1996 到 1997 年出现的第二代数字手机（2G）便增加了接收数据的功能，GPRS 是"通用分组无线服务技术（General Packet Radio Service）"的简称，是可供"全球移动通信系统（GSM）"移动电话用户使用的一种移动数据业务。GPRS 以封包（Packet）的形式来传输数据，传输速率可达到 56Kbps～114Kbps。GPRS 可以让手机用户在任何时间、任何地点都能快速方便地实现与互联网的连接，同时费用也较为合理。

（5）手机 3G 与 4G 上网。3G 全称为 3rd Generation，中文含义就是第三代数字通信。3G 与前两代的主要区别是在传输声音和数据速度上的提升，它能够处理图像、音乐、视频流等多种媒体形式，提供包括网页浏览、电话会议、电子商务等多种信息服务。为了提供这种服务，无线网络必须能够支持不同的数据传输速度，也就是说在室内、室外和行车的环境中能够分别支持至少 2Mbps、384Kbps 以及 144Kbps 的传输速度。国际电信联盟（ITU）在 2000 年 5 月确定 WCDMA、CDMA2000 和 TDS—CDMA（时分同步 CDMA，由我国大唐电信公司提出的 3G 标准）三大主流无线接口标准作为 3G 的技术标准，并写入 3G 技术指导性文件《2000 年国际移动通讯计划》（简称 IMT—2000）。

4G 是第四代移动通信及其技术的简称，该技术包括 TD-LTE 和 FDD-LTE 两种制式，是集 3G 与 WLAN 于一体并能够传输高质量视频图像以及图像传输质量与高清晰度电视不相上下的技术产品。4G 系统能够以 100Mbps～150Mbps 的速度下载，用户可以体验到最大 12.5Mbps～18.75Mbps 的下行速度，上传的速度也能达到 20Mbps，能够满足几乎所有用户对无线服务的要求。4G 通信技术是继 3G 以后的又一次无线通信技术演进，如果说 3G 能为人们提供一个高速传输的无线通信环境，那么 4G 通信是一种超高速无线网络，一种不需要电缆的信息超级高速公路，这种新网络可使电话用户以无线方式与三维空间虚拟实境连线。

6.1.5 Internet 提供的服务

TCP/IP 协议的应用层包括 HTTP、FTP、SMTP、Telnet、DNS 等多个子协议，因此 Internet 提供的服务主要有基于 HTTP 协议的 WWW（World Wide Web）服务（简称 Web 服务）、基于 FTP 的文件传输服务、基于 SMTP 的电子邮件服务、基于 Telnet 的远程登录与 BBS、基于 DNS 的域名解释服务等。在此，将重点介绍 WWW 服务、FTP 服务和电子邮件服务的工作原理，在后续各节中将详细介绍这 3 种服务的操作方法。

1. WWW 服务

WWW（World Wide Web）称为万维网，是一种基于超链接的超文本系统。WWW 采用客户端/服务器工作模式。信息资源以网页文件的形式存放在 WWW 服务器中，用户通过 WWW 客户端程序（浏览器）向 WWW 服务器发出请求；WWW 服务器响应客户端的请求，将某个页面文件发送给客户端；浏览器在接收到返回的页面文件后对其进行解释，并在显示器上将图、文、声并茂的画面呈现给用户。客户端与服务器的通信过程按照 HTTP 协议来进行。

2. FTP 服务

FTP 是英文 File Transfer Protocol 的缩写，代表文件传输协议。该协议规定了在不同机器之间传输文件的方法与步骤，这些文件可以是各种不同格式的文件。FTP 采用客户端/服务器工作模式，要传输的文件存放在 FTP 服务器中，用户通过客户端程序向 FTP 服务器发出请求；FTP 服务器响应客户端的请求，将某个文件发送给客户。

3. 电子邮件服务

电子邮件也是一种基于客户端/服务器模式的服务，整个系统由邮件通信协议、邮件服务器和邮件客户端软件 3 部分组成。

（1）邮件通信协议。邮件通信协议有 4 种，分别是 SMTP、MIME、IMAP、POP3。

- SMTP（Simple Mail Transfer Protocol）意指简单邮件传输协议，它描述了电子邮件的信息格式及其传递处理方法，以保证电子邮件能够正确地寻址和可靠地传输。SMTP 只支持文本形式的电子邮件。
- MIME（Multipurpose Internet Mail Extensions）的含义是多用途网际邮件扩展协议，它支持二进制文件的传输，同时也支持文本文件的传输。
- IMAP（Internet Message Access Protocol）的含义是 Internet 消息访问协议，它能够从邮件服务器上获取有关 E-mail 的信息或直接收取邮件，具有高性能和可扩展性的优点。IMAP 支持用密文在网络间传输消息。
- POP3（Post Office Protocol 3）是邮局协议的第三个版本，它提供了一种接收邮件的方式，使用户可以直接将邮件从"邮局"下载到本地计算机。

（2）邮件服务器。邮件服务器的功能一是为用户提供电子邮箱，二是承担发送邮件和接收邮件的业务，其实质就是电子化邮局。按邮件服务器的功能，可将其分为接收服务器（POP 服务器）和发送服务器（SMTP 服务器）。

当用户与邮件服务器建立连接，进入自己的电子信箱，发送一个电子邮件后，邮件服务器接下来就会按收信人地址选择适当的路径把该邮件发送到互联网的下一个节点。通过网络若干中间节点的传递，邮件最终被投递到收信人的电子邮箱中。

（3）邮件客户端软件。客户端软件是用户用来编辑、发送、阅读、管理电子邮件及邮箱的工具。发送邮件时，客户端软件可以将用户的电子邮件发送到指定的 SMTP 服务器中；接收邮件时，客户端软件可以从指定的 POP 服务器中将邮件取回到本地计算机中。

6.2 浏览器操作

案例：使用浏览器上网

1. 案例分析

当计算机具备了连接互联网的硬件与软件条件后，要上网还需要装备一个软件工具，那就是浏览器。据最新的互联网使用报告，我国搜索引擎使用率达到 79.3%，用户规模 4.89

亿；网络音乐使用率达到 73.4%，用户规模 4.53 亿；网络新闻使用率达到 79.6%，用户规模 4.91 亿……这些应用都离不开对浏览器的操作。

2．解决方案

首先了解与浏览器相关的知识，掌握浏览器访问网站的方式与方法，改善浏览器访问速度及提高安全性的设置，尤其要熟悉搜索引擎中关键词的使用格式。

6.2.1 基本知识

与使用浏览器有关的概念有 3 个，即网页文件、URL、浏览器。

1．网页文件

网页文件是用超文本标记语言（HTML）编写的一种文本文件，其扩展名一般是.htm或.html，文件中的标记可由浏览器进行解释。所谓超文本是指支持各种媒体阅读，包括 ASCII 码文件、音频文件、图形或图像文件以及其他可以存储于计算机文件中的数据，借助于超链接能方便地从一个媒体跳转到另一个媒体。而超链接是指网页文件中包含的各种链接关系，它往往以 URL 的形式表示出来。通过单击超链接，用户可以方便地跳转到另一个网页上。互联网上一个网站是由一系列网页组成的，其中第一个网页文件称为该网站的主页。

2．URL

URL 是英文 Uniform Resource Locator 的缩写，含义是统一资源定位器，用来指示查找文件的方式及文件标识符。URL 由 3 部分组成，其格式如下。

传输协议://计算机地址/文件全路径及名称

- 第一部分是传输协议，协议名后必须跟一个冒号。对于 WWW（万维网）来说，传输协议是 HTTP，对于文件传输来说，传输协议是 FTP。
- 第二部分是计算机地址，可以是 IP 或域名，地址前必须有两个斜杠。
- 第三部分是文件全路径及名称，前面必须有一个斜杠。

例如，北京大学主页的 URL 是 http://www.pku.edu.cn/index.html，访问时将告诉 WWW 浏览器使用 HTTP 超文本传输协议，从中国教育网北京大学的 WWW 服务器的网站目录下打开 index.html 文件。

3．浏览器

浏览器（Browser）是用来阅读网页文件的客户端软件，分为字符和图形界面两种。现在比较流行的访问 WWW 服务器的是图形界面浏览器，如 Netscape Navigator、Microsoft IE、Firefox 等。IE 浏览器起源较早、普及较广，目前已发展到 IE 9.0 版本。对用户来说，各版本的差别主要体现在操作界面上，其中 IE 6.0 与 IE 7.0 差别最大，IE 7.0、IE 8.0、IE 9.0 的界面差别不大，只是功能上有所提升。IE 9.0 支持选项卡式浏览，所有打开的网页都作为一个选项卡放在同一个窗口下，网页转换方便，但浏览网页时占用内存比较大；IE 6.0 比较传统，占用内存较小。在此将以 IE 9.0 中文版为例介绍浏览器的操作，其他浏览器软件从功能和结构上都大同小异。

6.2.2 浏览器的基本操作

【**任务 3**】通过浏览器访问中华人民共和国中央人民政府网站,并将该网站存入"收藏夹"。

🎤**步骤**

(1) 双击 Windows 7 桌面上的 Internet Explorer 图标启动 IE,同时将打开默认的主页 (Home Page)。如图 6-4(a)所示为 IE 6.0 浏览页面的效果,如图 6-4(b)所示是 IE 9.0 浏览页面的效果。

(a) IE 6.0　　　　　　　　　　　　　　(b) IE 9.0

图 6-4　IE 浏览器窗口

(2) 在地址栏中输入"www.gov.cn",单击右侧的"转到"按钮,打开中华人民共和国中央人民政府主页,如图 6-5 所示。

图 6-5　中华人民共和国中央人民政府主页

(3)选择"收藏"|"添加到收藏夹"命令,弹出如图 6-6 所示的"添加收藏"对话框。

(4)在"名称"文本框中输入"中华人民共和国中国人民政府门户网站",单击"新建文件夹"按钮,在弹出的对话框中输入一个名称可以创建一个新文件夹。如图 6-7 所示,在此建立了一个"政府"文件夹,专门用来保存各政府的网址(在收藏夹中对网址进行分类保存,便于检索,是最好的收藏方式)。

图 6-6 "添加收藏"对话框

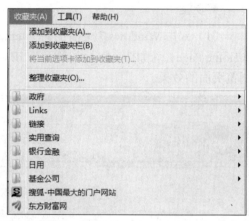

图 6-7 创建新文件夹

(5)单击"政府"文件夹,然后单击"确定"按钮,则中国政府网站的网址即被存放到"政府"收藏夹中。

相关知识点

IE 9.0 浏览器窗口主要由 4 部分构成,分别是菜单栏、工具栏、地址栏和显示窗口。

(1)菜单栏。菜单栏中主要包括"文件"、"编辑"、"查看"、"收藏"、"工具"与"帮助"等菜单项。通过这些菜单项可以很方便地对浏览的网页文件进行查看、编辑、保存、收藏,以及对浏览器的运行环境进行设置等。

(2)工具栏。灵活运用工具栏上的按钮可提高操作效率。例如,单击"停止"按钮,可马上终止对当前网页的传输;单击"刷新"按钮可更新当前网页内容;单击"主页"按钮可快速进入预设的网站窗口。

(3)地址栏。地址栏是输入和显示网址的地方。在其中输入网址,即可访问相应网站。有时甚至无须输入完整的 Web 站点地址就可以直接跳转,开始输入时,自动完成功能会根据以前访问过的 Web 地址给出最匹配地址的建议。例如,要访问清华大学主页,直接输入"www.tsinghu.edu.cn",IE 会自动按 HTTP 协议访问该地址的主页文件,按 Enter 键会看到右上方的微软小图标开始飘动。若输入网址正确,稍等片刻,清华大学的主页就会出现在屏幕上。

(4)显示窗口。IE 浏览器把从用户输入的网址上读回的网页文件内容进行解释并显示在该窗口内,一般包括文字和图片。由于图片的信息量较大,而网络的传输速度有限,所以图片总比文字后显示出来。可以通过该窗口中的水平、垂直滚动条来阅读整个网页内容。一般将鼠标移到比较突出的字体或图片上,鼠标指针由"箭头"形状变为"手形"时,表示该处有一个超链接,单击鼠标即可跳转到一个新的网页上。

(5)收藏夹。互联网犹如一个信息的海洋,网站之多难以想象,即使采用域名甚至是中文域名,一般的用户也很难记下较多的网站地址。为此,浏览器 IE 提供了地址收藏功能,它可以让用户把感兴趣的网址保存下来,下次要用时只要在地址收藏夹中选中该网址,就可访问该网点,解决了用户记忆和输入网址的难题。

6.2.3 设置 IE 浏览器

【任务 4】对浏览器进行常规设置和安全设置。

步骤

(1)在 IE 窗口中,选择"工具"|"Internet 选项"命令,弹出如图 6-8 所示的"Internet 选项"对话框。

(2)在"常规"选项卡中,在"主页"选项组的"地址"文本框中输入一个最容易访问或最常用的网址,该网址将作为 IE 启动时自动访问的主页(Home Page),单击"清除历史记录"按钮,可将 IE 地址栏下拉列表框中记录的网址全部删除;单击"网页保存在历史记录中的天数"右边的微调按钮,可改变网页历史记录的保存时间。

(3)选择"安全"选项卡,单击 Internet 图标,然后单击 "自定义级别"按钮,在弹出的"安全设置"对话框中设置 Internet 的安全级别,在此对各种"ActiveX 控件和插件"选择"提示",使得从网上下载的控件在本地机运行前进行提示,在得到用户的同意后才执行。

(4)单击"确定"按钮完成设置。

相关知识点

设置 IE 的目的是使浏览器更好地工作,启动得更快、浏览得更快、浏览效果更好、更安全。除了常规与安全设置外,还可进行连接与高级设置。

(1)连接设置。在"Internet 选项"对话框中选择"连接"选项卡,如图 6-9 所示。

对于拨号上网用户,可以在此修改拨号设置。例如,选择默认拨号对象、删除或添加拨号对象、对拨号对象的属性进行修改、设置自动拨号方式等。

对于由局域网接入互联网的用户,单击"局域网设置"按钮,将打开如图 6-10 所示的"局域网(LAN)设置"对话框。在该对话框中,可以设置"使用自动配置脚本"文件,即指定 IE 使用由系统管理员提供的文件中所包含的配置信息;也可以选中"自动检测设置"复选框,即指定自动检测代理服务器的设置或自动配置,并使用这些配置连接到互联网;还可以手动设置代理服务器,其方法是在"代理服务器"选项组中的"地址"文本框中输入已知的代理服务器的 IP 地址,如"202.116.32.8",并在"端口"文本框中输入一个十进制数(<65535)作为端口号,如"80",然后单击"确定"按钮。

(2)高级设置。在其中可以进行一些高级设置,主要是对"浏览"项目的设置。在"Internet 选项"对话框中选择"高级"选项卡,如图 6-11 所示。

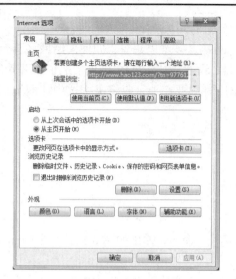
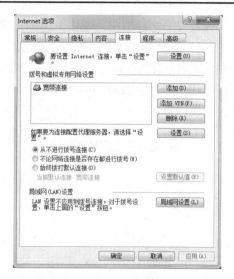

图 6-8 "Internet 选项"对话框　　　　图 6-9 "连接"选项卡

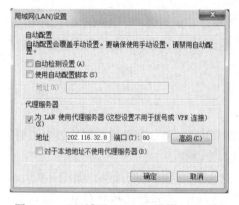
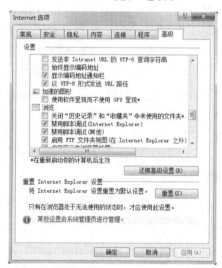

图 6-10 "局域网(LAN)设置"对话框　　图 6-11 "高级"选项卡

① 启用 FTP 站点的文件夹视图：在图 6-11 中选中"启用 FTP 文件夹视图"复选框，这样当访问 FTP 站点时，该站点的内容将以类似于"Windows 资源管理器"的形式显示在文件夹中。此功能不能与某些特定类型的代理服务器连接一起使用。如果取消选中该复选框，FTP 站点将以基于 HTML 的布局显示其内容。

② 给链接加下划线：指定 Web 页上的链接如何显示下划线。选中"始终"单选按钮，将给所有链接加下划线；选中"从不"单选按钮，将不给链接加下划线；选中"悬停"单选按钮，则在鼠标移过时给链接加下划线。

③ 总是以 UTF-8 发送 URL（需要重启动）：指定是否使用 UTF-8。UTF-8 是一种定义字符的标准，目的是让这些字符能在任何语言的系统下正确显示。该标准允许使用包含任何语言字符的互联网地址，若要使用中文网址，应选中该复选框。

注意：在"常规"选项卡中单击"删除文件"按钮，可清除Internet临时文件，节约磁盘空间，但会影响重新浏览某一网页的速度。在"内容"选项卡中可设置"证书"，若要开通网上银行业务，则必须对此项进行设置。

6.2.4 网页搜索

【任务5】通过浏览器搜索热点新闻"网络问政"并保存搜索结果。

步骤

（1）打开搜索网站。在IE地址栏中输入"百度"搜索引擎网址www.baidu.com，按Enter键，打开百度主页，如图6-12所示。

图6-12 百度主页

（2）按关键词搜索。在中间的搜索文本框内输入欲搜索的关键词"网络问政"，单击"百度一下"按钮，可在短时间内搜索到包含关键字的大量网页地址，并以超链接的形式在搜索结果窗口中显示出来供用户参考，如图6-13所示共找到了相关结果约4880000个。

注意：目前流行的搜索引擎网站除了百度外还有谷歌（Google）、雅虎（Yahoo）以及Microsoft公司的"必应"（Bing），其网址分别为www.google.com、cn.bing.com、www.yahoo.com。在各种搜索引擎中，关键词的选择方法都基本一致。要达到一些特殊的搜索效果，需要灵活运用关键词输入的格式。

- 通过添加英文双引号来限制关键词。这时，双引号中的关键词将作为整体在被搜索的网页中出现，因此加不加英文双引号搜索到的结果会不一样。
- 通过添加英文减号"-"来去除无关的搜索结果。这时，将以减号前的内容作为关键词进行搜索，在搜索结果中将不出现减号后的内容，相当于对搜索结果进行了过滤。

图 6-13 搜索结果窗口

（3）保存搜索结果。在搜索结果窗口中，单击某个与搜索关键词相关的超链接，即可进入相应网页。该网页就是搜索的最后结果，这些结果可能由文字或图形、图像组成。在大多数情况下，用户希望把搜索到的结果保存在本地硬盘上，或直接将其中的部分内容复制到 Word 文档中进行编辑。

- 保存整个网页的操作步骤如下：

① 选择"文件"|"另存为"命令，弹出"保存网页"对话框。

② 在"保存网页"对话框中选择保存的位置与文件名，单击"保存"按钮，则整个网页内容都被保存了下来。

注意：在保存整个网页时，磁盘上除产生一个网页文件外，还会产生一个该网页文件对应的文件夹，网页上出现的所有图形、图像都将保存在该文件夹中。

- 复制网页图片。

要将网页上的某个图片复制到 Word 文档中，可先将鼠标移到该图片上右击，在弹出的快捷菜单中选择"复制"命令，激活 Word 文档窗口，单击工具栏上的"粘贴"按钮即可。

- 复制网页文字。

要将网页上的部分文字内容复制到 Word 文档中，可按下列步骤进行操作：

① 拖动鼠标选定文字内容，右击，在弹出的快捷菜单中选择"复制"命令。

② 激活 Word 文档窗口，将光标移到目标处。

③ 选择"编辑"|"选择性粘贴"命令，在弹出的"选择性粘贴"对话框中选择"无格式文本"形式，单击"确定"按钮。

注意：若直接单击"粘贴"按钮，将会把网页中其他内容也复制过来，如表格、格式符号、图像等。因此，若只需要复制网页上的文字部分，可以应用"选择性粘贴"命令。

6.3 文件传输操作

案例：通过互联网上传或下载文件

1. 案例分析

在互联网上传送文件是网络的一项重要功能，常用方法包括使用浏览器、FTP 软件及 BT 软件上传或下载。

使用浏览器传输文件简单方便，但无断点续传能力；FTP 客户端软件克服了浏览器传输文件时的不足，不但可以实现断点续传，而且通过同时启动多个线程可大大提高传输的速度；BT 传输文件的好处是不需要发布者拥有高性能服务器就能迅速、有效地把发布的资源传向其他的 BT 软件使用者，而且大多数的 BT 软件都是免费的。

2. 解决方案

（1）利用浏览器 URL 的多种协议能力，通过 FTP 协议传输文件。
（2）通过专用的 FTP 软件传输文件。
（3）通过其他途径如 BT 传输文件。

6.3.1 使用浏览器传输文件

【任务 6】通过浏览器到 FTP 服务器站点下载文件。

🎤 步骤

（1）双击 Windows 7 桌面上的 Internet Explorer 图标启动 IE 浏览器。
（2）在 IE 浏览器的地址栏内输入 FTP 服务器的地址，如北京大学的 FTP 服务器地址 "ftp://ftp.pku.edu.cn/"，按 Enter 键，即可进入北京大学的 FTP 服务器，如图 6-14 所示。

图 6-14　FTP 服务器文件夹

（3）下载文件：操作方法之一是双击选定的文件，然后选择保存位置；也可以直接将选中的文件拖到本地磁盘上；还可以用鼠标右击选中的文件，从弹出的快捷菜单中选择"复制到文件夹"命令来进行保存。

（4）上传文件：首先从"我的电脑"窗口中选择要上传的文件或文件夹，然后通过鼠标将其拖入到 FTP 服务器相应的位置即可。

📢 注意：（1）在 IE 地址栏中输入 FTP 服务器地址时，必须先输入"ftp://"，并且是以匿名方式对 FTP 服务器进行访问。

（2）在 IE 窗口内显示的 FTP 服务器文件夹并不是个个都可以打开，这主要是出于安全考虑。对于一般匿名用户，可能只能够访问 Pub 类的文件夹，该类文件夹收集了大量常用的软件。

（3）利用浏览器操作 FTP 的优点是直观、简便，可以在 IE 上统一操作；缺点是假如传输中断，则不能从断点续传。

（4）从各个站点下载的软件最常见的有 3 种格式，即 ZIP、RAR 和 EXE。其中 ZIP 格式的文件需要用 WinZip 软件解压缩；RAR 格式的文件也需要用 WinRar 软件解压缩；而 EXE 格式的文件可直接执行安装。

6.3.2 使用 FTP 客户端软件传输文件

【任务 7】通过 CuteFTP 软件与 FTP 服务器站点传输文件。

🔧 步骤

（1）下载 CuteFTP 安装文件，可以在地址 ftp://ftp.cuteftp.com 下载最新版本。

（2）运行安装程序，按提示进行安装，完成后即可使用。

（3）双击安装后在桌面上创建的快捷方式图标，启动 CuteFTP 程序，进入其工作界面（各种版本的界面有所区别，但操作起来大同小异），如图 6-15 所示。

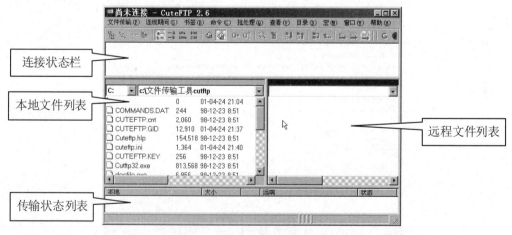

图 6-15　CuteFTP 2.6 的工作界面

📢 **注意**：传输文件前，先要了解 FTP 服务器的有关资料，如服务器的域名或 IP 地址、端口号等。大多数 FTP 服务器至少提供两个目录给一般用户，一个是 pub 用于下载，另一个是 income 用于上传，一般用户可以匿名的方式操作这两个目录。要对 FTP 服务器进行更多的操作，需要向 FTP 服务器申请账号、密码，并获得相关的权限。

（4）对 FTP 网站进行管理。操作步骤如下：

① 选择"文件传输"|"网站管理"命令，打开如图 6-16 所示的"FTP 网站管理者"对话框。

② 单击"新增网站"按钮，弹出如图 6-17 所示的 Add Host 对话框。

图 6-16 "FTP 网站管理者"对话框

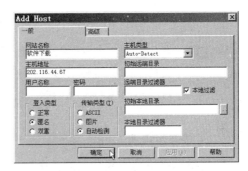

图 6-17 Add Host 对话框

③ 在"网站名称"文本框中输入适当的名称；在"主机地址"文本框中输入 FTP 服务器的 IP 地址或域名；若是一般用户则在"登入类型"选项组中选中"匿名"单选按钮，若是授权用户则选中"正常"单选按钮，并在"用户名称"文本框中输入账户名，在"密码"文本框中输入设置好的密码；其他项保持默认设置（一般情况下，不要修改"高级"选项卡中的"端口"栏，FTP 的默认端口号是 21）。最后单击"确定"按钮，完成新网站的设置。

（5）登录 FTP 服务器。在"FTP 网站管理者"对话框的右侧列表框中选择一个网站名，例如"个人登录"，然后单击"连接"按钮。若连接失败，应检查主机地址是否填错，用户名或密码是否填错，修改后再次进行连接。如连接正常，则弹出"登录信息"窗口，表明该用户以合法身份成功地登录。

（6）传输操作。操作步骤如下：

① 在"登录信息"窗口中单击"确定"按钮，进入传输操作界面，如图 6-18 所示。其中，左下方窗格由两部分组成，上方两个下拉列表框显示的是本地计算机 C 盘上的当前路径，下方列表框中显示的是该路径下的文件列表；右下方窗格同样由两部分组成，上方下拉列表框中显示的是 FTP 服务器的当前路径，下方列表框中显示的是该路径下的文件或文件夹列表。

② 在左下方窗格中选定要上传的文件或文件夹，用鼠标将其拖动到右下方窗格中指定的位置后松开鼠标，在弹出的如图 6-19 所示对话框中单击"是"按钮，文件开始上传。

③ 下载操作过程与上传类似：用鼠标将在右下方窗格中选好的内容拖动到左下方窗格中指定的位置，在弹出的提示对话框中单击"是"按钮。

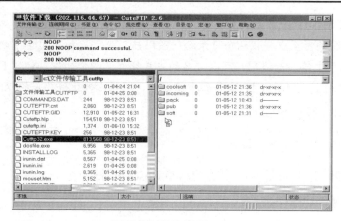
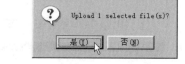

图 6-18　传输操作界面　　　　　　　　图 6-19　提示对话框

注意： 在传输过程中，若因线路故障或其他原因而使传输中断，不必担心，因为 CuteFTP 提供了断点续传功能。这一功能对于传输长文件非常有用，可最大限度地减少因线路故障而造成的损失。不过，这一功能的实现，要求登录的 FTP 服务器必须具有续传特性。

相关知识点

提供网络快速下载功能的常用软件还有 FlashGet、迅雷（Thunder）等。

FlashGet 即"网际快车"，可以在 http://www.amazesoft.com/cn/download.htm 下载其最新版本，安装后将在 IE 浏览器上建立相关的图标。

启动 FlashGet，进入其工作界面，如图 6-20 所示。单击"新建"按钮，打开"新建任务"对话框，如图 6-21 所示。在"下载网址"文本框中可输入要下载的文件的 URL；在"文件名"文本框中输入要下载的文件名。单击"立即下载"按钮，即可开始下载文件。

图 6-20　FlashGet 的工作界面

从图 6-20 中可以看出，下载文件 office2010_pj.rar 时有 6 个线程在同时进行工作。下载过程中，可随时进行中断，也可随时恢复下载。

注意：要从浏览器下载文件时，可右击要下载的文件，在弹出的快捷菜单中选择"使用网际快车"命令，将自动打开"添加新的下载任务"对话框。这种方式大大降低了用户的操作量，提高了下载的易用度。目前，网际快车已成为广大互联网用户最喜爱的文件下载工具之一。

图 6-21 "新建任务"对话框

6.3.3 BT 传输文件

【任务 8】通过 BT 传输文件。

步骤

（1）选取 BT 软件。常用的 BT 软件有 BitComet、uTorrent、Azureus 等，这些软件时常更新以提供更好的 BT 协议支持和扩展功能。在此以 BitComet（比特彗星）为例介绍 BT 的使用过程，其官方网站的地址是 http://www.bitcomet.com。

（2）下载 BitComet 的安装程序，按提示完成安装。

（3）双击桌面上的快捷方式图标启动 BitComet，进入其工作界面，如图 6-22 所示。同时，在 Windows 的任务栏上将出现 BitComet 悬浮窗图标。

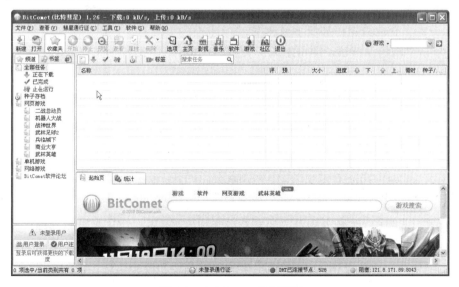

图 6-22 BitComet 工作界面

（4）从网上下载文件。下面列出的是应用 BitComet 下载文件的各种方式：

- 直接从浏览器中下载并打开 Torrent 文件。

- 单击链接下载并打开 Torrent 文件。
- 把 Torrent 文件地址链接拖放到 BitComet 悬浮窗上。
- 把硬盘上的 Torrent 文件拖放到 BitComet 悬浮窗上。
- 把硬盘上的 Torrent 文件拖放到 BitComet 主窗口即工作界面上。

（5）制作 Torrent 种子文件。将要制作成种子的文件或目录拖放到 BitComet 主窗口或悬浮窗上，或在 BitComet 主窗口中选择"文件"|"制作 Torrent 文件"命令，打开"制作 Torrent 文件"对话框，如图 6-23 所示。

① 指定做种文件或目录：选择类型"单个文件"或"整个目录（多文件）"，然后单击 按钮，在弹出的对话框中选择作为 Torrent 内容的文件或者目录。

② 指定目标文件路径：默认自动生成路径为 Torrent 内容文件的上一级目录。如要修改，可以单击 按钮，在弹出的对话框中选择 Torrent 文件的保存路径，也可直接在"指定生成的.torrent 文件"文本框中输入保存路径。

图 6-23 "制作 Torrent 文件"对话框

③ 填写发布者信息，可选项。

④ 填写 Web 种子地址：填写与种子内容相同的文件 URL 地址，可以帮助下载者从 HTTP 服务器上获取数据，加快下载速度。

⑤ 单击"制作"按钮，即可生成扩展名为".torrent"的种子文件。

相关知识点

BT（BitTorrent）是一种互联网上新兴的 P2P 传输协议，中文全称"比特流"。凭借其快速、高效、共享的特点，BT 在广大网民中迅速普及，目前，已发展成为一种有广大开发者群体的开放式传输协议。

（1）BT 的组成与原理。BT 发布体系由 3 个部分组成：包含发布资源信息的 Torrent 文件、作为 BT 客户软件中介者的 Tracker 服务器、遍布各地的 BT 软件使用者（通常称作 Peer）。

发布者只需使用 BT 软件为自己的发布资源制作 Torrent 文件，然后将其提供给人下载，并保证自己的 BT 软件正常工作，就能轻松完成发布。下载者只要用 BT 软件打开 Torrent 文件，系统就会根据在 Torrent 文件中提供的数据分块和校验信息、Tracker 服务器地址等内容，和其他运行着 BT 软件的计算机取得联系，并完成传输。

由于 BT 用户之间的数据传输是双向的，这有效降低了对发布者带宽的依赖。BT 协议中并没有采用对使用者按上传下载比和登录顺序及是否能收到入站请求来综合排序进行上传。BT 软件在大部分时间会不断比较其他 BT 客户端向己方传输数据的速度，并优先上传给向己方传输数据较快的客户端。

（2）Torrent 文件。Torrent 文件，即种子文件，简称为"种子"，其本质上是文本文件，包含 Tracker 信息和文件信息两部分。

Tracker 信息主要是 BT 下载中需要用到的 Tracker 服务器的地址和针对 Tracker 服务器的设置；文件信息是根据对目标文件的计算生成的，计算结果根据 BitTorrent 协议内的编码规则进行编码。其主要原理是把提供下载的文件虚拟分成大小相等的块（块大小必须为 2K 的整数次方），并把每个块的索引信息和 Hash 验证码写入 Torrent 文件中。因此，Torrent 文件就是被下载文件的"索引"。

6.4 电子邮件操作

案例：电子邮件的收发、阅读与管理

1. 案例分析

收发电子邮件是网络的一项重要应用。我国 CNNIC 发布的互联网使用报告指出，截至 2013 年 12 月底，我国互联网上电子邮件使用率达到 42.5%，用户规模 2.68 亿。通过电子邮件进行交流、沟通是互联网上最方便、最经济的交流、沟通方式，深受广大网民喜爱。

2. 解决方案

（1）了解 E-mail 地址的知识，为自己申请一个免费的 E-mail 地址。
（2）掌握收发电子邮件的软件使用方法。
（3）学会管理自己的电子邮件。

6.4.1 基本知识

1. E-mail 地址

E-mail 地址就是设在电子邮局的用户信箱地址，用户必须拥有一个 E-mail 地址才能进行电子邮件操作。要获得一个 E-mail 地址需要向邮件服务器管理部门申请，也可以到提供免费邮箱的服务网站上申请免费信箱。

E-mail 地址的标准格式为：

用户信箱名@ 邮件服务器域名

例如，xiaoyang_lu@163.net 就是一个合法的 E-mail 地址。

2. Outlook Express 软件

Microsoft 公司的 Outlook Express 是 Windows 操作系统自带的专为电子邮件和新闻组设计的客户软件。它可以单独启动，也可由 IE 的菜单调用。它支持邮件服务的 3 种协议，功能十分强大。其主要特点是：可轻松、快捷地浏览邮件，可管理多个邮件和新闻账户，可使用通讯簿存储和检索电子邮件地址，可在邮件中添加个人签名或信纸以及发送和接收

安全邮件。

Microsoft 从 Windows 7 操作系统开始不再提供 Outlook Express 软件，其升级版为 Windows Live Mail（下载站点 http://download.live.com/wlmail），提供更大邮件的接收与发送。

3．Office Outlook 2010 软件

Outlook 2010 是 Office 2010 软件的组件之一，可用于办公自动化管理，如管理日历、安排会议等，其邮件管理功能尤为强大，操作步骤与 Outlook Express 相仿。本节以 Outlook 2010 使用为例，学习电子邮件账户设置、邮件的发送与接收等操作。

如图 6-24 所示是 Outlook 2010 的工作界面。该工作界面主要由标题栏、菜单栏、工具栏、工作区和状态栏组成。其中工作区分为左、中、右 3 部分，左边为文件夹列表，显示本地文件夹和新闻组账号（其中"收件箱"保存用户收到的所有邮件，"发件箱"保存用户未发送的邮件，"已发送邮件"保存用户已发送邮件的副本，"已删除邮件"保存用户从"发件箱"中删除的邮件，"草稿"保存用户未写好的邮件）；中间是邮件列表区，右边为客户区和邮件内容显示窗口。

图 6-24　Outlook 2010 工作界面

6.4.2　设置电子邮件账户

【任务 9】在 Outlook 2010 软件中设置新账户并填好账号属性中的内容。假设从某邮件服务网站申请到的账户信息如下。

- 用户名：luxy，密码：******。
- E-mail 地址：luxy@scnu.edu.cn。
- POP3 服务器名：pop.scnu.edu.cn。
- SMTP 服务器名：smtp.scnu.edu.cn。

- 组织单位名：广东行政学院。
- 答复邮件地址：51607773@qq.com。

1. 添加新账户

步骤

（1）启动 Outlook 2010，如图 6-24 所示。
（2）选择"文件"|"添加账户"|"账户设置"命令，如图 6-25 所示

图 6-25　添加账户窗口

（3）选择"电子邮件"，单击"新建"按钮，从弹出的对话框中选中"手动配置服务器设置或其他服务器类型"单选按钮，单击"下一步"按钮，如图 6-26 所示。在其后的"选择服务"窗口中选择"Internet 电子邮件"，单击"下一步"按钮，进入如图 6-27 所示的"Internet 电子邮件设置"界面。

图 6-26　选择手动配置服务器设置

（4）按图 6-27 所示填写用户信息、服务器信息、登录信息。服务器信息中，选择"账户类型"即邮件接收服务器的类型为 POP3，输入邮件接收服务器地址 pop.scnu.edu.cn，输入邮件发送服务器地址 smtp.scnu.edu.cn。登录信息中，要准确输入密码，并选中"记住密码"复选框。单击"其他设置"按钮，弹出如图 6-28 所示的"Internet 电子邮件设置"对话框。

图 6-27　Internet 电子邮件设置

图 6-28　输入其他设置

（5）选择"常规"选项卡，输入"组织"单位、"答复电子邮件"地址。再选择"高级"选项卡，取消该选项卡中的"删除邮件服务器上的邮件副本"选项，以保证邮件安全。在确认无误后，单击"确定"按钮，回到图 6-27 所示对话框。

（6）在其中单击"下一步"按钮，若选中了"单击下一步按钮测试账户设置"复选框，则 Outlook 会自动检测新账户的合法性，否则将在发送邮件时才测试该账号。账号设置完成后将在图 6-25 所示的"账户信息"中增加一个账户"luxy@scnu.edu.cn"。

2．更改邮件账户属性

步骤

（1）在 Outlook 2010 菜单栏中选择"文件"|"账户信息"|"账户设置"命令，打开"电子邮件账户"设置窗口，如图 6-29 所示。

（2）在"账户"栏内选择某个账号，如 luxy@scnu.edu.cn，单击"更改"按钮，弹出如图 6-27 所示的电子邮件设置对话框。

（3）可按照新设置账号中的第（4）和第（5）步修改用户信息、服务器信息、登录信息。例如，在"组织"文本框内可输入用户单位；在"答复电子邮件"文本框内可输入与电子邮件地址不同的另一个邮件地址。

（4）在服务器信息进行修改时，要保证"发送邮件"服务器名、"接收邮件"服务器名、"账户名"、"密码"等栏目的内容与 ISP 给出的信息一致。

（5）如果登录服务器需要身份验证，则选中"要求使用安全密码（SPA）进行登录"复选框。相关信息用户在获取邮件账户时应向 ISP 了解清楚，否则，若设置不正确，该账户就不能正常工作。

（6）单击"确定"按钮，完成修改。

注意： Outlook 工作时，将从 POP3 服务器（或 IMAP 服务器）下载邮件到本地计算机的磁盘上。若要保存邮件在 POP3 服务器上，以便可从不同的计算机通过 Outlook 去阅读这些邮件，则在"高级"选项卡（如图 6-30 所示）中选中"在服务器上保留邮件的副本"复选框。若取消选中该复选框，则 Outlook Express 从 POP3 服务器下载邮件后将删除服务器上的已下载邮件。同时，取消该选项卡中的"14 天后删除服务器上的邮件副本"选项，以保证邮件安全。

图 6-29　更改电子邮件账号属性　　　　图 6-30　"高级"选项卡

6.4.3　接收与阅读邮件

【任务 10】通过 Outlook 2010 软件接收与阅读邮件。

1．接收新邮件

步骤

（1）启动 Outlook 2010，系统会自动检查注册账号下是否有新邮件，并进行下载处理。

（2）启动后要查看是否有新邮件，可单击工具栏中的"发送/接收 所有文件夹"按钮，Outlook Express 将对所有邮件账号进行连接、检查、下载新邮件到本地文件夹，并将发件箱内所有未发出的邮件发送出去。

2．阅读邮件

步骤

（1）单击 Outlook 窗口左边文件夹列表中的某个电子邮件账号。

（2）单击其下的"收件箱"图标，这时中间窗口会显示已阅读和未阅读的邮件列表，粗体字显示的就是已下载但未阅读的电子邮件。

（3）将光标定位到某一邮件上并单击，在右面的预览窗口内将显示该邮件的具体内容，拖动预览窗口右边的垂直滚动条，即可阅读该邮件的全部内容。

（4）将光标定位到某一邮件上并双击，将打开单独的邮件窗口，在该窗口中可以看到发件人的姓名、E-mail 地址、发送时间等详细信息。

📢 注意：邮件列表中包括的项目有：！ 0 ▽ 发件人、主题、接收时间、发送时间、账户等。其中，邮件左边的 3 个图标！ 0 ▽ 分别代表"优先级别"、"是否有附件"、"选择标记"。邮件列表中的项目可由用户根据需要进行取舍，选择"查看"|"列"命令，在弹出的窗口中将要选择的项目做上标记，然后单击"确定"按钮即可。

3. 保存邮件附件

若收到的邮件中含有附件，可以直接阅读附件，也可以将附件保存。

🎤 步骤

（1）在邮件列表中选择含有附件的邮件。
（2）在邮件预览窗口中，右击邮件标题下侧的"附件"，如图 6-31 所示。

图 6-31　邮件附件

（3）在弹出的快捷菜单中选择"另存为"命令，弹出"保存附件"对话框。
（4）单击"浏览"按钮，选择保存附件的文件夹；可以原文件名保存，也可以重新命名文件。
（5）单击"保存"按钮，完成附件的保存。

6.4.4　编写与发送邮件

【任务 11】通过 Outlook 软件发送邮件。

1. 发送新邮件

发送邮件到 cuxin916@163.net，抄送到 yinxu2000@163.cn 和 blacksp@21cn.com，密件抄送到 luxy@scnu.edu.cn，并发送附件 Email.doc。

步骤

（1）在 Outlook 窗口中单击工具栏上的"新建邮件"按钮，打开如图 6-32 所示的新邮件窗口，其中发件人地址已按默认地址自动填好。

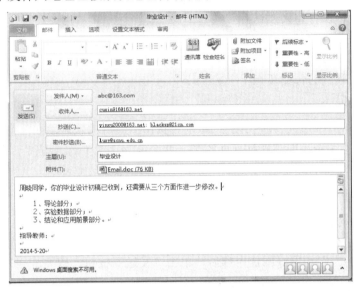

图 6-32 新邮件窗口

（2）在"收件人"文本框内输入对方的 E-mail 地址 cuxin916@163.net。

（3）在"抄送"文本框内输入 E-mail 地址 yinxu2000@163.net,blacksp@21cn.com。

（4）在"密件抄送"文本框内输入 E-mail 地址 luxy@scnu.edu.cn。

（5）在"主题"文本框内输入主题词毕业设计。

（6）在正文窗口内填写信件内容，如图 6-32 所示。

（7）单击"附件文件"按钮，弹出"插入附件"对话框；在"查找范围"下拉列表框中找到存放附件的文件夹，在文件列表框中选择文件 Email.doc，单击"附件"按钮，文件 Email.doc 就成为新邮件的附件。如还需要增加附件，可按本步骤重复一次。

（8）单击"发送"按钮，即可将邮件发送出去。

注意：（1）若有多个收件人，则在不同收件人的 E-mail 地址之间加上英文的逗号。

（2）若新邮件窗口内未出现"密件抄送"文本框，可在该窗口中选择"选项"|"显示字段"中单击"密件抄送"按钮将其显示出来。

（3）单击"设置文本格式"按钮，在弹出的下拉列表中可以选择邮件采用"纯文本"格式还是 HTML 格式，如图 6-32 所示的邮件采用的是"纯文本"格式。

发送邮件的几点技巧：

- 在输入"收件人"地址时，可单击"收件人"按钮，打开"通讯簿"对话框，从已有的地址收藏夹中直接选定"收件人"、"抄送人"等，既简单又方便。
- 可将要书写的信件内容，先用其他文本编辑软件写好并存盘，在"新邮件"窗口中单击正文窗口，选择"插入"|"文件中的文本"命令，将出现"插入文本文件"对话框，从保存的位置将保存的文件打开，已写好的内容即复制到正文窗口内，这样可大大节约联网的在线时间。
- 对暂时不发送的邮件，可单击"文件"菜单的"保存"按钮，保存到"草稿文件夹"中，以备将来发送。
- 若要使自己的邮件"有声有色"，应采用"多信息文本（HTML）"格式，可增加背景图案、背景音乐，甚至可以在邮件里插入图片等，但这无疑会使邮件变大，增大互联网的传输负担。

2. 转发邮件

在阅读邮件时，单击工具栏上的"转发"按钮，即可进入转发邮件窗口。这时在"主题"文本框中可以看到，原主题词前面添加了两个缩写字母 Fw，代表"转发"（Forward）。填好收件人邮件地址后，单击"发送"按钮，邮件即被转发出去。

3. 回复邮件

在阅读邮件时，单击工具栏上的"答复"按钮，即进入回复邮件窗口，如图 6-33 所示。这时在"主题"文本框中可以看到原主题词前面添加了两个缩写字母"答复(Re：)"，代表"回复（Reply）"。填好回信内容后，单击"发送"按钮，即完成回信操作。

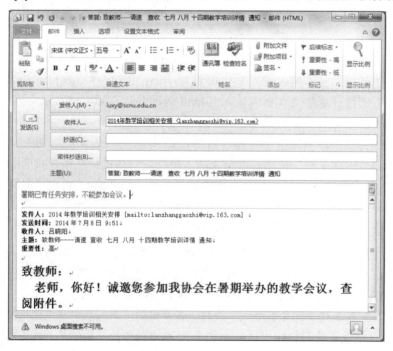

图 6-33 回复邮件窗口

6.5 互联网交流常用软件操作

案例：在互联网上在线交流与实时传送信息

1. 案例分析

互联网已成为网络用户在线交流和实时传送信息的主要手段。截至 2014 年 6 月，我国即时通信用户规模达到 5.64 亿人，即时通信使用率达到 89.3%；博客/个人空间在网民中的使用率达到 70.3%，用户规模达 4.44 亿人；国内微博用户规模约 2.75 亿人，在网民中的使用率为 43.6%。与此同时，社交网站的用户规模和渗透率不断变化，截至 2014 年 6 月，中国网络交友 2.57 亿，网民使用率为 40.7%。

2. 解决方案

重点掌握 BBS、Blog、QQ、SNS、微信的使用方法。

6.5.1 网上论坛

论坛是 BBS（Bulletin Board Service，公告牌服务）的中文简称，是 Internet 上的一种电子信息服务系统。它提供一块公共电子白板，每个用户都可以在上面书写、发布信息或提出看法。在论坛里，人们之间的交流打破了空间、时间的限制，所有参与者都可以平等地与其他人进行任何问题的探讨。论坛往往是由一些志同道合的爱好者建立，对所有人都免费开放。

在互联网上论坛一般由一些知名网站开设，按不同的主题分成多个版块，提供给不同的爱好者共同使用。例如，广东著名的网上论坛有奥一网（www.oeeeee.com）、南都网（www.nddaily.com）；全国著名的网上论坛有天涯社区（www.tianya.cn）、人民网强国社区（bbs1.people.com.cn）等。

在实际操作 BBS 前，先来了解几个常用术语。

（1）版主。版主是指 BBS 论坛某个专题版面的管理者，俗称"斑竹"。他一边负责清理一些脏、乱、差的帖子，一边表扬一些精妙绝帖，从而对该论坛上各种言论实行有效的管理，促进论坛健康地发展。一般大型论坛的后台都有一个老板（发起、建立论坛者），由他任命一个或几个管理员，负责论坛的运行、管理，由管理员从会员中选取一些技术较高、管理能力较强、有一定的在线时间者担任版主。版主对所管辖的版块进行维护与管理，拥有删除帖子、置顶帖子、加精华贴、奖励分数、修改帖子、封存帖子、批量管理的权利。

（2）发帖与回帖。往论坛上发表自己的文章称为"发帖"，跟在人家帖子后面发表自己的看法称为"回帖"。

（3）灌水与拍砖。"灌水"原指在论坛中发表没有什么阅读价值的帖子，现在习惯把绝大多数发帖、回帖统称为灌水，不含贬义。

在论坛中，偶尔会有一个表达不同看法的回帖，看到与自己看法不同的帖子后予以反击，这就形成了讨论或者争论，即"拍砖"。

灌水包含发帖、回帖，而拍砖仅仅是回帖，因此从广义的角度来看，拍砖也属于灌水的一种。目前在论坛上灌水有两种方式，一种是匿名灌水，即用户信息不需要经网站审核，只要进入论坛就可灌水；另一种是注册灌水，即用户在第一次灌水之前必须向网站提交如用户名、密码、联系方式等相关信息，注册后才可灌水，以后每次灌水之前均需先登录论坛。两种方式各有优缺点，匿名灌水方便、快捷，但网站无法掌握用户信息，也就无法对某些用户发表错误信息、非法言论等行为进行监督；注册灌水可以较好地对用户进行管理，但用户操作相对复杂。目前两种方式都比较普遍。

【任务12】在"人民网强国社区"进行匿名回帖。

🎯 步骤

（1）在桌面上双击 IE 浏览器图标，启动 IE。

（2）在 IE 地址栏中输入"bbs1.people.com.cn"，按 Enter 键，进入人民网强国社区首页。

（3）单击左上角"强国论坛"按钮，打开帖子列表窗口，单击要灌水的帖子，展开帖子的内容。

（4）在帖子页面下方的评论区域，输入评论标题和评论内容。

（5）单击"发表"按钮，如图 6-34 所示。

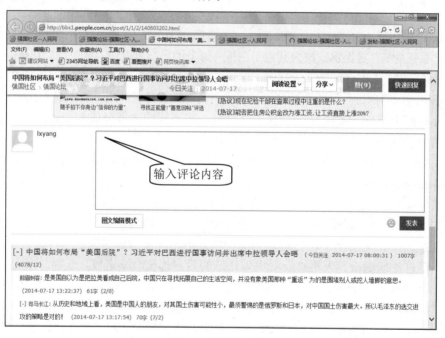

图 6-34　发表评论

📢 注意：（1）评论提交后，会弹出回帖成功的提示，一般需等待版主确认后才能显示在页面上。

（2）不是所有的论坛在灌水时都需要版主确认后才能显示，例如"奥一论坛"（网址：www.oeeee.com）在灌水后便可以马上看到自己的评论。

（3）回复的帖子按照时间排序，新回复的帖子一般显示在后面。

（4）在论坛中，允许匿名回帖，但不允许匿名发帖。因此，如果要在论坛中发帖，必须先注册、登录论坛。

【任务 13】 在"人民网强国社区"注册、灌水、拍砖。

1. 注册

步骤

（1）在桌面上双击 IE 浏览器图标，启动 IE。
（2）在 IE 地址栏中输入"bbs1.people.com.cn"，按 Enter 键，进入人民网强国社区首页。
（3）单击页面左上角的"注册"按钮。
（4）在弹出的"注册须知"页面中拖动滚动条到页面最下方，单击"我同意"按钮。
（5）在"用户注册"页面中填写"以下信息必填"栏中的所有信息，然后单击"注册提交"按钮。
（6）注册成功后，弹出"恭喜，笔名注册成功！"的提示页面，单击"返回"按钮完成注册操作。

2. 登录

步骤

（1）在桌面上双击 IE 浏览器图标，启动 IE。
（2）在 IE 地址栏中输入"bbs1.people.com.cn"，按 Enter 键，进入人民网强国社区首页。
（3）单击页面左上角的"登录"按钮。
（4）在"用户登录"页面中输入"用户名"、"密码"和"验证码"等信息，在"Cookie 选项"下选择"保存一天"。
（5）单击页面下方的"登录"按钮进入社区。

3. 发帖

步骤

（1）进入社区后，在版块列表中单击要发帖的版块，如"科教"，如图 6-35 所示。
（2）单击页面右下方的"加新帖"按钮。
（3）在发帖区输入帖子标题和内容。
（4）单击页面下方的"发表"按钮。

注意：（1）帖子发布成功后，一般需要等待版主确认后才能在帖子列表中显示新帖。
（2）不是所有的论坛在发帖时都需要版主确认后才能显示，例如"西祠胡同"（网址：www.xici.net）在发帖后便可以马上看到自己发出的帖子。

相关知识点：当前流行网络语言

随着我国网民的快速增长，网络文化得到了极大发展，尤其是形成了独特的网络语言，词汇也越来越丰富，这些语言甚至有向现实社会扩散的迹象。以下列出其中的一部分，仅供参考。

图 6-35 选择发帖版块

- 斑竹：版主，拼音输入造成的谐音。
- 马甲（MJ）：注册会员又注册了其他的名字，这些名字统称为马甲。
- 菜鸟：原指电脑水平比较低的人，后来广泛运用于现实生活中，泛指在某一领域不太精通的人。与之相对的就是"老鸟"。
- 大虾："大侠"的谐音，泛指网龄比较长的资深网虫，或者某一方面（如电脑技术，或者文章水平）特别高超的人，一般人缘、声誉较好才会得到如此称呼。
- 纯净水：无任何实质内容的灌水，也说"水蒸气"。
- 潜水：天天在论坛里呆着，但是不发帖，只看帖子，而且注意论坛日常事务的人，此类强者称为"潜艇"或"核潜艇"。
- 刷屏：打开一个论坛，所有的主题帖都是同一个用户 ID 发的。
- 扫楼：也叫"刷墙"，打开一个论坛，所有主题帖的最后一个回复都是同一个用户 ID 的。
- 楼主：发主题帖的人。
- 楼上的：比你先一步回复同一个主题帖的人，与之相对的是"楼下的"。
- 几楼的：除"楼主"外，所有回复帖子的人，依次可称为"2 楼的"、"3 楼的"……
- 沙发：SF，第一个回帖的人。
- 椅子：第二个回帖的人。
- 板凳：第三个回帖的人。
- 地板：连板凳都没得坐的人。
- 顶：一般论坛里的帖子一旦有人回复，就到主题列表的最上面去了。这个回复的动作叫做"顶"，与"顶"相对的是"沉"。
- 汗：表示惭愧、无可奈何之意。衍生词有暴汗、大汗、狂汗、瀑布汗等。

- 倒：晕倒，表示对某帖、某人或某现实很惊异。
- 寒：对某帖、某人或某现象感到浑身发冷。
- 抓狂：形容自己受不了某人、某帖的刺激而行为失常，处于暴走状态中。
- 路过：不想认真回帖，但又想拿回帖的分数或经验值。与之相对的字眼还有顶、默、灌水、无语、飘过等。
- 闪：离开。
- 小白：白烂的昵称，指专在网上无事生非的人；"小白痴"的缩写。
- 小强：《唐伯虎点秋香》中的那只蟑螂，泛指生命力特别顽强的人。
- 粉丝：FANS 的音译，超迷某人或某物的一类人，也称"扇子"、"蕃薯"，简称"粉"或"迷"。
- LG：老公。
- LP：老婆。
- BT：BitTorrent 的缩写，是一种 P2P（点对点）共享软件，中文译名"比特流"或"变态下载"；"变态"的缩写。
- ZT："转帖"的缩写；"猪头"的缩写，引申有 ZT3（猪头三）、ZT4（猪头四）。
- PP："片片"的缩写，片片指代照片；"屁屁"的缩写，屁屁指代臀部。
- GG：哥哥的缩写，指代男性，有时候女生用来指代自己的男友。与之相对的是 MM，妹妹或者美眉的缩写，指代女性，有时候男生用来指代自己的女友。
- RPWT：人品问题的缩写，来自猫扑论坛。一般来说，只要某人遇到了不可解之事，统统可归结为其有 RPWT。
- TF：踢飞；推翻。
- BS：鄙视的缩写，也可写作 B4。
- PMP：拍马屁。
- PMPMP：拼命拍马屁。
- LJ：垃圾。
- RY：人妖。
- JS："奸商"的缩写。
- CJ：纯洁。
- DIY：Do It Yourself 的缩写，自己动手做的意思。
- SOHO：Small Office Home Officer。
- BUG：原意是"虫子"，世界上第一台电脑因虫子出现故障，后来就把与电脑有关的故障都称之为 BUG。
- PK：Player Kill。
- 3Q：Thank You，谢谢。
- 7456：气死我了。
- 9494：就是就是。
- 88/886：再见。

- 8：不。
- 稀饭：喜欢。
- 木有：没有。"木"不知道是来源于哪里的发音。同样用法的还有"米有"。
- 表："不要"速读连音，据说来自上海人的发音。
- 酷：也说"裤"、"库"，Cool 的音译。
- 偶：台湾地区口语"我"的读音。
- 虾米：啥，什么之意，来自闽南语发音。
- 滴：的，地。
- 人参公鸡："人身攻击"的通假。
- 幼齿：年纪小，不怎么懂事的意思。
- 达人：很强的人。
- FT：是 Faint 的缩写，晕倒的意思。
- 给力：类似于"带劲"、"酷"，顾名思义则是给予力量的意思。
- 凡客体：各路人马纷纷将自己所关注的人物用"图片+个性介绍"的方式制作成图片上传到网络，并将这种表现手法称为"凡客体"。
- 你 out 了：你落伍了，跟不上潮流了！out 是简写，原为 out of time（时间之外），即不合时宜。
- 神马都是浮云："什么都是浮云"的谐音，意思是什么都不值得一提。
- 你织围脖了吗：你写微博了吗？

6.5.2 博客（Blog）

博客是英文 Blog 的音译，中文含义即网志或网络日志。博客是一种通常由个人管理、不定期张贴新的文章的网站。博客上的文章通常根据张贴时间，以倒序方式由新到旧排列。许多博客专注在特定的课题上提供评论或新闻，其他则被视为比较个人化的日记。一个典型的博客结合了文字、图像、其他博客或网站的链接，以及其他与主题相关的媒体。能够让读者以互动的方式留下意见，是许多博客的重要特征。博客是社会媒体网络的一部分，几乎所有的媒体网站都提供博客栏目。

微型博客简称"微博"，是当今全球最受欢迎的一种博客形式。微博作者不需要撰写很复杂的文章，而只需要抒写 140 字内的心情文字即可。凭借其平台的开放性、终端扩展性、内容简洁性和低门槛等特性，微博在网民中快速渗透，逐渐发展成为一个重要的社会化媒体。如今，微博已成为网民获取新闻时事、人际交往、自我表达、社会分享以及社会参与的重要媒介；同时，它也成为社会公共舆论、企业品牌和产品推广、传统媒体传播的重要平台。

最早也是最著名的微博是美国的 Twitter，根据相关公开数据，截至 2014 年 3 月，Twitter 在全球已有 15 亿注册用户，其中 9.55 亿个账户依然存在。2009 年 8 月新浪网推出"新浪微博"内测版，成为门户网站中第一家提供微博服务的网站。随后，其他网站纷纷投入其中，目前几乎所有的中文主流网站在提供博客的同时也提供了微博。

【任务 14】在新浪网站开博客。

1. 注册

📎步骤

（1）在桌面上双击 IE 浏览器图标，启动 IE。
（2）在 IE 地址栏中输入"blog.sina.com.cn"，按 Enter 键，进入新浪博客首页。
（3）单击"开通新博客"按钮，进入注册页面。
（4）在注册页面输入自己常用的邮箱地址作为用户名，然后依次填写"登录密码"、"确认密码"、"博客昵称"以及"验证码"。
（5）单击"提交"按钮。
（6）进入自己的邮箱，打开新浪网站发来的验证邮箱地址邮件，双击其中的链接确认注册成功，同时进入"开通新浪博客"页面，在该页面中进一步完善个人资料的输入及"个性地址"的设计。
（7）单击"完成开通"按钮。

📢注意：（1）个性地址确定后，不要轻易改变，它可以帮助网友利用搜索引擎查找到你的博客。
（2）第一次登录博客需要对自己的博客页面进行设置，新浪网站提供了快速设置功能。

2. 登录博客

📎步骤

（1）进入新浪博客首页填写"登录名"与"密码"，单击"登录"按钮，进入博客页面。
（2）单击"快速设置我的博客"按钮，进入设置窗口，在此选择自己喜欢的博客风格，单击"确定"按钮完成个人设置。
（3）设置完成后，单击"立即进入我的博客"按钮，进入博客操作页面。该页面提供了各种管理功能，包括"发博文"、"页面设置"、"个人中心"、"个人资料管理"、"图片"、"书签"和"影音"等。
（4）发博文。在博客窗口单击"发博文"按钮，打开博文写作页面。在"标题"文本框中输入适当的标题，在正文窗口输入博文内容，然后单击"发博文"按钮，即可完成发博文操作。在该页面可进行的其他操作包括选择分类、设置标签、评论模式、排行榜分类、保存到草稿箱等，如图 6-36 所示。

3. 管理博客

开博的目的是表达与交流思想，从而提高博主在某些领域的知名度。要做到这一点，需要对博客网站进行有效的管理与运作。以下是常用的几种管理方式。

（1）时常更新。时常更新博客内容是成功开博的必备条件。时常更新不仅是因为读者喜欢新鲜的内容，还因为可以增加搜索引擎的偏好度，不断更新，一旦让搜索引擎信赖，便能提高博客搜索结果中的排名。

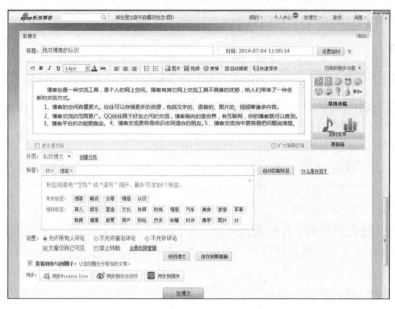

图 6-36　发博文

（2）积极回应评论。在每篇文章的下面提供评论框，鼓励读者评论自己的文章。要通过电子邮件或在自己的评论框回应他们的意见，以进一步讨论，让访问者意识到非常重视他们的意见。

（3）多和其他博主交流。发现新博客的一种最常用的方式就是通过共同的链接，如果可以参与其中便能获得更多的流量，就能与其他博客写手及他们的读者建立关系。

（4）开放权限。多与好友交换友情链接，扩大自己的博客圈子，可以获得很多直接的访问量。

（5）向搜索引擎和网站提交。向搜索引擎提交，将会给博客带来更多的访问量。

（6）生动、创意的标题。标题是成功经营博客的一大关键。好的标题可以让搜索引擎找到并能带更多的流量。多数情况下，用户通常只看标题，并据此判断是否阅读整篇内容。

（7）加入"博客圈"。博客的 BSP 服务提供商一般都会开设"博客圈"，在博客圈中会有各种不同类型的博客圈内容，例如"原创文学交流圈"、"驴友天下圈"、"电影评论圈"、"服装潮流圈"、"易发电子传真圈"等，多加入与自己博客定位相同的圈子可以得到更多志同道合的朋友的关注。

【任务 15】在新浪网站开通微博。

1. 注册

步骤

（1）在桌面上双击 IE 浏览器图标，启动 IE。

（2）在 IE 地址栏中输入"t.sina.com.cn"，按 Enter 键，进入新浪微博首页。

（3）单击页面上的"立即注册微博"按钮，进入注册页面。

（4）在注册页面填写带"*"号的栏目，然后单击"开通微博"按钮。

(5) 在"看看推荐的人"页面中,可选择自己感兴趣的人物。

(6) 单击"完成"按钮,完成注册。

2. 发微博

步骤

(1) 在桌面上双击 IE 浏览器图标,启动 IE。

(2) 在 IE 地址栏中输入"t.sina.com.cn",按 Enter 键,进入新浪微博首页。

(3) 输入用户名、密码,并可选择"下次自动登录",单击"登录微博"按钮,进入微博页面。

(4) 在正文窗口中输入不超过 140 个汉字的内容,单击"发布"按钮,即可看到发布的内容,如图 6-37 所示。

图 6-37 发微博

(5) 在微博窗口中单击"账号设置"超链接,可修改自己的个人资料、头像、密码等,并可将微博账号与手机绑定,通过短信和彩信随时随地发微博。

🔊 注意:所有的短信/彩信更新,目前博客网站(如新浪网)都暂不收取手机主的任何费用,仅需支付由运营商收取的标准短信/彩信费(一般不包含在已定制的短信/彩信包中)。

6.5.3 QQ 通信

在互联网上通信的方式很多,主要分为非即时和即时两种。非即时的方式主要有电子邮件、论坛、博客等;即时通信则要借助于一定的软件,国内常见的有新浪 UC、微软 MSN、移动飞信、淘宝旺旺和腾讯 QQ,其中腾讯 QQ 的应用最广泛。下面将以腾讯 QQ 为例介绍如何实现即时通信。

要进行 QQ 通信，用户必须拥有一个 QQ 号码，并且该号码是唯一的。目前 QQ 号码已编排到 10 位数字，表明 QQ 拥有一个巨大的用户群体。

【任务 16】申请 QQ 号码。

步骤

（1）在桌面上双击 IE 浏览器图标，启动 IE。

（2）在 IE 地址栏中输入"zc.qq.com"，按 Enter 键，进入申请 QQ 账号注册首页。

（3）可申请"QQ 账号"、"手机账号"和"邮箱账号"3 种，下面以"QQ 账号"申请为例。

（4）在"填写信息"页面内按要求分别输入"昵称"、"生日"、"性别"、"密码"、"所在地"等，选择"我已阅读并同意相关服务条款"，然后单击"立即注册"按钮，进入"申请成功"页面，同时获得一个 10 位的普通 QQ 号码。

注意：可通过手机快速申请 QQ 号，资费为 1 元/条。具体方法是：中国联通用户编写短信 8801 发送到 10661700（福建联通用户发送到 10621700），即可获得一个 QQ 号码。

要登录 QQ 进入聊天窗口，需要在用户机器上先安装 QQ 客户端软件。

【任务 17】安装 QQ 客户端软件。

步骤

（1）在桌面上双击 IE 浏览器图标，启动 IE。

（2）在 IE 地址栏中输入"www.qq.com"，按 Enter 键，进入腾讯网站首页。

（3）单击右上方的"软件"，进入"腾讯软件中心"，选择合适的版本，例如选择"QQ 5.5"，单击"下载"按钮，将 QQ 安装文件 QQ5.5.EXE 下载并保存到本地计算机上。

（4）双击下载的安装文件，启动 QQ 安装向导，按照屏幕的提示可轻松地完成软件的安装。安装完成后，选择要执行的附加任务，然后单击"完成"按钮。

注意：QQ 还为用户提供了直接从网站（web.qq.com）登录账号的功能，这样就可免除 QQ 客户端软件的安装与启动，节省了用户机器的存储空间。同时，该网站还提供了"一站式网络服务"，整合了"微博"、"QQ 空间"等服务项目。不过，通过网站运行的 QQ 从功能上来说，比在用户机器上运行客户端软件有所逊色，并且网站打开有时较慢。

【任务 18】用 QQ 聊天。

1. 登录

步骤

（1）双击桌面上的腾讯 QQ 的快捷方式图标，打开 QQ 5.5（用户登录）窗口，如图 6-38 所示。

（2）在该窗口中，输入新申请的 QQ 号码和密码，单击"登录"按钮，进入 QQ 工作界面，完成 QQ 的登录，同时在桌面右下角任务栏上将显示一个小企鹅图标。

（3）若要从 QQ 网站登录，则在 IE 地址栏内输入"web.qq.com"并按 Enter 键，打开其登录页面，如图 6-39 所示。

图 6-38　QQ5.5（用户登录）窗口

图 6-39　QQ 网站登录页面

2．添加好友

要用 QQ 聊天，必须添加好友到列表后才能与好友聊天。添加已知好友的 QQ 号码，可使用"精确查找"法。

步骤

（1）单击 QQ 工作界面下方的"查找"按钮。

（2）在弹出的"查找"窗口中，选择"找人"选项卡，在"关键词"文本框中输入已知的 QQ 号码，然后单击"查找"按钮，如图 6-40 所示。

（3）在"查找结果"页面中选择查找到的用户，单击"添加好友"按钮。

（4）因为 QQ 用户一般都设置了身份验证，所以在添加对方为好友时会弹出身份验证对话框，需在该对话框中输入验证信息向对方表明自己的身份，然后单击"确定"按钮。

（5）信息发出后等待对方回复，对方回复后将在桌面右下角显示一个不断闪烁的"小喇叭"图标,双击该图标进入提示信息页面,单击"完成"按钮。

(6)完成添加好友后,在 QQ 工作界面的好友列表中将显示新添加的好友头像,如图 6-41 所示。

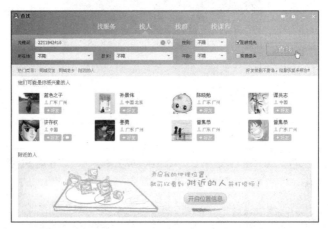

图 6-40 "查找联系人/群/企业"对话框

3. 与好友文字聊天

步骤

(1)在 QQ 工作界面的好友列表中双击好友的头像,打开与好友聊天的窗口。

(2)在聊天窗口下方的发送信息文本框中输入准备发送的信息,单击"发送"按钮,如图 6-42 所示。

图 6-41 好友列表

图 6-42 聊天窗口

注意：在发送文字信息时，还可以根据自己当时的心情给好友发送各种表情。只需在发送信息文本框上方的工具栏中单击"选择表情"按钮，在弹出的列表中选择喜欢的表情，即可将其添加到准备发送的信息中。

4. 与好友视频交流

与好友进行 QQ 视频聊天必须符合硬件要求，即计算机必须配备摄像头、麦克风和耳机或音响等硬件设备。

步骤

（1）在 QQ 工作界面的好友列表中双击某好友的头像，打开与好友聊天的窗口。

（2）单击工具栏中的"视频"按钮，等待对方接受视频连接。

（3）对方接受后，在聊天窗口的右边将打开一个视频窗口，可同时与对方进行视频和语音交流。

（4）若要结束视频聊天，单击聊天窗口下方的"挂断"按钮，然后单击聊天窗口右上角的"关闭"按钮即可。

【任务 19】 用 QQ 完成其他操作。

1. 发送文件

QQ 具有非常实用的在线发送与接收文件功能，可用来远距离传输大文件。

步骤

（1）在 QQ 工作界面的好友列表中双击好友的头像，打开与好友聊天的窗口。

（2）在聊天窗口工具栏中单击"文件传输"按钮，打开文件选择对话框。

（3）选择要发送文件的位置，单击要发送文件，然后单击"打开"按钮，等待对方接收。

（4）若对方同意接收文件，即可开始传输。文件发送成功后会显示"成功发送"的提示信息。

注意：若好友暂时不在线，可发送离线文件。接收文件时可选择"接收"、"另存为"、"拒绝"3 种方式。若直接选择"接收"，文件将保存在 QQ 安装所在的文件夹中；选择"另存为"，则可将文件保存到指定的任何位置。

2. 屏幕截图

QQ 除了具有聊天功能外，还有屏幕截图功能。QQ 截图使用方便、简单。

步骤

（1）在 QQ 工作界面的好友列表中双击好友的头像，打开与好友聊天的窗口。

（2）单击发送信息文本框上方工具栏中的按钮，此时鼠标变成彩色，按住鼠标左键不放拖动选择截图区域。

（3）选定截图区域后释放鼠标，单击浮动工具栏中的"完成"按钮，完成截图，如图 6-43 所示。

（4）截选的图像会出现在发送信息文本框中，若要将截选的图像发给好友，则直接单击"发送"按钮。

（5）若要将截选的图像保存至电脑中，则在截图上右击，在弹出的快捷菜单中选择"另存为"命令，在弹出的"另存为"对话框中选择图片保存的路径，在"文件名"下拉列表框中输入图片名称，然后单击"保存"按钮即可。

3. 远程协助

若想远距离请朋友帮助解决遇到的软件问题，可利用 QQ 的远程协助功能来实现。

步骤

（1）在 QQ 工作界面的好友列表中双击好友的头像，打开与好友聊天的窗口。

（2）单击对话框上方工具栏中的 按钮，在弹出的下拉列表中选择"请求控制对方电脑"或"邀请对方远程协助"命令，前者是控制对方的电脑屏幕操作，后者是邀请对方控制自己的电脑，等待对方的回应。

（3）若对方向己方发出了邀请远程协助请求，则在右侧窗格中将显示相应提示信息，如图 6-44 所示，单击"接受"按钮，此后将看到对方的电脑屏幕内容并可进行操作。

图 6-43　截图

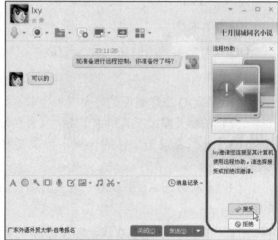

图 6-44　确定远程协助请求

（4）可随时单击"断开"按钮，结束受控状态，回到正常的聊天对话中。

注意：远程协助具有一定的安全隐患，需要谨慎使用；另外，被控方屏幕的分辨率应小于或等于控方屏幕的分辨率。

6.5.4　社会化网络服务

互联网世界的变化日新月异、波澜壮阔。最初的 Web 1.0 时代，各类门户网站是靠供应商提供互联网信息；到了 Web 2.0 时代，博客风起云涌，用户产生大量互联网信息，自然人在互联网上不断聚合，快速迈进互联网的社会化时代。

"社会化网络服务"（Social Networking Services，SNS），专指旨在帮助人们建立社会化网络的互联网应用服务，主要以社交网站的形式出现。全球著名的SNS网站有Facebook（www.facebook.com）、MySpace等，国内著名的SNS网站有开心网（www.kaixin100.com）、人人网（www.renren.com，也称为校内网）等。

SNS的本质是人与人之间关系的大网，人们所有的需求、所有的想法都能在这张大网里得到满足和实现。它重新集合了人、人与人之间的关系，关注的是人本身，因此能够与互联网上现有的各种服务相互融合。SNS将网络聊天（IM）、网络游戏、交友、博客、播客、网络社区、音乐共享、RSS等有机地组合成"在线生活社区"，必将给人们的生活、工作、学习、娱乐等带来深刻的变革。

1. 社会化网络背景

（1）六度分隔理论。1967年，美国心理学家斯坦利·米尔格伦（Stanley Milgram）在内布拉斯加州做了一个实验，要求160个人将一封信送到波士顿一位股票经纪人手中，并且他们只能将信寄给比较接近那个股票经纪人的熟人。在完成传递的42封信中，平均每封信只需要经过5.5个中间人便可到达目标人物。

1967年5月，米尔格伦在《今日心理学》杂志上发表了实验结果，并提出了著名的"六度分隔"理论。虽然之前也有人提出过相关的理论，但是米尔格伦是第一个用实验的方式来证明这个理论的人，并使得这个实验成为社会心理学的经典范例之一。

六度分隔理论可表述为：你和任何陌生人之间所间隔的人不会超过6个。也就是说，我们与世界上任何一个人都只有6个人的距离。

（2）150定律（Rule Of 150）。英国牛津大学人类学家罗宾·邓巴（Robin Dunbar）根据猿猴的智力与社交网络推断：

人类智力将允许人类拥有稳定社交网络的人数是148人，四舍五入后是150人。这就是著名的"150定律（邓巴数字）"。

人际关系网可以有多大呢？由"六度分隔"理论及150定律可近似推断为：

$$150×150×150×150×150×150= 11390625000000 \text{（约11万亿）}$$

这个数字远大于目前人类的总数。当然，现实并非如此。以红遍全球的Facebook为例，其社区用户的平均好友人数是120人，女性用户的平均好友人数多于男性用户。好友之间联系得越活跃、越亲密，这个群体的人数越少、越稳定。平均拥有120个好友的男性，一般只会与其中7位好友，通过图片、状态信息或在留言板上留言进行回应。女性用户则明显更善于交际，她们通常会给10位好友留言。

六度分隔理论所展示的人与人之间的联系无处不在，世界与你紧密相连——以"朋友的朋友"为基础能够形成一个广泛的人际关系网络。如何认识"朋友的朋友"呢？上互联网！互联网可以减少与其他人联系的大量阻力和成本，从而扩大人类社交群体的规模。SNS正是基于这一背景而产生、发展、壮大的。

2. 社会化网络的发展与现状

SNS的发展经历了3波浪潮。

（1）结交陌生人：Friendster。2003年3月，乔纳森·艾布拉姆斯（Jonathan Abrams）

推出了 Friendster.com 网站，短短几个月注册用户便达到 400 万人，一年之后更是高达 800 万人，高峰时期每周有 20 万新用户加入，据称当时硅谷几乎每 3 个人中就有一个人在使用 Friendster 的服务，由此在全世界范围内掀起了第一波 SNS 浪潮。

Friendster 的运作理念是通过结交陌生人——帮助用户建立弱关系，从而带动社会化实践价值。到了 2004 年，该网站的注册人数已经超过了系统可以负载的规模，结果是网站运行速度变得很慢很慢，无法登录。这一方面表明网站运作的成功，另一方面也暴露了网站发展在技术上遇到了障碍，访问速度慢是网站用户体验的头号杀手。MySpace.com 等竞争对手乘机取而代之。

（2）多媒体个性化空间：MySpace。2003 年 9 月，汤姆·安德森（Tom Anderson）、克里斯·德沃夫（Chris Dewolfe）创立了 MySpace.com 网站。经过短短几个月，其注册用户便高达 100 万人以上，并迅速超越 Friendster。究其成功原因是找到了属于自己的特色和价值点：首先选择了以音乐爱好者作为网站的"先锋"，并为这批"先锋"提供音乐上传服务以及个性展示空间。

该网站的核心价值在于个性化，用户可以公开兴趣、爱好等个性化信息，还可以分享音乐、图片和视频等，共同兴趣点成为"寻找并结交朋友的朋友"的原动力。2005 年 7 月，美国新闻集团以 5.8 亿美元收购了 MySpace。2006 年，MySpace 与谷歌达成了价值 9 亿美元的独家广告合作交易。MySpace 娱乐社交化的成功在全世界范围内掀起了第二波 SNS 浪潮。

2007 年 4 月 27 日，在新闻集团董事长默多克先生"全球化视野，本地化运作"的名言指引下，完全本土化的 MySpace 中国分站——MySpace.cn（也被称为"聚友网"）高调上线，标志着 MySpace 正式进入中国互联网市场。

截至 2007 年年底，MySpace 用户超过了 2 亿，但是最近几年却被 Facebook 赶超，后者用户已经超过 5 亿，而 MySpace 却在走下坡路。

（3）真人交际圈：Facebook。2004 年 2 月，19 岁的马克·扎克伯格在哈佛大学创建了 Facebook 社交网站。随后，他通过言辞亲切的电子邮件营销手段将 Facebook 传播给了每一位在校的哈佛学生。后来，Facebook 被口口相传至毗邻的大学，再后来是美国常春藤联合会的名牌大学，而其他大学的学生则不得不排队等候，因为扎克伯格要通过其提交的注册申请表，按照申请数量来选择开放学校的优先顺序。接下来，按同样的方式 Facebook 面向高中生开放。截至 2004 年年底，短短几个月的时间，Facebook 的注册人数便突破 100 万人。

Facebook 是以真实朋友关系为主线的社交网络，旨在为已存在的实体社交提供一种更重要的信息交流服务。它的定位是：帮助你与你生活中的人取得联系并分享信息。2008 年 6 月，Facebook 以惊人的发展速度超越了 MySpace，一跃成为全球最大的 SNS 站点。人们一致以为，Facebook 是最有可能与 Google 比肩的公司。目前 Facebook 在 Alexa 的排名全球第二，仅次于 Google。Facebook 真人社交化的成功在全世界范围内掀起了第三波 SNS 浪潮。

Facebook 的用户登录首页如图 6-45 所示。

图 6-45　Facebook 的登录首页

社交网络发展迅速，如今已覆盖全球。从六度空间到 Frendster 再到 Facebook，社交网站已成为不可阻挡的潮流现象，彻底融入了我们的日常生活。

3．社会化网络体验——走进"开心网"

在 SNS 的第三波浪潮中，国内创业者的目标都是要成为"中国的 Facebook"，然而只有校内网脱颖而出。2005 年 12 月，校内网创始人王兴在仔细研究了 Facebook 的模式之后，完善和改进了"多多友"网的基本功能，把原来以结交陌生人为主的模式改成了以线下大学生真实人际关系为主的模式，同时移植了 Facebook 的界面和产品体验，于是校内网诞生了。

校内网上线不久，国内一夜之间出现了一大批 Facebook 的模仿者，如 5Q 校园网、占座网、亿聚网、底片网、导读网、课间操等。

2006 年 10 月，5Q 校园网并购校内网并组成新的校内网，也就是现在的人人网。

2008 年 3 月，开心网低调上线。凭借"好友买卖"、"争车位"、"咬人"等几个简单的游戏和病毒式的营销推广，以一种不可思议的速度在短短几个月内风靡整个互联网。开心网的注册用户数目前已超过 1 亿。

【任务 20】体验"开心网"。

步骤

（1）在桌面上双击 IE 浏览器图标，启动 IE。

（2）在 IE 地址栏中输入"www.kaixin001.com"，按 Enter 键，进入开心网首页。

（3）单击"立即注册"按钮，进入注册页面，以一个有效的电子邮件地址完成注册。

（4）注册成功后，在登录页面输入账号（注册时用到的电子邮件地址）、密码，单击"登录"按钮，进入"开心网"的用户页面，如图 6-46 所示。

（5）在该页面中，通过系统提供的各种功能完成交友、游戏及其他社会活动。例如，查找已在开心网的朋友、邀请朋友加入开心网等。

图 6-46 "开心网"用户页面

6.5.5 微信应用与操作

微信是腾讯公司于 2011 年 1 月 21 日推出的一款通过网络快速发送语音短信、视频、图片和文字，支持多人群聊的手机聊天软件。用户可以通过手机或平板电脑快速发送语音、视频、图片和文字。微信提供公众平台、朋友圈、消息推送等功能，用户可以通过"摇一摇"、"搜索号码"、"附近的人"、"雷达"、扫二维码等方式添加好友和关注公众平台，同时微信将内容分享给好友以及将用户看到的精彩内容分享到微信朋友圈。

微信软件本身完全免费，使用任何功能都不会收取费用，使用微信时产生的上网流量费由网络运营商收取。截至 2013 年 12 月微信注册用户量已经突破 6 亿，是亚洲地区最大用户群体的移动即时通信软件。微信通过手机、QQ 号等方式加入"交流圈"，催生新的独特圈子化传播模式；以人际关系和组织传播为特征，形成网上的圈子化部落。

微信软件主要在智能手机上运行，运行时占用约 20MB 的主内存空间。微信软件也有运行在台式电脑上的版本，可在 Windows 系列 Windows 2000/Windows XP/Windows 2003/Windows Vista/Windows 7/Windows 8 操作系统上运行。

【任务 21】注册微信号。

步骤

（1）在手机上利用百度搜索到微信软件下载地址，如图 6-47（a）所示。
（2）在图 6-47（a）中单击"下载"按钮，下载完成后单击"安装"按钮。
（3）安装完成后单击"运行"按钮，启动微信手机版界面，首先要注册获得一个微信号，如图 6-47（b）所示，输入一个自己喜欢的"昵称"、手机号、密码，单击"注册"按钮。
（4）从手机上获取验证码（如图 6-47（c）所示）并准确地输入，单击"下一步"按钮。
（5）获得微信号，如图 6-47（d）所示，单击"完成"按钮。

第 6 章 互联网基础与应用

　　(a) 下载地址　　　　(b) 用手机号注册　　　(c) 接收验证码　　　(d) 获取微信号

图 6-47　下载安装微信软件

【任务 22】微信基本操作。

步骤

（1）在手机上单击微信图标，启动登录窗口，如图 6-48（a）所示。

（2）可通过手机号、微信号、邮箱地址或 QQ 号登录微信，如图 6-48（a）所示，不同的登录方式可使用不同的密码。

（3）成功登录后进入微信操作主界面，包括 3 大主要操作，即"聊天"、"发现"、"通讯录"，如图 6-48（b）所示。

（4）聊天：可同各位好友或参加各种群内直聊，如图 6-48（b）所示，聊天内容可以是文字、图片、语音或视频。值得注意的是，参加群聊的人员之间不一定是朋友关系。

（5）发现：可同朋友圈内的朋友直聊，如图 6-48（c）所示。点击"朋友圈"进入与好友的交流窗口，可对朋友发到"朋友圈"的内容点"赞"、"评论"；自己发到"朋友圈"的内容，对所有经过验证的朋友是可见的。可通过"扫一扫"、"摇一摇"、"附近的人"等手段找到聊天对象。

（6）通讯录：查看、检索已有的各位好友，创建新的朋友关系，如图 6-48（d）所示。

（7）添加好友，与已有微信号的朋友建立关系是微信操作的关键一步，也是扩大朋友圈的重要步骤。点击"通讯录"|"新的朋友"|"添加朋友"；或点击手机屏幕右上方的"＋"图标，进入添加朋友界面。可通过搜索手机号、微信号或 QQ 号来添加好友，也可通过"雷达加朋友"。为保证安全性，当向对方发送朋友邀请时，必须得到对方的"通过"才能成为在通讯录中可见的朋友。

（8）修改个人信息。点击手机屏幕右上方的图标，打开个人信息相关操作菜单，点击自己的微信号进入"个人信息"页面，可进行更换"头像"、"昵称"、"个性签名"等操作。

（a）登录微信　　　　（b）操作界面-聊天　　　　（c）操作界面-发现　　　　（d）操作界面-通讯录

图6-48　微信基本操作

（9）退出微信。点击手机屏幕右上方的 ┋ 图标，点击菜单中的"设置"|"退出"，可选择操作"关闭微信"与"退出登录"，前者将关闭微信软件，关闭后将不会收到新的微信消息，后者将注销或切换至其他账号登录。

📢 注意：（1）在"朋友圈"界面操作中，轻点屏幕右上角的 📷 图标进入图片选择界面，可现场拍摄照片，亦可挑选保存在手机中的照片，单击"完成"按钮上传图片，并可在文字框中输入合适的文字。若只想发送文字而不上传图片，则需要长按屏幕右上角的 📷 图标。

（2）在"聊天"界面操作中，选择某个好友，打开输入框。点击 🎤 图标，按住按钮即可录音，松手发送录音；点击 ➕ 图标可发送"图片"、"视频"、"位置"、"名片"等，并可进行"实时对讲"、"视频聊天"，点击其中的"图片"进入图片选择界面，可现场拍摄照片，亦可挑选保存在手机中的照片，选中照片后，点击右下角的"预览"，再点击"原图"选项，此选项可发送高质量的原照，最后点击"发送"按钮上传图片；在输入文字时点击 😊 可选择在文字中插入一些可爱的图标，以表达发信人的心情。

6.6　网　上　购　物

案例：在互联网上体验购物

1．案例分析

网上购物就是通过互联网购买需要的商品或者享受需要的服务。它是交易双方从洽谈、签约以及货款的支付、交货等整个交易过程都通过互联网完成的一种新型购物方式，是电子商务的一个重要组成部分。实现网上购物的必要元素包括买家、卖家、商品、计算机或手机等可以联网的终端设备、网络、购物网站等；补充元素则包括物流公司、网上银行等。

网上购物对于消费者来说具有以下优点：
- 购物不受时间、地域的限制，可以买到当地没有的商品。
- 可以获得较大量的商品信息。
- 整个购物过程无须亲临现场，既省时又省力。
- 由于网上商品省去了租店面、招雇员及储存、保管等一系列费用，总的来说其价格较一般商场的同类商品要便宜。

由于销售成本低、经营规模不受场地限制等，在将来会有更多的企业选择网上销售，通过互联网对市场信息的及时反馈适时调整经营战略，以此提高企业的经济效益和参与国际竞争的能力。

对于整个市场经济来说，网上购物模式可在更大的范围内、更多的层面上以更高的效率实现资源配置。

总之，网上购物突破了传统商务的障碍，无论对消费者、企业还是市场都有着巨大的吸引力和影响力，在新经济时期无疑是达到"多赢"效果的理想模式。截至2014年6月，我国网络购物用户规模达到3.31亿，使用率提升至52.5%；网上支付用户规模达到2.92亿人，使用率为46.2%。

2. 解决方案

本节重点介绍购物网站、通过淘宝网体验网上购物的整个过程。

6.6.1　网上购物网站介绍

1. 阿里巴巴

阿里巴巴的网址是 china.alibaba.com，它是全球企业间（B2B）电子商务的著名品牌，是目前全球最大的商务交流社区和网上交易市场。阿里巴巴每天通过旗下3个网上交易市场连接世界各地的买家和卖家，其国际交易市场（www.alibaba.com）集中服务全球的进出口商，中国交易市场（www.alibaba.com.cn）集中服务中国大陆本土的贸易商，而日本交易市场（www.alibaba.co.jp）通过合资企业经营，主要促进日本外销及内销。3个交易市场共同形成了一个拥有来自240多个国家和地区近3600万名注册用户的网上社区。

2. 淘宝网

淘宝网的网址是 www.taobao.com，由阿里巴巴集团于2003年5月10日投资创办，是亚洲最大的网络零售商圈，致力于打造全球首选网络零售商圈。淘宝网目前业务跨越C2C（个人对个人）、B2C（商家对个人）两大部分。目前，淘宝网占据中国网购市场70%以上市场份额，C2C市场占据80%以上市场份额。

除此之外，国内比较知名的电子商务网站还有易趣网（www.ebay.com）、拍拍网（www.paipai.com）、京东商城（www.jd.com）、1号店（http://www.yhd.com）、当当网（www.dangdang.com）、卓越网（http://www.amazon.cn）等。

6.6.2 淘宝网购物

淘宝网的主要业务范围包括淘宝集市、品牌/商城、二手/闲置、团购、全球购以及提供资讯信息等。

【任务 23】注册成为淘宝会员。

📎步骤

（1）双击桌面上的 IE 图标，启动 IE 浏览器。
（2）在 IE 地址栏中输入淘宝网网址 www.taobao.com，按 Enter 键，进入淘宝网首页。
（3）单击首页左上角的"免费注册"按钮，进入注册页面。
（4）输入会员名、登录密码、校验码等注册信息，然后单击"同意以下协议并注册"按钮。
（5）进入账户验证窗口，可选择"手机验证"或"电子邮箱"方式，在此输入手机号码及准确的电子邮箱地址，然后选择"同意《支付宝协议》"，并同步创建支付宝账户"，单击"提交"按钮，将在手机上获得一个验证码。接着在弹出的验证窗口中输入手机验证码，单击"验证"按钮。
（6）激活账户。进入步骤（5）所选择的电子邮箱，打开淘宝网发来的"新用户确认通知信"邮件，单击其中的"完成注册"按钮，完成注册。

📢注意：只有第一次在淘宝网购物才需要注册，以后用注册的会员名直接登录即可。

【任务 24】完成购物与支付。

1. 登录

第一次注册成为会员后系统将自动登录，不需再进行登录操作，但退出登录之后要在淘宝网上购物，则需先进行登录操作。在下单、支付、确认付款、购物评价前都需要先登录。

📎步骤

（1）双击桌面上的 IE 图标，启动 IE 浏览器。
（2）在 IE 地址栏中输入淘宝网网址 www.taobao.com，按 Enter 键，进入淘宝网首页。
（3）单击首页左上角的"请登录"按钮，进入登录页面。
（4）在"会员登录"页面中，输入账户名和密码，然后单击"登录"按钮。

📢注意：在淘宝网中进行下单、支付、确认付款、购物评价等操作时都会要求登录，并直接跳转到该"会员登录"页面。账户名可输入手机号、会员名或电子邮箱地址。

2. 选择商品

选择商品有两种情况，一种是知道商品的名称，可利用搜索条进行商品搜索；另一种是不知道商品名称，只知道商品分类，这时就要利用商品列表的方式来搜索。

📎步骤

（1）在"我的淘宝"首页的搜索条（如图 6-49 所示）中输入商品名称，如"手机"，然后单击"搜索"按钮,进入手机分类页面。

图 6-49　搜索商品

（2）在商品搜索结果中挑选一个搜索结果,例如华为,单击"产品详情"超链接,对该产品进行深入的了解。

（3）如果觉得商品合适,即可切换回商品页面。单击"掌柜档案"栏中的"和我联系"按钮,与卖家联系,如图 6-50 所示；然后单击聊天窗口中的"立刻购买"按钮,进入购买窗口。

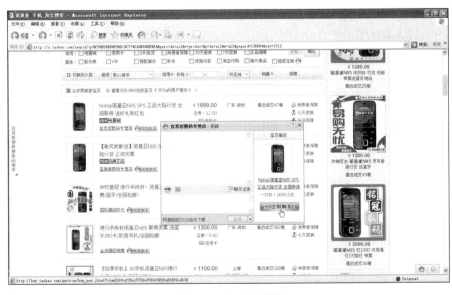

图 6-50　与卖家联系

（4）在"数量"文本框中输入购买数量，选定颜色等参数，然后单击"立刻购买"按钮进入购买流程；若单击"加入购物车"按钮则可再次选购其他商品，然后一起付款。

注意：（1）选择一家信用度相对较高（如钻石或皇冠级别）的店，当然并不是所有信用都是真的，需要购买者查看之前的交易评价，了解实际情况，不要太盲目相信钻石或皇冠。

（2）查看已购买此商品的买家对此商品的评论，以及对卖家态度的评价。可单击"查看评价"超链接来查看买家对此商品的评论。

（3）在对商品的价格、相关描述信息、卖家的信用等方面综合考虑基本可以接受后，建议使用阿里旺旺与店家联系，进一步对商品相关信息进行咨询、确定价格。

（4）购物车是淘宝网为广大用户提供的一种快捷购物工具。通过购物车，可以在淘宝一次性批量购买多个宝贝，并可一次性通过支付宝完成付款。另外，如果一次在同一个店铺里购买多件宝贝，可能还能够参加店铺促销。通过购物车，无须登录更无须下单，即可在电脑上随时保存或查看想要购买的宝贝。

3. 下单并付款

步骤

（1）在"确认购买信息"页面中，输入收货地址、购买信息（如购买数量、运送方式等）、校验码，然后单击"确认无误，购买"按钮。

（2）根据用户实际情况选择一种付款方式（在此以通过中国工商银行网上银行付款为例），然后单击"确认无误，付款"按钮。

注意：（1）支付宝（中国）网络技术有限公司是国内领先的独立第三方支付平台，由阿里巴巴集团创办。支付宝（www.alipay.com）致力于为中国电子商务提供简单、安全、快速的在线支付解决方案。

（2）4种付款方式介绍如下。

● 支付宝账户余额支付（邮政网汇e支付）：到中国邮政局办理邮政网汇e业务并设定取款密码，即可登录支付宝账户对支付宝账户完成充值，充值后就可以使用支付宝账户的余额对交易进行付款了。此外，也可通过网银直接对支付宝账户充值。

● 网银支付：选择支付宝公司提供的12家银行（中国工商银行、招商银行、中国建设银行、中国农业银行、兴业银行、广东发展银行、深圳发展银行、浦东发展银行、民生银行、中信银行、交通银行、中国光大银行）之一进行办卡并开通网上支付业务，开通后在付款时就可以选择相应的银行进行支付操作。在不同的银行间使用网银支付时，操作上会有一些细微区别，具体操作过程可向相关银行咨询。

● "支付宝卡通"付款：卡通业务在各商业银行已陆续开通，也可以到中国工商银行、中国建设银行、中国邮政储蓄银行、华夏银行、温州银行、青岛银行、台州市商业银行、嘉兴市商业银行、常熟农村商业银行、宜昌市商业银行、宁波银行、长沙市商业银行、重庆银行、徽商银行、杭州市商业银行、南海农村信用联社等办理"支付宝卡通"签约业务。签约后激活卡通业务，即可选择支付宝卡通对交易进行付款操作。

- 网点付款：网点支付是支付宝推出的一种全新的支付方式，用户只需到与支付宝合作的营业网点，以现金或刷卡的方式完成账户充值和网上交易订单付款。

（3）目前常用的付款方式主要为支付宝与网银支付。在使用网银支付方式前，必须先到银行开通网上支付功能。在支付货款时，要确保银行卡卡号与密码的安全性。除了以上提供的几种付款方式外，用户完全可以通过直接跟卖家沟通来选择其他方式，如当面交易、货到付款、银行转账等，因此与卖家的沟通非常重要。

（3）在"使用网上银行付款"页面中，单击"去网上银行付款"按钮。
（4）进行网银支付操作。
（5）在网上银行成功付款后，转回淘宝页面中单击"已完成付款"按钮，即可完成付款操作。

4. 卖家发货

在卖家发货后，买家可通过跟踪快递单，了解货物传递详情。跟踪快递单方法：买家可询问卖家用什么快递公司和快递单号，再到相应的快递公司网站上进行查询。

5. 买家确认收货

买家收货时，要先拆开包装查看货物是否完整无缺，确保货物无问题后再签收。如果出现货物损坏可要求送货公司进行赔偿；如果货物发错，可要求卖家重新发货或是要求退款。

6. 确认付款

通过支付宝完成支付的买家需要完成下列确认付款过程。

🎤 步骤

（1）登录到淘宝网。
（2）把鼠标移到淘宝网页面上方的"我的淘宝"上，单击"已买到的宝贝"按钮。
（3）单击"最近买到的商品"栏中相应商品的"确认收货"按钮。
（4）输入支付宝账户支付密码，然后单击"确定"按钮。
（5）在弹出的对话框中单击"确定"按钮，此时款项将真正付给卖家。
（6）完成确认付款操作后，会自动跳转到"交易成功"页面。

📢 注意：（1）在确认付款前，一定要确保已经收到货，而且对货物是满意的。如果出现卖家发错货、货不对版、货物质量差之类的问题，买家可与卖家协商，要求卖家重新发货，也可向淘宝提出退款要求，进入退款流程。

（2）淘宝目前有一项强制打款的规定，在卖家确认"已发货"后的一定期限（自动发货1天/虚拟物品3天/快递10天/平邮30天）内，买家没有确认收到货且在网上没有申请任何的退款，那么淘宝会强制将买家汇入支付宝的货款打入卖家的支付宝账户里。提醒买家及时关注交易状态。

（3）关于退款，一般是在与卖家协商不成后提出。因此，买家在提出退款前，最好与卖家联系，寻求解决方法，达成共识，实现双赢。

（4）如果买家在确认付款后，又对商品不满意，是不能提出退款申请的。因此，买家在确认付款前一定要考虑清楚，对商品不满意不要确认付款，对商品满意后再确认付款。

7. 购物评价

确认付款后，网页会转到评价页面。

🖉 步骤

（1）单击"给对方评价"按钮。

（2）输入评论，选择总的评价（如"好评"、"中评"、"差评"），然后给予具体的评价，再对店铺进行动态评分，最后单击"确认提交"按钮，完成评价操作。

📢 注意：买家不一定要进行购物评价，但建议买家对商品的实际情况与卖家态度进行评价，这样可给后来的买家一定的参考建议。在购物的过程中遇到什么问题，可进入淘宝网的帮助中心（单击淘宝网首页右上角的"帮助"按钮可进入），寻求解决方法。

6.6.3 二维码

二维码是一种用特定几何图形按一定规律在平面上分布黑白相间图形，记录数据符号信息的编码。二维码是一种比一维码更高级的条码格式，一维码只能在一个方向（一般是水平方向）上表达信息，只能由数字和字母组成；二维码在水平和垂直方向都可以存储信息，能存储汉字、数字和图片等信息，因此二维码的应用领域要广得多。

最常用的是矩阵式二维条形码，以矩阵的形式组成，在矩阵相应元素位置上，用点的出现表示二进制的"1"，不出现表示二进制的"0"，点的排列组合确定了矩阵码所代表的意义。其中点可以是方点、圆点或其他形状的点。二维码编码密度高，信息容量大，可容纳多达1850个大写字母或2710个数字或1108个字节，或500多个汉字，比普通条码信息容量约高几十倍。可引入加密措施，使二维码的保密性、防伪性更好。

如图6-51所示为典型的一维码与二维码，其中最后两个二维码经过了加密处理。

手机二维码是二维码技术在手机上的应用。将手机需要访问、使用的信息编码到二维码中，利用手机的摄像头识读，这就是手机二维码。随着4G的到来，二维码的应用使得信息发布更快捷，信息采集更方便，信息交互更畅通，为网络浏览、在线视频、网上购物、网上支付等提供了更为方便的入口。

图 6-51 典型的一维码与二维码

6.6.4 O2O

O2O 即 Online To Offline,是指将线下商务的机会与互联网结合在一起,让互联网成为线下交易的前台,其核心是把线上的消费者带到现实的商店中去,也就是让用户在线支付购买线下的商品和服务后,到线下去享受服务。

O2O 模式,早在团购网站兴起时就已经开始出现。与传统电子商务的"电子市场+物流配送"模式不同,以团购网站为代表的 O2O 模式采用"电子市场+到店消费"模式,消费者在网上下单并完成支付,获得极为优惠的订单消费凭证,然后到实体店消费。这种模式特别适合必须到店消费的商品和服务,同时给消费者获得双重实惠,一方面是线上订购的方便快捷,另一方面是线下消费的实惠体验。

针对不同的行业、不同的服务,O2O 可以有不同的实现方式。从 O2O 模式的应用场景上看,主要分为两种,一种是用户通过互联网(PC 端)或者移动互联网(手机)发现相关的 O2O 服务网站,查找自己需要的产品或者服务,再使用手机或电脑进行支付,然后到线下相应的店面获得产品或服务,典型的相关产品有淘宝网、大众点评网、口碑网、手机点评、百度身边等;第二种是在线下实体店或者传单上对二维码进行扫描而获得服务信息,通过手机进行支付,再到线下实体店进行消费,相关的产品有快拍购物搜索、手机淘宝、快拍二维码等。

O2O 电子商务发展的主要技术和产业背景逐渐转向以手机为主的移动互联网。手机二维码应用购物作为新兴的消费支付模式,在 O2O 中占据着极其重要的作用,获得了用户的喜爱。二维码在 O2O 中的应用大体分为两类,一类是利用二维码查找获取商品信息;另一类是通过手机直接使用二维码进行支付,如支付宝推出的手机条码支付等。

6.7 物联网

案例：走进物联网

1. 案例分析

物联网是在计算机互联网的基础上，利用RFID、无线数据通信等技术，构造的一个覆盖世界上万事万物的"网络"。在这个网络中，物与物、物与人、人与人能够彼此进行"交流"。物联网概念的问世，打破了之前的传统思维，并必将导致智慧地球的到来。

早在1995年，比尔·盖茨在他的《未来之路》一书中便写到对未来的描述，其中有这样一段话："你不会忘记带走你遗留在办公室或教室里的网络连接用品，它将不仅仅是你随身携带的一个小物件，或是你购买的一个用具，而且是你进入一种新的媒介生活方式的通行证。"他在对其自家别墅的各种功能进行描述时写道："当你把车停在半圆形转车道上时，即使你在门口，你也不会看到房子的大部分，那是因为你将进到房屋的顶层。当你走进去后，所遇到的第一件事是有一根电子别针夹住了你的衣服，这根别针把你和房子里的各种电子服务接通了……凭借你所佩戴的电子别针，房子会知道你是谁、你在哪儿，并用这一信息尽量满足甚至预见你的需求——一切尽可能以不强加的方式。它不仅让房子承认你、安置你，而且还允许你来发号指令。你可以用控制器告诉一间房子里的监控器，让它显示出来并展示你要的东西。你可以从数千张图片、录音、电影和电视节目中选择自己所喜欢的，也可以通过多种方式挑选所需要的其他信息。例如，有些人比其他人喜欢的温度高一些，房舍软件会根据谁在里面住以及一天的什么时候来调节温度。在寒冷的早晨，房舍知道在客人起床前把温度调得暖烘烘的。到了晚上，如果打开电视，房间里的灯光就会自动调整得暗一些。如果白天有人在房舍，房舍会把房间里的亮度与室外搭配和谐。当然，住在里面的人总能够明确地给出命令来控制场景……"

2. 解决方案

了解物联网原理、关键技术，上网体验云计算的应用，为物联网的到来做好思想上的准备。

6.7.1 物联网原理

"物联网"概念的出现最早是在1999年，由美国Auto-ID首先提出。当时的物联网主要是建立在物品编码、RFID技术和互联网的基础上。它是以美国麻省理工学院Auto-ID中心研究的产品电子代码EPC（Electronic Product Code）为核心，利用射频识别、无线数据通信等技术，基于计算机互联网构造的实物互联网。简单地说，物联网就是将各种信息传感设备如射频识别装置、红外感应器等与互联网结合形成的一个巨大网络，让相关物品都与网络连接在一起，以实现物品的自动识别和信息的互联共享。

2005年11月27日，在突尼斯举行的信息社会世界峰会WSIS上，国际电信联盟ITU

发布了《ITU 互联网报告 2005：物联网》，正式提出了"物联网"（The Internet of Things（IoT））的概念并对其含义进行了扩展，即"任何时刻、任何地点、任何物体之间互联，无所不在的网络和无所不在的计算"。其含义解释如图 6-52 所示。

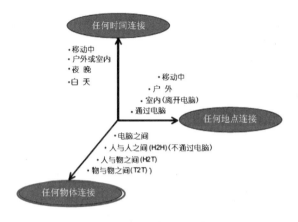

图 6-52 "物联网"的内涵

根据定义，物联网有如下 3 个重要特征。
- 全面感知：利用 RFID、传感器、二维码等随时随地获取物体的信息。
- 可靠传递：通过各种电信网络与互联网的融合，将物体的信息实时、准确地传递出去。
- 智能处理：利用云计算、模糊识别等各种智能计算技术，对海量的数据和信息进行分析和处理，并将处理结果返回现场对物体实施智能化的控制。

6.7.2 关键技术

物联网的关键技术主要包括信息采集、传输网络与处理、技术标准 3 个方面。

1. 信息采集

信息采集方面的关键技术包括 RFID 技术、传感技术、纳米技术等。

RFID（Radio Frequency Identification）即射频识别，俗称电子标签，用于标识世界万物。目前该技术成熟度最高，主要分为远距离反向散射 RFID 和近距离电感耦合 RFID。

前者利用电磁波反射完成从电子标签到读写器的数据传输，其原理如图 6-53 所示。工作流程如下：

（1）读写器通过发射天线发送一定频率的射频信号，当电子标签进入发射天线工作区域时产生感应电流，电子标签获得能量被启动。

（2）电子标签将自身编码等信息通过卡内天线发送出去。

（3）读写器接收天线接收从电子标签发送来的载波信号，经天线调节器传送到读写器，读写器对接收的信号进行解调和译码后送到后台软件系统处理。

（4）后台软件系统判断该卡的合法性，针对不同的设定作出相应的处理和控制，发出指令信号控制执行相应的动作。

近距离电感耦合 RFID 中，读写器将射频能量束缚在读写器电感线圈的周围，通过交变闭合的线圈磁场，沟通读写器线圈与电子标签线圈之间的射频通道，没有向空间辐射电磁能量，其原理如图 6-54 所示。

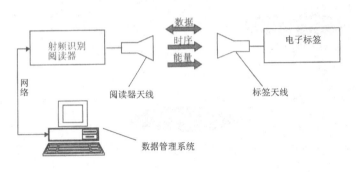
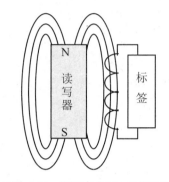

图 6-53　远距离 RFID 工作原理　　　　图 6-54　近距离 RFID 工作原理

传感技术主要用于物体状态的实时采集，包括光感、声感、温度、湿度、速度、重力、定位（GPS）等。目前，智能传感、分布式光纤传感、无线传感处于产业化应用前期。

注意：纳米是一种长度单位，符号为 nm。1 纳米=1 毫微米=10^{-9} 米（即十亿分之一米），约为 10 个原子的长度。纳米技术一般指对纳米级（0.1～100nm）的材料进行加工以及产品设计、制造、测量和控制的技术。信息采集中的纳米技术主要是对芯片的微型化，即将微小芯片嵌入物体内部，实现各种物体的互联。目前纳米技术的应用还处在攻关阶段。

2. 传输网络与处理

（1）网络的异构性：不同网络实现兼容。
（2）网络协议：协议层的共同设计。
（3）可靠性：自诊断、自修复、自优化、实时、准确的网络服务。
（4）处理：云计算的部署。

3. 技术标准

（1）关键器件标准：如传感器、控制器。
（2）网络标准：互联和互操作。
（3）资源的共享与收费、隐私与安全、应用层面等标准。

6.7.3　云计算

云计算是在现有互联网的基础上，把所有硬、软件结合起来，充分利用和调动现有一切信息资源，构架一种新型的服务模式，为人们提供不同层次、不同需求的低成本、高效率的智能化服务。

1. 云计算的定义与模式

国际标准化组织（ISO）对"云计算"的定义是：从业务的角度，云计算提供 IT 基础设施和环境以开发/部署/运行服务和应用,在被请求时,以服务的形式到期即付;从用户的角度,云计算以服务的形式在任何设备、任何时间、任何地方提供资源和服务以存储数据和运行应用。因此,云计算有 5 大特征,即随需自服务、广泛的网络接入、资源池化、快速扩展、可度量服务。

"云计算"的部署模式有以下 4 种。

- 公共云:提供公共存储与计算服务,如 Google 公司提供的云服务。
- 团体云:数个组织共享某个云计算服务。
- 私有云:供内部使用。
- 混合云:是以上几种模式的综合应用。

2. 云计算的应用

谷歌是云计算领域的"老大",其网站 www.google.com 提供的全球搜索引擎就是典型的云计算服务。2008 年谷歌又推出了云计算产品——谷歌 Apps 软件包,该包基本上就是微软 Office 的简化版本,只是它必须在线使用。微软 Office 与 Google Apps 使用的方式大相径庭:前者要安装还要维护;而后者无须安装,只要接入互联网,就能放心使用安装在"云"上的功能,永远不必操心升级维护。这是一个典型的公共云。目前,提供谷歌 Apps 软件包的网站是 doc.google.com。通过 IE 7.0 版以上浏览器打开该网站,经过简单的注册程序即可使用。

如图 6-55 所示是用户登录后的账户主页,目前只有英文菜单。单击窗口左侧的 Creat NEW(新建)按钮,可创建 DOC 文档、电子表格、演讲稿 PPT 等各种办公文档。

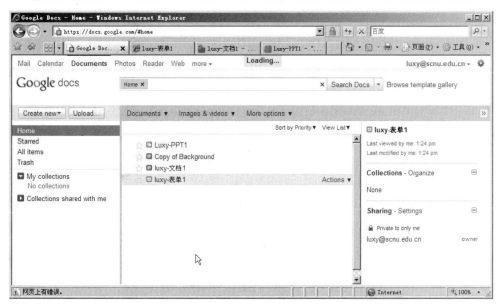

图 6-55 "Apps 云"用户主页

如图 6-56 所示是在线 DOC 文档的编辑窗口。

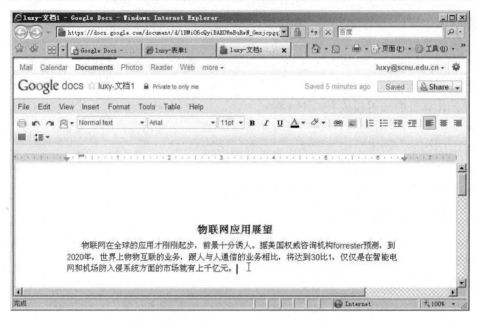

图 6-56　在线 DOC 文档编辑窗口

如图 6-57 所示为在线电子表格文档的编辑窗口；如图 6-58 所示为在线演讲稿 PPT 的编辑窗口。

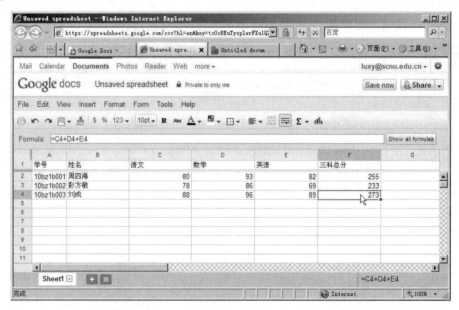

图 6-57　在线电子表格文档编辑窗口

3 种文档的操作方法与本书第 3 章、第 4 章、第 5 章介绍的操作方法几乎完全一致，差异较大的一点是保存文档是在网络上进行的，保存速度会受网速的影响；同时，网站 doc.google.com 的访问亦受网络状况的影响。

第 6 章 互联网基础与应用

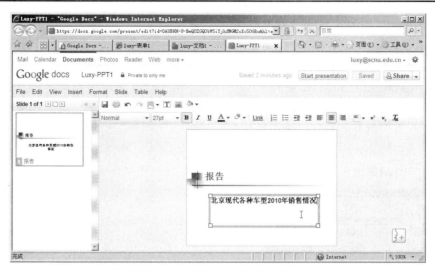

图 6-58 在线 PPT 文档编辑窗口

注意：（1）上述创建的文档都保存在网上——谷歌"Apps 云"服务网站上，也可以随时将它们下载到本地磁盘上。

（2）进入 doc.google.com 网站；必须用 IE 7.0 版以上浏览器才能打开相应的服务。

（3）微软在 2011 年 3 月也正式向全球开放了免费版 Office Web Apps，只要用户拥有一个 Hotmail 或 SkyDrive 账号，就可以体验到这一网页版的 Office 2010。登录网站域名为 office.live.com，必须用 IE 7.0 版以上浏览器才能打开相应的服务。如图 6-59 所示为 Office Web Apps 用户成功登录后的页面，如图 6-60 所示为 Web Docs 的操作窗口。

图 6-59 微软 Office Web Apps 用户主页

（4）微软 Office Web Apps 与谷歌 Google Apps 相比，前者在基础功能、存储方式及共享方面表现突出，而后者在网络的实时协作方面性能优越。例如，Google

Docs 仅提供了 11 种字体可供用户选择,并且无法定义添加新字体,而 Office Web Apps 几乎支持当前系统安装的所有字体;Google Docs 仅提供了 1GB 的上传空间,而在 SilverLight 支持下的 Office Web Apps 拥有 25GB 的在线存储空间;在文件的共享方面,Google Docs 和 Office Web Apps 都提供了基于 E-mail 请求的共享方式,但 Office Web Apps 提供了更多的访问权限设置,共享权限包括"所有人"、"所有好友"、"好友的好友"、"好友"、"特定好友"、"仅自己"6 个等级;在实时协作方面,Office Web Apps 尚未提供类似的功能,而 Google Apps 的实时协作功能非常强大,尤其在增加了 Wave 后,可以让多人同时编辑同一个文档。

图 6-60　微软在线 DOC 文档编辑窗口

谷歌"Apps 云"、微软"Office Web Apps 云"服务只是云计算的一个应用特例。在物联网的发展中,云计算起着举足轻重的作用。因此,各国都在加紧对云计算的研究。

2010 年 10 月 22 日,我国工信部和国家发改委联合发布《关于做好云计算服务创新发展试点示范工作的通知》,规划在北京、上海、深圳、杭州、无锡等 5 个城市先行开展云计算服务创新发展试点示范工作。5 个城市的试点示范工作主要包括:推动国内信息服务骨干企业针对政府、大中小企业和个人等不同用户需求,积极探索各类云计算服务模式;加强海量数据管理技术等云计算核心技术研发和产业化;组建全国性云计算产业联盟。

6.7.4　物联网应用展望

物联网在全球的应用才刚刚起步,前景十分诱人。据美国权威咨询机构 forrester 预测,到 2020 年,世界上物物互联的业务,跟人与人通信的业务相比,将达到 30:1,仅仅是在智能电网和机场防入侵系统方面的市场就有上千亿美元。

1. 国外发展概况

(1)美国。2009 年 1 月,IBM 公司提出了基于物联网的"智慧地球"构想:把感应器嵌入和装备到电网、铁路、桥梁、隧道、公路、建筑、供水系统、大坝、油气管道等各种物体中，并且被普遍连接，形成"物联网"。

2009年，奥巴马总统把"物联网"提升到国家级发展战略，预计将7870亿美元经济刺激计划中的760亿美元用于推动能源、宽带与医疗三大领域开展"物联网"技术的应用。2010年4月美国向ITU递交了智能电网的标准。

（2）欧盟。2009年9月15日，欧盟第七框架下的RFID和物联网研究项目组（CERP-IoT）发布了《物联网战略研究路线图》。

2009年10月，欧盟委员会以政策文件形式对外发布了"物联网"战略，2010－2013年预计支出31亿欧元，2015年物体互联，2020年之后物体进入全智能化。

（3）亚洲。日本设立了u-Japan战略，韩国设立了u-Korea战略（国家战略），新加坡设立了智慧国2015战略……这些国家都从国家的战略高度出发，建立了发展与应用物联网的短期与长远规划。

2. 我国物联网发展概况

在我国的《国家中长期科学和技术发展规划纲要（2006－2020年）》中，"物联网"被列为重点领域及优先主题。2008－2009年间，温家宝总理连续3次视察无锡。2009年8月，温家宝总理视察无锡微传感网工程技术研发中心，要求加快推进物联网发展。

我国有关物联网的标准化也得到了高度重视：

- 2005年，中国RFID产业联盟和RFID标准化工作组成立。
- 2009年9月，国家传感器网络工作组成立。
- 2010年3月，成立了中国物联网标准联合工作组的筹备会。
- 2010年4月，递交了传感网标准。

在《国务院关于加快培育和发展战略性新兴产业的决定》（国发〔2010〕32号，二〇一〇年十月十日）中确定下一代信息技术为七大战略性新兴产业之一，其中涉及物联网等4个板块。

3. 典型应用

物联网几乎在各行各业都具有广阔的应用前景，尤其是在物流与智能电网方面尤为突出。下面介绍物联网在冷链储存和配送中的一个应用案例，其中涉及U、L、R、H共4个单位。

- U：是L的关键原料供应商，位于日本的大阪。
- L：生物试剂制造商，生产基地位于上海。
- R：一家冷链专业的第三方物流公司，承担了L的原料、成品储存及配送业务。R自备了一支冷藏车队，每辆车均安装了GPS/GIS定位系统；同时还拥有一座冷藏仓库。
- H：医院，是L位于杭州的一家客户。

L同H、U实现了产销信息共享，作为第三方物流的R，也实现了这种共享。

L向U下达原料订单，每份原料包装嵌入了RFID芯片，该芯片具有温湿度感知功能。

原料装入安有 RFID 芯片的冷冻集装箱,经海路运抵上海港以后,装有原料的冷冻柜经过海关检验,由港口车辆存放到临时仓库。因海关和港口采用了 RFID 技术,不但实现了通关自动化,L 和 R 还可以随时了解货物的位置和环境温湿度。

根据 L 的要求,R 用配备有 RFID 读取设备的冷藏车辆将一部分原料送入 R 的仓库,另一部分原料送往 L 的生产基地。其中,送往仓库的原料卸货检验后,由叉车用嵌有 RFID 的托盘,经过具有 RFID 读取设备的过道,安放到同样具有 RFID 读取设备的货架。这样,物品信息自动记入信息系统,实现了精确定位。由于使用了 RFID 技术,仓库内的包装加工、盘货、出库拣货同样高效无误。L 制成品包装也嵌入了 RFID 芯片,其出入 R 的仓库作业类似原料。

H 的冷库具有读取 RFID 的能力,当冷库中货架上的试剂数量降低到安全库存以下时,系统会自动向 L 和 R 发出补货请求,R 将所需品种数量运往 H。由于高速公路沿途设有 RFID 读取器,不但可以实时监控货物位置,也可以防止物品的遗失、掉包、误送(不匹配的客户无法接受货物入库)。

所有的环节,从 U 到 H,物品原料产地是哪里、在哪里加工的、谁加工的、谁检验的、存放过哪些仓库、现在在什么位置、由哪辆车、哪个员工操作的、当前储存的温湿度如何、每个阶段的时间是何时到何时?所有这些问题,整个供应链上的任何一家企业通过电脑查询后一目了然。

从该案例中可以看到,贯穿全覆盖的物联网,整个供应链呈现了两个字——透明。

通过物联网,仓库的管理变得高效、准确,人力需求大大节约。在大型高等级仓库,甚至可以实现除了入口收验货人员,仓库内实现"无人"全自动化操作,仅需安排计算机屏幕前的监控人员即可。

对于产品在流通过程中的信息,制造商和用户可以通过"正向追踪"与"反向追溯"随时方便地获取,如图 6-61 所示。

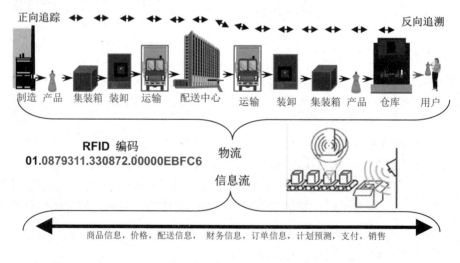

图 6-61 物流跟踪原理

第6章 互联网基础与应用

练 习 题

一、单选题

1. 一般来说，TCP/IP 协议的 IP 层提供的服务是（　　）。
   A．传输层服务　　B．会话层服务　　C．表示层服务　　D．网络层服务
2. 按照网络的区域范围来划分，下列名称不正确的是（　　）。
   A．局域网　　　　B．广域网　　　　C．城域网　　　　D．基带网
3. 以下 4 个 IP 地址中，错误的是（　　）。
   A．9.123.36.256　　　　　　　　　B．111.46.203.1
   C．202.116.22.6　　　　　　　　　D．223.25.67.8
4. 要把正在浏览的网页中的图片保存下来，正确的操作是（　　）。
   A．选择"文件"|"保存"命令
   B．选择"文件"|"另存为"命令
   C．单击该图片，选择"图片另存为"命令
   D．右击该图片，选择"图片另存为"命令
5. 下面格式正确的 E-mail 地址是（　　）。
   A．lxy@163　　　　　　　　　　　B．lxy@163.com
   C．lxy @202.163.32.4　　　　　　　D．163.com@lxy
6. FTP 地址 ftp://ftp.zsu.edu.cn/pub/introduction.txt 是（　　）。
   A．一个 FTP 站点名称　　　　　　B．FTP 站点的一个目录
   C．FTP 站点的一个文件　　　　　D．FTP 站点的多个文件
7. 在 Outlook 2010 中，发送电子邮件的步骤有：① 输入收件人和抄送人地址；② 单击工具栏上的"发送"按钮；③ 输入邮件的主题及内容；④ 单击工具栏上的"新邮件"按钮。正确的步骤组合是（　　）。
   A．①②③④　　B．④①②③　　C．④①③②　　D．①③④②
8. FTP 协议是一种用于（　　）的协议。
   A．网络互联　　　　　　　　　　B．传输文件
   C．提高计算机速度　　　　　　　D．提高网络传输速度
9. 下列应用不属于互联网即时通信形式的是（　　）。
   A．微博　　　　B．微信　　　　C．QQ　　　　D．MSN
10. 物联网技术不包括（　　）。
    A．RFID　　　　B．云计算　　　　C．O2O　　　　D．智能传感技术

二、简答题

1. 如何测试主机是否与网络连接好？
2. Internet 提供的服务主要有哪些？

3．简述在 Outlook 2010 中设置邮件用户账号的过程。

三、操作题

1．通过 Google 的搜索引擎（www.google.com），找出《人民日报》的网站地址，并将该网址放入收藏夹中。

2．登录 http://www.126.com，申请免费电子邮箱，练习收发电子邮件。

3．登录 http://www.baidu.com，以"奥运会"为关键字，搜集相关文字和图片资料，形成一篇图文并茂的文章，然后通过在 126 网站申请的免费邮箱以附件形式发送到老师指定的邮箱，主题为"你的班别+学号+姓名"。

4．试用 Outlook 2010 收发电子邮件。

（1）利用在 www.126.com 网站申请的免费账号完成对 Outlook 用户账号的设置。126 邮箱的 POP 服务器地址为 pop.126.com；SMTP 服务器地址为 smtp.126.com。注意设置"我的服务器要求身份验证"选项，并通过账号属性修改个人信息。

（2）发邮件给你的一位朋友，抄送到老师指定的邮箱，并附上一张图片一起发送。

（3）若发送不成功，请仔细检查账户设置是否正确。

5．已知北京大学的文件服务器地址为 ftp.pku.edu.cn，试从该服务器的 pub 文件夹中下载一个文件到本地硬盘中。

6．对等网操作。首先查看 PC 机上已安装的网络协议，若未安装 TCP/IP 协议，则先完成这些协议的安装，然后进行下列操作：

（1）将 PC 机的"计算机名"改为 PCTEST。

（2）将 PC 机的 C 盘以"只读"方式共享出来，共享名为 MyC。

（3）在 C 盘上以 Net 为名新建一个文件夹，并以"完全"方式共享出来，共享名为 MyNet。

（4）从"网上邻居"的共享文件夹中复制文件到本地磁盘中。

7．申请一个 QQ 账号，并以班组为单位创建一个 QQ 群。

8．在谷歌的 Apps 云服务网站或在微软的 Office Web Apps 网站上申请一个账号，体验在线创建 DOC 文档、电子表格、演讲稿 PPT 等各种办公文档。

9．在开心网或校内网上申请一个账号，加入自己的好友，体验 SNS 网络的魅力。

10．在新浪网上申请一个微博账号，将自己身边有趣的事、景或自己的想法通过手机发到微博上。

11．在易趣网（www.ebay.com）、拍拍网（www.paipai.com）、京东商城（www.jd.com）、1 号店（http://www.yhd.com）、当当网（www.dangdang.com）、卓越网（http://www.amazon.cn）选一个网上商城，注册一个个人账号，然后试着完成一次网上购物。

参 考 文 献

[1] 顾翠芬. 计算机应用基础[M]. 北京：清华大学出版社，2011.
[2] 吕晓阳. 计算机网络技术[M]. 北京：中国铁道出版社，2009.
[3] 前沿文化. Windows 7 从新手到高手[M]. 北京：科学出版社，2012.
[4] 吴华，兰星. Office 2010 办公软件应用标准教程[M]. 北京：清华大学出版社，2012.
[5] 肖晓琳，林金山，徐素枚. 移动通信原理与设备维修[M]. 北京：高等教育出版社，2012.

附录 A 五笔字型键盘字根表

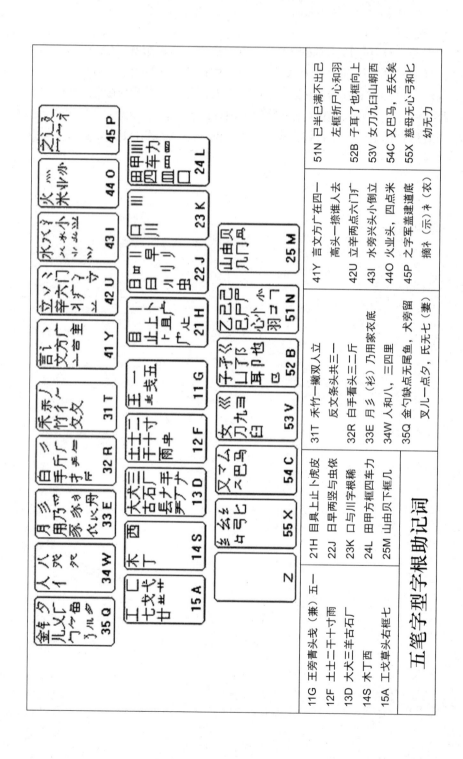

附录B 五笔字型汉字编码流程图

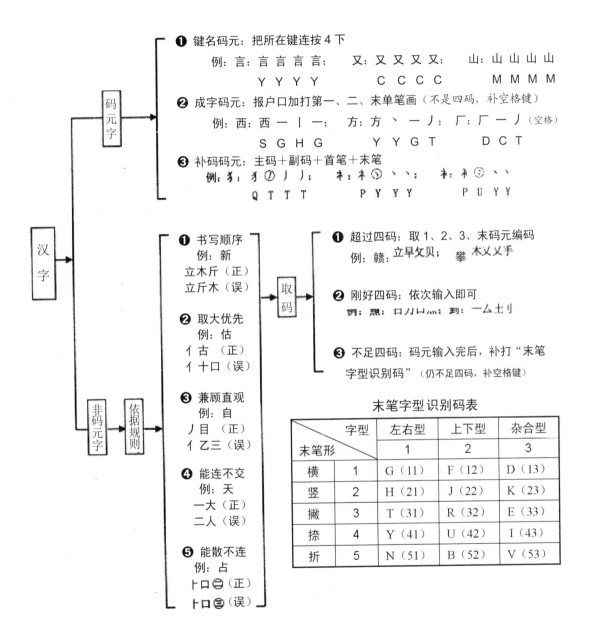

附录 C 部分练习题参考答案

第 1 章

一、单选题

1．A   2．A   3．A   4．C   5．B   6．D   7．B   8．C   9．A   10．C
11．C   12．B   13．C   14．C   15．A

二、多选题

1．ACD   2．ABCD   3．AC   4．BD   5．BC   6．CD   7．ABC

三、判断题

1．×   2．×   3．√   4．√   5．√   6．√   7．×   8．×   9．√   10．×

第 2 章

一、单选题

1．A   2．C   3．A   4．D   5．A   6．C   7．C   8．A   9．C   10．C
11．C   12．A   13．A   14．A   15．D   16．A   17．B   18．B   19．B   20．C

二、填空题

1．桌面   2．画图   3．磁盘碎片整理   4．Ctrl+A   5．文件夹   6．树   7．√

第 3 章

一、单选题

1．D   2．C   3．A   4．C   5．B   6．C   7．D   8．B   9．B   10．B
11．A   12．A   13．C   14．A   15．C   16．C   17．A   18．C   19．A   20．B

第 4 章

一、单选题

1．B   2．D   3．C   4．C   5．D   6．D   7．A   8．D   9．D   10．C
11．D   12．B   13．A   14．C   15．A   16．A   17．B   18．B   19．C   20．D

二、填空题

1. E3 18 6   2. Ctrl   3. =   4. 排序

第 5 章

一、单选题

1. A   2. B   3. B   4. A   5. B   6. A   7. C   8. A   9. B   10. C
11. B   12. D   13. B   14. B   15. D   16. A   17. C   18. A   19. D   20. B

第 6 章

一、单选题

1. D   2. D   3. A   4. D   5. B   6. C   7. C   8. B   9. A   10. C

附录 D 计算机应用操作练习软件指南

1. 练习软件简介

为配合计算机应用课程的学习，我们开发了这套练习软件，读者可通过这套练习软件提供的习题检查学习效果。练习软件的主要内容包括选择题、汉字输入、Windows 操作题、Word 操作题、Excel 操作题和 Internet 操作题。该软件可通过我们提供的网站下载运行。

练习软件运行的环境要求如下。

- 操作系统：Windows XP/7（不要启动 IIS、FTP 和邮件服务器；允许对 D:\盘进行读写操作）。
- 应用系统：Office XP/2003/2010。

2. 练习软件操作

（1）打开 IE 浏览器，在 IE 地址栏内输入 "http://183.62.61.107:5252/lx.exe"。

（2）在随后出现的下载窗口中单击 "运行" 按钮，若下载窗口被浏览器阻止，则应解除，保持下载窗口的运行；正常下载、运行后将出现登录窗口，如图 D-1 所示。

（3）在登录窗口中，"准考证号" 已自动填好（0101），在 "学号" 文本框中输入一个 10 位的编号（如 "1234567890"），在 "姓名" 文本框中输入姓名，然后单击 "登录" 按钮，进入练习软件主窗口，如图 D-2 所示。为操作方便，该窗口将始终以活动方式显示，并保持为桌面上的最前面窗口。

图 D-1 练习软件登录窗口

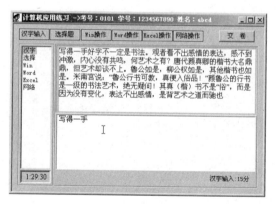

图 D-2 练习软件主窗口

（4）在练习软件主窗口上方，依次排列着 "汉字输入"、"选择题"、"Win 操作"、"Word 操作"、"Excel 操作"、"网络操作" 和 "交卷" 7 个按钮。单击 "汉字输入" 按钮将进入汉字输入操作界面，如图 D-2 所示。上面窗口是汉字原文，下面窗口是用户录入窗口，录入时上、下两窗口的内容要求一一对应。

（5）在主窗口中单击 "选择题" 按钮，将进入选择题操作界面，如图 D-3 所示。

在图 D-3 中，单击左边窗口中的数字可改变选择题号，选中右边的单选按钮，可选择答案。

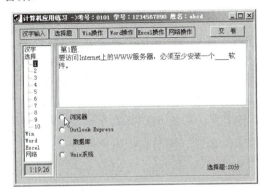

图 D-3　选择题窗口

图 D-4　Windows 操作题窗口

（6）在主窗口中单击"Win 操作"按钮，将进入 Windows 操作题界面，如图 D-4 所示。

在图 D-4 中，单击左边窗口中的数字可改变 Windows 操作题号，右边窗口将显示不同操作题的操作内容。用户可直接在 Windows 操作系统下按照题中要求作答。

（7）在主窗口中单击"Word 操作"按钮，将进入 Word 操作题界面，如图 D-5 所示。

在图 D-5 中，单击左边窗口中的数字可改变 Word 操作题号，右边窗口将显示不同操作题的操作内容。用户应启动 Word 软件，按照题中要求打开指定的文档作答（所要操作的文档已自动安装在指定的文件夹中），操作完成后关闭文档并存盘。

📢 注意：（1）单击"恢复试题"按钮，可将用户操作的试题恢复到原来的状态。

（2）Word 操作题全部完成后应退出 Word 软件。

（8）在主窗口单击"Excel 操作"按钮，将进入 Excel 操作题界面，如图 D-6 所示。

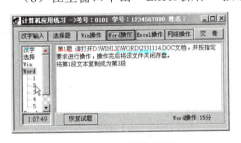

图 D-5　Word 操作题窗口

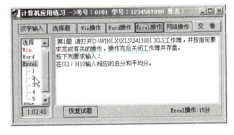

图 D-6　Excel 操作题窗口

在图 D-6 中，单击左边窗口中的数字可改变 Excel 操作题号，右边窗口将显示不同操作题的操作内容。用户应启动 Excel 软件，按照题中要求打开指定的工作簿作答（所要操作的工作簿文件已自动安装在指定的文件夹中），操作完成后关闭工作簿并存盘。

📢 注意：（1）单击"恢复试题"按钮，可将用户操作的试题恢复到原来的状态。

（2）Excel 操作题全部完成后应退出 Excel 软件。

（9）在主窗口中单击"网络操作"按钮，将进入网络操作题界面，如图 D-7 所示。

在图 D-7 中，单击左边窗口中的数字可以改变网络操作题号，右边窗口将显示不同操作题的操作内容。对于电子邮件操作题，用户应启动 Outlook Express 软件，按照题目要求作答。对于网页搜索题，用户应启动 IE 浏览器，按照题目要求作答。对于文件传输题，用户应启动 IE 浏览器，按照题目要求作答。

注意：（1）练习软件启动时，已启动了自身的邮件服务器、FTP 服务器和 HTTP 服务器，所有的网络操作实际上是在本地机器上完成的。

（2）在 IE 浏览器的安全设置中要允许 ActiveX 控件运行，否则将不能进行网页搜索操作。

（3）退出练习软件后，邮件服务器、FTP 服务器和 HTTP 服务器将自动关闭。

（10）在练习软件主窗口中单击"交卷"按钮，确认后练习软件将启动改卷程序，完成对用户操作的评分，结果如图 D-8 所示。

图 D-7 网络操作题窗口

图 D-8 改卷结果窗口

在图 D-8 中，单击"确定"按钮可以退出练习软件。

本练习软件可重复运行，再次运行时不需要从网上重新下载，可直接运行已下载的 lx.exe 应用程序。